全国高职高专药品类专业卫生部“十一五”规划教材

供化学制药技术专业用

制药过程原理及设备

主　编　印建和

副主编　宋连珍

编　者（以姓氏笔画为序）

丁春燕（河北化工医药职业技术学院）

印建和（江苏省扬州工业职业技术学院）

刘　兵（江苏省徐州工业职业技术学院）

宋连珍（沈阳药科大学高等职业技术学院）

邰晓曦（广东食品药品职业学院）

罗　罹（金华职业技术学院）

夏德洋（江苏省扬州工业职业技术学院）

人民卫生出版社

图书在版编目（CIP）数据

制药过程原理及设备／印建和主编．—北京：人民卫生出版社，2009．1

ISBN 978-7-117-10735-8

Ⅰ．制… Ⅱ．印… Ⅲ．①制药工业—化工过程—高等学校：技术学校—教材 ②制药工业—化工设备—高等学校：技术学校—教材 Ⅳ．TQ460．3

中国版本图书馆 CIP 数据核字（2008）第 161856 号

本书本印次封底贴有防伪标。请注意识别。

制药过程原理及设备

主　　编： 印建和
出版发行： 人民卫生出版社（中继线 010－67616688）
地　　址： 北京市丰台区方庄芳群园 3 区 3 号楼
邮　　编： 100078
网　　址： http：//www. pmph. com
E - mail： pmph@ pmph. com
购书热线： 010－67605754　010－65264830
印　　刷： 中国农业出版社印刷厂
经　　销： 新华书店
开　　本： 787×1092　1/16　**印张：** 16. 75
字　　数： 375 千字
版　　次： 2009 年 1 月第 1 版　2009 年 1 月第 1 版第 1 次印刷
标准书号： ISBN 978-7-117-10735-8/R・10736
定　　价： 29．00 元

版权所有，侵权必究，打击盗版举报电话：010－87613394

（凡属印装质量问题请与本社销售部联系退换）

全国高职高专药品类专业卫生部“十一五”规划教材

出版说明

在国家大力发展职业教育和高等职业教育办学指导思想不断成熟、培养目标逐步明确的新形势下，为了进一步贯彻落实教育部《关于全面提高高等职业教育教学质量的若干意见》(教高[2006]16号)精神，将教材建设工作，与强化学生职业技能培养，和以就业为导向的课程建设与改革的工作密切结合起来，使教材建设紧紧跟上课程建设与改革的步伐，适应当前高等职业教育教学改革与发展的需要。因此，在规划组织编写教材之前，在教育部和卫生部的领导下，在教育部高职高专药品类专业教育教学指导委员会专家的大力支持下，首先由卫生部教材办公室组织、全国高职高专药品类专业教育教材建设指导委员会指导、部分院校牵头、全国80余所高职高专院校和20余家医药企业的560余位教师及工程技术与管理人员共同参与，历时近2年对高职高专药品类的药品经营与管理、药物制剂技术、化学制药技术、生物制药技术、中药制药技术专业和药学专业的课程体系和课程标准展开了调查分析研究。深入分析研究各专业职业岗位(群)的任职要求和有关职业资格标准，明确各专业职业岗位的知识、技能及素质培养目标，初步构建符合我国职业教育实际、适合专业培养目标要求的课程体系；以适应当前高职高专教学改革实际、突出职业技能培养为核心，分析研究各门课程的课程标准。在此基础上先后起草编制了教学计划和教学大纲草稿。其间多次召开专门会议，就教学计划和教学大纲草稿反复讨论修改，并广泛听取有关学校的意见，几易其稿，使其不断完善。最后，卫生部教材办公室邀请教育部高职高专药品类专业教育教学指导委员会和全国高职高专药品类专业教育教材建设指导委员会的部分专家及教学计划牵头起草负责人参加6个专业教学计划和教学大纲的统稿审定稿会议，对教学计划和教学大纲的内容进行了最后审定，对体例、风格等做了全面统一。

在上述扎实工作的基础上，卫生部教材办公室规划了高职高专教育药品类6个专业69种卫生部“十一五”规划教材，并在全国范围内进行了教材主编、编者的遴选，全国80余所高职高专院校(含中医药高职高专院校)和20余家医药企业的930余位教师及工程技术与管理人员积极申报了主编、副主编或编者，通过公开、公平、公证的遴选，近600名申报者被卫生部教材办公室聘任为主编、副主编或编者。然后依据教学计划和教学大纲组织编写了具有鲜明的高职高专教育特色的教材，并将由人民卫生出版社陆续出版发行，供以上6个专业教学使用。下面教材目录中除最后14种仅供中药制药技术专业教学使用的教材将于2009年6月出版外，其余55种教材均将于2008年12月底出版。

本套教材具有以下特点：

1. 科学、规范，具有鲜明的高职高专教育特色，体现课程建设与改革成果

由于本套教材的规划和编写，是建立在科学、深入研究上述6个专业的课程体系和课程标准之后编制的教学计划和教学大纲基础上，因此编写教材内容科学、规范，而具有鲜明的高职高专教育特色。

2. 简化基础理论，侧重知识的应用，突出培养职业能力

教材基础理论知识坚持“实用为主，必需、够用为度”的原则，不追求学科自身内容的系统、完整，简化理论知识的阐释或推导，注重理论联系实际，充实应用实例的内容，“以例释理”，将基础理论融入大量的实例解析或案例分析中，以培养学生应用理论知识分析问题和解决问题的能力。

3. 教材内容整体优化

专业基础课教材围绕后续课程教材设计编写内容；专业课教材突出实践性，根据岗位需要或工作过程设计内容，与生产实践、职业资格标准（技能鉴定）对接。听取“下家”（包括后续课程和职业岗位一线经验丰富的专家）对教材编写的意见。使教材的内容得到整体优化，围绕后续课程、职业资格标准和职业岗位的需要编写教材。

4. 教材编写形式模块化

（1）理论课程教材：除教材主体内容外，本套教材在各部分内容中设立了“学习目标”、“知识链接”、“课堂互动”、“实例解析（案例分析）”、“知识拓展”、“学习小结”、“目标检测”等模块。以提高学生学习的目的性和主动性，增强教材的知识性和趣味性，强化知识的应用和技能培养，提高分析问题、解决问题的能力。

“学习目标”主要让学生首先了解所要学习的知识、接受训练的技能，与本课程后续内容、与后续课程或职业岗位的联系，并了解在知识、能力方面的要求，增强学生学习的目的性和主动性。

“知识链接”主要是对教材内容的必要补充，介绍学生应当掌握的常识性知识或有利于帮助理解和掌握课堂内容的知识，以便于更好的学习理解、掌握教材内容，而不是随意扩充教材的内容。

“课堂互动”是针对课堂涉及的知识，联系生活实际、岗位实际和社会实际，以老师提问学生回答或学生间相互讨论等多种形式给出题目，在师生或学生之间进行互动，以提高学生理论联系实际和增强学生应用知识分析问题、解决问题的能力，同时激发学生的学习兴趣，提高学生学习的自觉性和目的性。

“实例解析（案例分析）”主要结合基本理论知识，列举实例或案例，既有利于培养学生应用理论知识分析问题和解决问题的能力，又增强教材内容的可读性，收到以例释理的效果。

“知识拓展”适当增补有关进展类知识，让学生了解与职业有关的本学科理论、技术的发展前沿。

“学习小结”分“学习内容”、“学习方法体会”两部分。以图表形式简明归纳各章主要内容；以文字叙述形式简要介绍学习本章内容的方法体会，让学生应用比较恰当的方法学好有关知识、熟练掌握有关技能。

“目标检测”主要包括选择题、简答题、实例分析 3 种题型，其中适当增加了知识的应用和职业技能操作、训练方面测试的内容。让学生通过练习题形式对学习目标进行检测。

（2）实验实训课程教材：分实训目的、实训内容、实训步骤、实训提示、实训思考、实训体会、实训报告、实训测试等模块编写。

5. 多媒体教材配套

部分教材因理论性或操作性强，在有条件情况下，组织编写了多媒体配套教材，以便于教学及学生学习掌握有关知识和相关技能。

本套教材的编写，教育部、卫生部有关领导以及教育部高职高专药品类专业教育教学指导委员会领导和专家给予了大力支持与指导，得到了全国数十所院校和部分企业领导、专家和教师的积极支持和参与。在此，对有关单位和个人表示衷心的感谢！希望本套规划教材对高职高专药品类专业高素质技能型专门人才的培养和教育教学改革能够产生积极的推动作用，能够在各校的教学使用中以及在探索课程体系、课程标准和教材的建设与改革的进程中，获得宝贵的意见，以便不断修订完善，更好地满足教学的需要。

卫生部教材办公室
全国高职高专药品类专业教育教材建设指导委员会
人民卫生出版社
2008年11月

附：全国高职高专药品类专业卫生部“十一五”规划教材 教材目录

序号	教材名称	主　编	适用专业
1	医药数理统计	薛洲恩	药学、药品经营与管理、药物制剂技术、生物制药技术、化学制药技术、中药制药技术
2	基础化学*	陆家政　傅春华	药学、药品经营与管理、药物制剂技术、生物制药技术、化学制药技术、中药制药技术
3	无机化学☆	牛秀明　吴　瑛	药学、药品经营与管理、药物制剂技术、生物制药技术、化学制药技术、中药制药技术
4	分析化学☆***	谢庆娟　杨其绛	药学、药品经营与管理、药物制剂技术、生物制药技术、化学制药技术、中药制药技术
5	分析化学实践指导	谢庆娟　杨其绛	药学、药品经营与管理、药物制剂技术、生物制药技术、化学制药技术、中药制药技术

序号	教材名称	主　编	适用专业
6	有机化学☆	刘　斌　陈任宏	药学、药品经营与管理、药物制剂技术、生物制药技术、化学制药技术、中药制药技术
7	生物化学	王易振　李清秀	药学、药品经营与管理、药物制剂技术、生物制药技术、中药制药技术
8	药事管理与法规☆	杨世民　丁　勇	药学、药品经营与管理、药物制剂技术、生物制药技术、化学制药技术、中药制药技术
9	公共关系基础	秦东华	药学、药品经营与管理、药物制剂技术、生物制药技术、化学制药技术、中药制药技术
10	实用写作	刘　静	药学、药品经营与管理、药物制剂技术、生物制药技术、化学制药技术、中药制药技术
11	文献检索	胡家荣	药学、药品经营与管理、药物制剂技术、生物制药技术、化学制药技术、中药制药技术
12	人体解剖生理学	郭少三　武天安	药学、药品经营与管理
13	微生物学与免疫学	甘晓玲　黄建林	药学、药品经营与管理、药物制剂技术、生物制药技术、中药制药技术
14	微生物学与免疫学实践指导	甘晓玲　黄建林	药学、药品经营与管理、药物制剂技术、生物制药技术、中药制药技术
15	天然药物学***	艾继周	药学
16	天然药物学实训	艾继周　沈　力	药学
17	药理学☆	王迎新　弥　曼	药学、药品经营与管理
18	药剂学☆	张琦岩　孙耀华	药学、药品经营与管理
19	药剂学实验实训	张琦岩　孙耀华	药学、药品经营与管理
20	药物分析	孙　莹　吕　洁	药学、药品经营与管理
21	药物分析实验实训	孙　莹　吕　洁	药学、药品经营与管理
22	药物化学***	葛淑兰　张玉祥	药学、药品经营与管理

序号	教材名称	主编	适用专业
23	天然药物化学☆	吴剑峰　王　宁	药学、药物制剂技术
24	医院药学概要	张明淑	药学专业医院药学方向
25	中医药学概论	许兆亮	药品经营与管理、药物制剂技术、生物制药技术专业及药学专业医院药学方向
26	药品营销心理学	丛　媛	药品经营与管理专业及药学专业药品经营与管理方向
27	会计学基础与财务管理	邱秀荣	药品经营与管理
28	临床医学概要	唐省三　郭　毅	药品经营与管理、药学专业
29	药品市场营销学	董国俊	药品经营与管理、药学、药物制剂技术、化学制药技术、生物制药技术、中药制药技术
30	临床药物治疗学	曹　红	药品经营与管理专业及药学专业医院药学方向
31	临床药物治疗学实训	曹　红	药品经营与管理专业及药学专业医院药学方向
32	药品经营企业管理学基础	王树春	药品经营与管理专业及药学专业药品经营与管理方向
33	药品经营质量管理	杨万波	药品经营与管理
34	药品储存与养护	徐世义	药品经营与管理、中药制药技术专业及药学专业药品经营与管理方向
35	药品经营管理法律教程	李朝霞	药品经营与管理专业及药学专业药品经营与管理方向
36	实用物理化学***	沈雪松	药物制剂技术、生物制药技术、化学制药技术
37	医学基础	邓步华	药物制剂技术、生物制药技术、化学制药技术、中药制药技术
38	药品生产质量管理	罗文华	药物制剂技术、生物制药技术、化学制药技术、中药制药技术
39	安全生产知识	张之东	药物制剂技术、生物制药技术、化学制药技术、中药制药技术专业及药学专业药物制剂方向

序号	教材名称	主　编	适用专业
40	实用药物学基础**	丁　丰	药物制剂技术、生物制药技术
41	药物制剂技术***	张健泓	药物制剂技术、生物制药技术、化学制药技术
42	药物检测技术	王金香	药物制剂技术、化学制药技术专业及药学专业药物检验方向
43	药物制剂设备	邓才彬　王　泽	药物制剂技术专业及药学专业药物制剂方向
44	药物制剂辅料与包装材料	王晓林	药物制剂技术、中药制药技术专业及药学专业药物制剂方向
45	化工制图	孙安荣　刘德玲	药物制剂技术、生物制药技术、化学制药技术、中药制药技术
46	化工制图绘图与识图训练	孙安荣　刘德玲	药物制剂技术、生物制药技术、化学制药技术、中药制药技术
47	药物合成技术***	唐跃平	化学制药技术
48	制药过程原理及设备	印建和	化学制药技术
49	药物分离与纯化技术	张雪荣	化学制药技术
50	生物制药工艺学	陈电容　朱照静	生物制药技术
51	生物制药工艺学实验实训	周双林	生物制药技术
52	生物药物检测技术	俞松林	生物制药技术
53	生物制药设备***	罗合春	生物制药技术
54	生物药品***	须　建	生物制药技术
55	生物工程概论	程　龙	生物制药技术
56	中医基本理论	唐永忠	中药制药技术
57	实用中药	严　振　谢光远	中药制药技术
58	方剂与中成药	吴俊荣	中药制药技术
59	中药鉴定技术	杨嘉玲　李炳生	中药制药技术
60	中药药理学	宋光熠	中药制药技术
61	中药化学实用技术	杨　红　冯维希	中药制药技术

序号	教材名称	主　编	适用专业
62	中药炮制技术	张中社	中药制药技术
63	中药制药设备	刘精婵	中药制药技术
64	中药制剂技术	汪小根　刘德军	中药制药技术
65	中药制剂检测技术	梁延寿	中药制药技术
66	中药鉴定技能训练	刘　颖	中药制药技术
67	中药前处理技能综合训练	庄义修	中药制药技术
68	中药制剂生产技能综合训练	李　洪　易生富	中药制药技术
69	中药制剂检测技能训练	张钦德	中药制药技术

共57门主干教材，12门实验实训教材。☆为普通高等教育“十一五”国家级规划教材；*部分专业或院校将无机化学与分析化学两门课程整合而成基础化学，因此上述《基础化学》、《无机化学》、《分析化学》三种教材可由学校决定使用《基础化学》，或《无机化学》、《分析化学》；**《实用药物学基础》由药物化学、药理学、药物治疗学三门课程整合而成编写的教材；***本教材有配套光盘。

全国高职高专药品类专业教育教材建设指导委员会

成员名单

主任委员

严　振　广东食品药品职业学院

副主任委员

周晓明　山西生物应用职业技术学院
刘俊义　北京大学药学院
邬瑞斌　中国药科大学高等职业技术学院

委　员

李淑惠　长春医学高等专科学校
彭代银　安徽中医学院
弥　曼　西安医学院
王自勇　浙江医药高等专科学校
徐世义　沈阳药科大学高等职业技术学院
简　晖　江西中医学院
张俊松　深圳职业技术学院
姚　军　浙江省食品药品监督管理局
刘　斌　天津医学高等专科学校
艾继周　重庆医药高等专科学校
王　宁　山东医学高等专科学校
何国熙　广州医药集团有限公司
李春波　浙江医药股份有限公司
付源龙　太原晋阳制药厂
罗兴洪　先声药业集团
于文国　河北化工医药职业技术学院
毛云飞　扬州工业职业技术学院
延君丽　成都大学医护学院

前言

本教材是在全国高等学校高职高专药品类专业教育教材建设指导委员会的指导下，在卫生部教材办公室的组织下，根据卫生部“十一五”规划教材编写会议的要求，以高职高专化学制药技术专业学生的培养目标为依据，组织高职高专院校具有丰富教学和实践经验的教师编写，本书具有较强的实用性。

在教材编写中贯彻职业教育的理念，以理论知识“必需、够用、实用”为原则，淡化理论推导，简化理论知识的阐释，以例释理，加强理论联系实际，突出知识的应用，体现工学结合、产学结合的思想，培养技能型专门人才作为目标定位，以适应当前高职高专教育改革和发展要求、满足教学的需要。

本教材介绍化学制药中常用单元操作的基本原理、基本计算、典型设备的主要结构及基本操作方法。全书共七章，内容包括流体流动、流体输送设备、非均相物系的分离、传热、蒸发、蒸馏、吸收。教材内容叙述简明扼要、通俗易懂、图文并茂、安排合理，力求体现高职高专教育特点和培养目标，满足岗位需要、教学需要和社会需要。既考虑到学生的接受能力，把握好内容的深浅度，避免理论知识偏多、偏深、偏难；又处理好与相关课程教材内容的衔接，避免不必要的交叉重复。

本书由印建和主编，并编写绪论、第七章；第一章由刘兵编写；第二章、第三章由丁春燕编写；第四章由宋连珍编写；第五章由罗罹编写；第六章由夏德洋编写；附录由郃晓曦编写。全书由印建和统稿。本书在编写过程中得到各编者所在单位的大力支持，参阅了有关文献资料，在此对各编者所在单位的领导及有关文献的作者表示诚挚感谢。

在编写和修改过程中编者已作了很大努力，但由于水平和时间有限，错误及不妥之处在所难免，恳请广大读者提出批评指正。

印建和

2008 年 8 月

目　录

绪　论

一、本课程的性质、任务和学习方法

1. 本课程的性质　制药工业是以工业规模对药品原料进行加工处理，使其不仅在物理状态上发生变化，而且在化学性质上也发生变化，成为合格的药品。

由于药品的种类很多，原料复杂，从原料到成品需要经过很多加工处理过程，而每种药品都有其独特的生产过程，但归纳起来都有一些共同过程即规律，如流体的输送过程、固体颗粒在液体或气体中的分离过程、热量的传递过程、溶液的浓缩即蒸发过程、均相混合液体的分离即蒸馏过程、混合气体的分离即吸收过程等基本物理操作过程，还有化学反应操作过程。我们将每一个基本物理操作过程称为一个单元操作，它们都遵循物理学基本规律。

本课程是介绍化学药品生产行业中各单元操作的过程原理及其典型设备。它是高职高专药品类化学制药技术专业一门重要的专业课程，对化学药品生产操作具有重要的指导作用。

化学药品生产过程与化工产品的生产过程以及单元操作过程具有很多相同或相似之处，但药品质量直接关系到人民的生命安全和身体健康，因此对从事药品产生及管理人员必须树立质量第一的观念。

2. 本课程的任务　本课程的任务是学生掌握从事化学药品生产所必需的各单元操作的基本概念、基本理论、基本知识与应用，熟悉设备的主要结构与作用及基本操作方法，为化学制药工艺学等后续专业课程学习及制药单元操作实训、制药过程原理及设备课程设计、生产实习等实践性教学环节的训练、突出对学生能力培养、增强适应职业变化的能力和继续学习的能力奠定坚实基础，以适应化学药品生产岗位的操作要求。

3. 本课程的学习方法　本课程的理论性与实践性都很强，在学习中应侧重于掌握实际应用，而不要拘泥于公式与定理的来源与推导过程，对有关公式、定律的物理意义、适用范围、基本计算方法会正确应用，要从生产实际出发，与设备的构造、基本操作方法联系起来，懂得如何提高生产设备的生产能力和产品质量以及影响操作的因素，了解生产中出现的问题和分析解决问题的途径方法等。

二、本课程的几个基本概念

在单元操作的基本计算中常用到四个基本概念：

1. 物料衡算　在选定的体系或范围内，若物料流经该体系是连续稳态的且无化学反应的物理过程，根据质量守恒定律，物料输入体系的质量必等于从该体系输出的物料

质量,即

$$\sum F = \sum D \tag{0-1}$$

式中, $\sum F$——输入物料质量的总和,kg; $\sum D$——输出物料质量的总和,kg。

物料衡算是在选定的体系或范围内进行衡算,体系或范围可以是一个设备或多个设备或一个设备的一部分,也可以是一个单元操作过程或多个单元操作过程,也可以是整个生产过程,它是根据衡算的已知条件选定的,并在设备示意图中或流程简图中用虚线表示体系边界以便列出物料衡算式;物料质量可以是总物料的质量,也可以是某一组分的质量,也可以是质量流量,但对同一个物料衡算式必须统一;连续稳态过程是指物料质量及组成等不随时间变化,在本教材中无特殊说明均为连续稳态过程。

2. 能量衡算　能量衡算的依据是能量守恒定律,对于无化学反应的单元操作过程所涉及的能量衡算是热量衡算和机械能衡算的两种形式,而以热量衡算为多。对于稳定的传热过程,热量衡算可表示为:

$$\sum Q_F = \sum Q_D + Q_S \tag{0-2}$$

式中, $\sum Q_F$——输入体系的总物料带入的热量,J; $\sum Q_D$——输出体系的总物料带出的热量,J;Q_S——体系与环境交换的总热量,J,当体系向环境传热时,通常称为热损失,该值为正。

3. 平衡关系　任何物系在无外界能量输入时,其发生变化的方向总是趋向某种不再变化的状态,这种状态为平衡状态,这种变化过程称为自发过程。在一定条件下,物系在平衡状态时的温度、压力、各组分的浓度等不随时间变化,它们之间的关系即为平衡关系。当条件改变后,物系就会达到新的平衡状态,建立新的平衡关系。例如在水量和水温一定的条件下,盐溶解于水的过程是自发过程。当过量的盐溶解于水并经过一定时间后,溶解于水中盐的量和未溶盐的量就不随时间变化了,我们称该溶液为饱和溶液,此时的状态为平衡状态,水量与水中盐量的关系即为平衡关系。当水温改变后,就会达到新的平衡溶解度。物系的平衡状态就是物系自发过程可能达到的极限程度。因此,我们可以根据物系的状态判断过程已经进行到什么程度,是否达到平衡状态,这对生产过程的操作、产品质量的控制等提供了判断依据。

4. 过程速率　产品生产过程进行的快慢是由诸多因素影响的,而产品生产过程与单元操作有关。我们把诸多的单元操作过程归为三类,即流体流动过程、传热过程和传质过程。影响每种过程的速率快慢则有共同的规律:

$$过程速率 = \frac{过程推动力}{过程阻力}$$

也就是说,过程速率的大小与过程的推动力成正比,与过程的阻力成反比,这也是自然界中普遍存在的规律。只是不同的过程,其过程的推动力及过程的阻力不同。例如,流体流动过程的推动力是压力差或位置高度差;传热过程的推动力是温度差;传质过程的推动力是浓度差。至于过程的阻力较为复杂,在后续的章节中介绍。当过程的推动力为零时,则过程速率为零。例如两个物体间的传热过程,当两个物体温度相等时,温差为零,传热速率为零。即任何过程达到平衡状态时,其过程速率为零。物系偏离平衡状态越远,过程的推动力越大,过程进行的速率越快。若要维持正常的生产过程,物系必须是在不平衡的状态下进行,因此,设定的操作指标必须是在不平衡的状态下生产过程才能进行,这对每个单元操作乃至整个生产过程都非常重要。

(印建和)

第一章　流体流动

学习目标

学习目的

通过学习流体的物理性质、流体静力学及应用、柏努利方程及应用、流体流动的基本知识、流体阻力的分析计算、流体输送管路的基本知识、流量测量方法等知识，为后续章节如流体输送设备、传热过程、传质及分离过程奠定基础，也为化学制药工艺学等后续专业课程学习及制药单元操作实训、生产实习等实践性教学环节的训练打下基础，以适应化学药品生产中流体流动及输送岗位的操作要求。

知识目标

掌握流体输送管路的基本构成，掌握各种管件和阀门的结构、用途，掌握流体静力学方程式、连续性方程式和柏努利方程式的内容及其应用，掌握管路中流体的压力、流速和流量的测定原理及方法，各种流量计的测量原理、结构和性能；

熟悉流体的主要物性（密度、黏度），熟悉流体静止和运动的基本规律，熟悉连续性、稳定与不稳定流动、流动类型，熟悉流体在管路中流动时流动阻力的产生原因、影响因素及计算方法；

了解管路布置的基本原则。

能力要求

熟练掌握各种流体压力和流体流量测量仪表的使用方法，熟悉掌握根据生产任务选择合适流体输送方式的方法；

学会根据生产任务进行管路的布置、阀门设置和安装等方法。

在制药生产过程中所处理的物料，包括原料、中间体和产品，大多数是流体（气体和液体），或者是包括流体在内的非均相混合物。按制药生产工艺要求，物料通常要从一个地方输送到另一个地方，从上一道工序转移到下一道工序，从一个设备送往另一个设备，逐步完成各种物理变化和化学变化，才能得到所需要的产品。因此，要完成制药生产过程，必须要解决流体输送问题。另一方面，制药生产中的传热、传质及化学反应过程多数是在流体流动状况下进行的，流体的流动状况对这些过程的操作费用和设备费用有着很大的影响，关系到产品的生产成本和经济效益。因此，流体流动规律是本课程的重要基础,流体输送问题是制药生产必须解决的基本问题。

制药生产中要解决的流体输送问题主要有三大类:一是将流体从低位送到高位;二是将流体从低压设备送往高压设备;三是将流体从一个地方送到很远的另一个地方,最常见的还是这几类输送问题的综合。

第一节 流体静力学

流体静力学主要研究流体处于静止时各种物理量的变化规律。

一、流体的密度

单位体积流体的质量,称为流体的密度。

$$\rho = \frac{m}{V} \tag{1-1}$$

液体密度 一般液体可视为不可压缩性流体,其密度基本上不随压力变化,但随温度变化,变化关系可从手册中查得。

液体混合物的密度由式(1-2)计算:

$$\frac{1}{\rho_m} = \frac{w_1}{\rho_1} + \frac{w_2}{\rho_2} + \cdots + \frac{w_n}{\rho_n} \tag{1-2}$$

式中,w_i 为液体混合物中 i 组分的质量分数。

气体密度 气体为可压缩性流体,当压力不太高、温度不太低时,可按理想气体状态方程计算:

$$\rho = \frac{pM}{RT} \tag{1-3}$$

一般在手册中查得的气体密度都是在一定压力与温度下的数值,若条件不同,则此值需进行换算。

气体混合物的密度由式(1-4)计算:

$$\rho_{\mathrm{m}} = \rho_1\phi_1 + \rho_1\phi_2 + \cdots + \rho_n\phi_i \tag{1-4}$$

式中,ϕ_i 为气体混合物中 i 组分的体积分数。

或

$$\rho_{\mathrm{m}} = \frac{pM_{\mathrm{m}}}{RT} \tag{1-5}$$

其中

$$M_{\mathrm{m}} = M_1y_1 + M_2y_2 + \cdots + M_ny_i \tag{1-6}$$

式中,y_i 为气体混合物中各组分的摩尔分率。对于理想气体,其摩尔分率 y 与体积分数 ϕ 相同。

二、流体的压强

流体垂直作用于单位面积上的力,称为流体的静压强,又称为压力。在静止流体中,作用于任意点不同方向上的压力在数值上均相同。

压力的单位:

按压力的定义,其单位为 N/m^2 或 Pa;

以流体柱高度表示，用米水柱或毫米汞柱等。

标准大气压的换算关系：

$$1\text{atm} = 1.013 \times 10^5\text{Pa} = 760\text{mmHg} = 10.33\text{mH}_2\text{O}$$

压力的表示方法：

表压 = 绝对压力 - 大气压力

真空度 = 大气压力 - 绝对压力

三、流体静力学基本方程式

静力学基本方程式：

压力形式
$$p_2 = p_1 + \rho g(z_1 - z_2) \tag{1-7}$$

能量形式
$$\frac{p_1}{\rho} + z_1 g = \frac{p_2}{\rho} + z_2 g \tag{1-8}$$

适用条件：在重力场中静止、连续的同种流体。

1. 在重力场中，静止流体内部任一点的静压力与该点所在的垂直位置及流体的密度有关，而与该点所在的水平位置及容器的形状无关。

2. 在静止的、连续的同种液体内，处于同一水平面上各点的压力处处相等。液面上方压力变化时，液体内部各点的压力也将发生相应的变化。在静止的连通的同一液体内部处于同一水平面上的各点压力必定相等，此即为连通器原理。

3. 物理意义：静力学基本方程反映了静止流体内部能量守恒与转换的关系。在同一静止流体中，处在不同位置的位能和静压能各不相同，二者可以相互转换，但两项能量总和恒为常量。

四、流体静力学基本方程式的应用

1. 压力测量　以静力学原理为依据的测量仪器统称为液柱压力计（又称液柱压差计）。这类压力计可测量流体中某点的压力，亦可测两点间的压力差。这类仪器结构简单，使用方便，是应用较广泛的测压装置。常见的液柱压力计有以下几种。

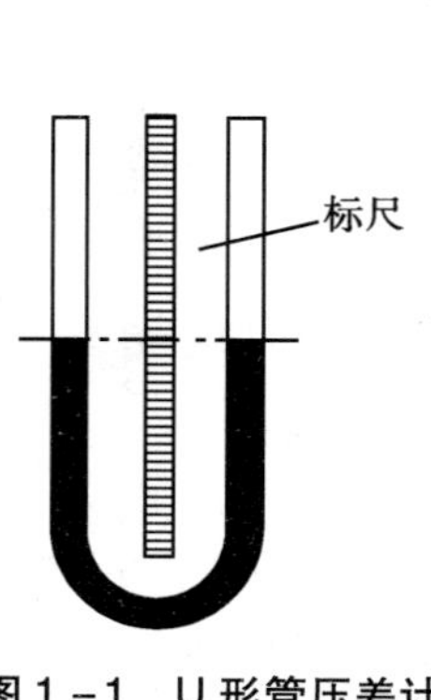

图 1-1　U 形管压差计

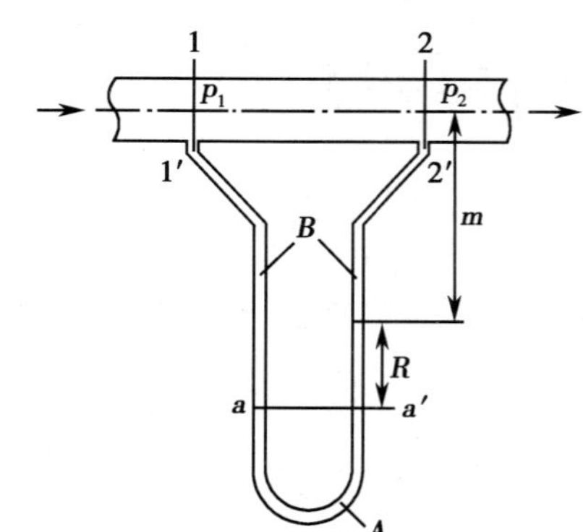

图 1-2　测量压力差

（1）U 形管压差计：U 形管压差计是液柱测压计中最普遍的一种，其结构如图 1-1 所示。它是一个两端开口的垂直 U 形玻璃管，中间配有读数标尺，管内装有液体作为指示液。指示液要与被测流体不互溶，不起化学作用，而且其密度要大于被测流体的密度。通常采用的指示液有：着色水、油、四氯化碳及水银等。

在图 1－1 中，U 形管内指示液上面和大气相通，即作用在两支管内指示液液面的压力是相等的，此时由于 U 形管下面是连通的，所以两支管内指示液液面在同一水平面上。如果将两支管分别与管路中两个测压口相连接，则由于两截面的压力 p_1 和 p_2 不相等，且 $p_1 > p_2$，必使左支管内的指示液液面下降，而右支管内的指示液液面上升，直至在标尺上显示出读数 R 时才停止，如图 1－2 所示。由读数 R 便可求得管路两截面间的压力差。

若在图 1－2 中所示的 U 形管底部装有指示液 A，其密度为 ρ_A，而在 U 形管两侧臂上部及连接管内均充满待测流体 B，其密度为 ρ_B。图中 a、a′两点都在连通的同一种静止流体内，并且在同一水平面上，所以这两点的静压力相等，即 $p_a = p_a'$。依流体静力学基本方程式可得

$$p_a = p_1 + \rho_B g(m + R)$$

$$p_a' = p_2 + \rho_B gm + \rho_A gR$$

于是

$$p_1 + \rho_B g(m + R) = p_2 + \rho_B gm + \rho_A gR$$

上式简化后即得压力差 $p_1 - p_2$ 的公式

$$p_1 - p_2 = (\rho_A - \rho_B)gR \tag{1-9}$$

式中，ρ_A——指示液的密度，kg/m^3；ρ_B——待测流体的密度，kg/m^3；R——U 形管标尺上指示液的读数，m。

若被测流体是气体，气体的密度要比液体的密度小得多，即 $\rho_A - \rho_B \approx \rho_A$，于是，式（1－9）可简化为

$$p_1 - p_2 \approx \rho_A gR \tag{1-10}$$

U 形管压差计也可用来测量流体的表压力。若 U 形管的一端通大气，另一端与设备或管道某一截面连接被测量的流体，则 $(\rho_A - \rho_B)gR$ 或 $\rho_A gR$ 即反应设备或管道某一截面处流体的绝对压力与大气压力之差为流体的表压力。

如将 U 形管压差计的右端通大气，左端与负压部分接通，则可测得流体的真空度。

实例分析

实例 1－1：如图 1－2 所示，水在 293K 时流经某管道，在管道上相距 10 米处装有两个测压孔，两测压孔分别用两根导管与 U 形管的两端连接，如在 U 形管压差计上水银柱读数为 3cm，分析水通过这一段管道时的压力差。

分析：已知指示液水银的密度 $\rho_{Hg} = 13\ 600$ kg/m^3；待测流体的密度 $\rho_{水} = 998.2$ kg/m^3；U 形管上水银柱的读数 $R = 3\text{cm} = 0.03\text{m}$。

可根据下式求水通过这一 10 米长管道时之压力差

$$\begin{aligned} p_1 - p_2 &= (\rho_{Hg} - \rho_{水})gR \\ &= (13\ 600 - 998.2) \times 9.807 \times 0.03 \\ &= 3.7 \times 10^3\,\text{Pa} \end{aligned}$$

答：水通过这一段管道时之压力差为 3.7×10^3 Pa。

(2)微差压差计(又称双液柱压差计):当测量小压差时,可采用微差压差计,如图1-3所示。这种压差计的特点是:内装有互不相溶的两种指示液A与C,密度分别为ρ_A和ρ_C($\rho_A>\rho_C$),为了将读数R放大,应尽可能使两种指示液的密度相接近,还应注意指示液C与被测流体不互溶。

U形管两侧臂的上端装有扩张室B,扩张室的截面积比U形管的截面积大得多(若扩张室的截面为圆形,应使扩张室的内径与U形管内径之比大于10),这样,测量时读数R值很大,而两扩张室内指示液的液面变化很小,可近似认为仍维持在同一水平面。所测的压差便可用式(1-11)计算:

$$p_1-p_2=(\rho_A-\rho_C)gR \tag{1-11}$$

2. 液位测量 生产中为了了解设备内液体贮量,流进或流出设备的液流量,需要测定液位。测量设备内液位的装置有多种,如玻璃液面计、浮标液面计等。图1-4所示液位计是根据静止流体在连通的同一水平面上各点压力相等这一原理设计的。因液位计上方与贮槽相通,且同为一种液体,即从玻璃管内观察到的液面高度就是贮槽中液位高度。

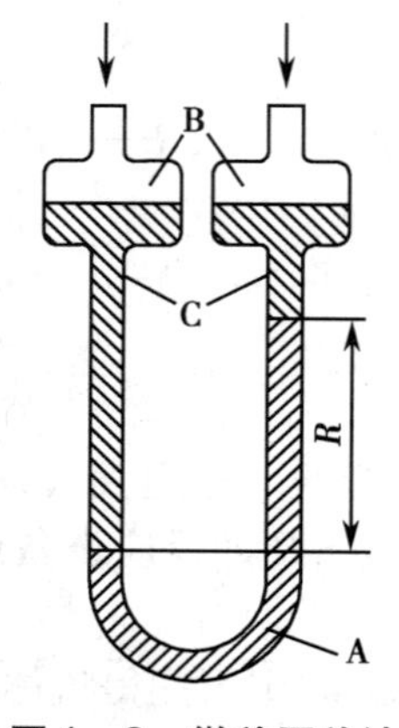

图1-3 微差压差计

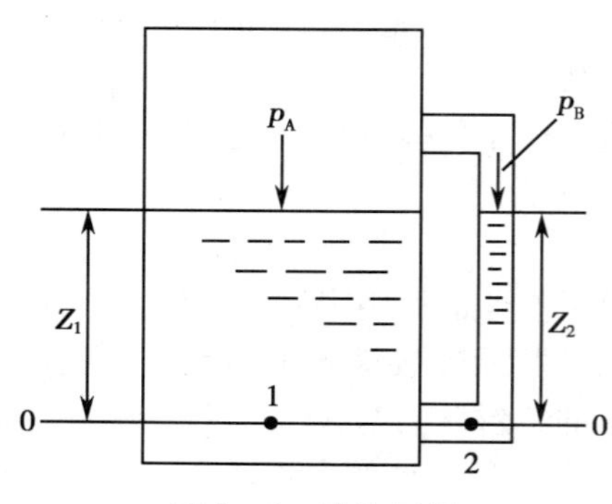

图1-4 液位测量

知识拓展

压力表

用来测量气体或液体压力的工业自动化仪表,又称压力表或压力计。垂直均匀地作用于单位面积上的力称为压力,又称压强。压力表可以指示、记录压力值并可附加报警或控制装置。仪表所测压力包括绝对压力、大气压力、正压(习惯上称表压)、负压(习惯上称真空)和差压。工程技术上所测量的多为表压。压力测量仪表有:液柱式压力测量仪表、弹性式压力测量仪表、负荷式压力测量仪表、电测式压力测量仪表等。

第二节　流体动力学

在化工生产中，常遇到流体在管道中的流动问题，有必要研究流体在管内的流动规律，并应用到流体输送的实际过程中去。

一、流量与流速

1. 流量　单位时间内流经管道任一截面的流体量，称为流量。通常有两种表示方法。

(1)体积流量：单位时间内流经管道任一截面的流体体积，称为体积流量，以符号 V_s、V_h 表示，单位为 m^3/s 或 m^3/h。

(2)质量流量：单位时间内流经管道任一截面的流体质量，称为质量流量，以符号 W_s、W_h 表示，单位为 kg/s 或 kg/h。

体积流量与质量流量之间的关系：

$$W_s = V_s \cdot \rho \tag{1-12}$$

由于气体的体积随压力和温度的变化而变化，故当气体流量以体积流量表示时，应注明温度和压力。

2. 流速　流速是指流体质点在单位时间内、在流动方向上所流经的距离。实验证明，由于流体具有黏性，流体流经管道任一截面上各点的速度是沿半径而变化。工程上为计算方便，通常用整个管截面上的平均流速来表示流体在管道中的流速。

(1)平均流速：平均流速是所有流体质点在单位时间内、在流动方向上所流经的平均距离，其数值等于流体的体积流量除以管道截面积，用符号 u 表示，单位为 m/s。

$$u = \frac{V_s}{A} \tag{1-13}$$

式中，u——流体的平均流速，m/s；A——管道的截面积，m^2。

质量流量、体积流量与流速(即平均流速)之间的关系为

$$W_s = V_s \rho = uA\rho \tag{1-14}$$

(2)质量流速：单位时间内流经管道单位截面积的流体质量，称为质量流速，以符号 G 表示，单位为 $kg/(m^2 \cdot s)$。

质量流速与质量流量及流速之间的关系为

$$G = W_s/A = V_s \rho/A = u\rho \tag{1-15}$$

由于气体的体积流量随压力和温度的变化而变化，其流速亦将随之变化，但流体的质量流量和质量流速是不变的，可见，采用质量流速计算较为方便。

3. 圆形输送管道直径的确定　工厂里的一般管道其截面均为圆形，若以 d 表示管内径，由式(1-13)：$u = \frac{V_s}{A} = \frac{V_s}{\frac{\pi}{4}d^2}$

可得

$$d = \sqrt{\frac{4V_s}{\pi u}} \tag{1-16}$$

由式(1－16)可知,流体输送管路的直径 d 与流量 V_s 和流速 u 有关。

当生产任务一定时,V_s 一定,流速 u 增加,管道直径 d 减小,管路安装的设备投资减小,这是有利的一面。但流速 u 增加会导致管路系统中流体流动阻力增加,输送流体所需的动力消耗增加,操作费用增加,这是不利的一面。

适宜的流速则应根据经济权衡决定,是管路系统的操作费用和设备费用之和为最小时的流速。

适宜流速的范围通常可选用经验数据。例如水及低黏度液体的流速为 1.5～3.0m/s,一般常用气体流速为 10～20m/s,而饱和水蒸气流速为 20～40m/s 等。某些液体在管道中的常用流速范围,可参阅有关手册。

管道直径的确定步骤:

(1)根据流体的种类、性质、压力等,在适宜流速范围内选取一个流速。

(2)将所选取的流速代入式(1－16)计算管道直径 d。

(3)由计算出的 d,根据管子规格(附录十八),将管子圆整成标准管径。

实例分析

实例 1－2:某车间要求安装一根输水量为 $40m^3/h$ 的管道,试选择合适的管径。

分析:依题意根据式(1－16),$d=\sqrt{\dfrac{4V_s}{\pi u}}$

取水在管内的流速 $u=1.8m/s$

则 $$d=\sqrt{\frac{4V_s}{\pi u}}=\sqrt{\frac{4\times 40/3600}{3.14\times 1.8}}=0.087m\approx 90mm$$

查附录十八管子规格表,确定选用 $\phi 108\times 4$(即管外径为 108mm,壁厚为 4mm)的无缝钢管,其内径为 $d=108-2\times 4=100mm=0.1m$

水在管内的实际流速为:$u'=\dfrac{V_s}{A}=\dfrac{40/3600}{0.785\times 0.1^2}=1.42m/s$

二、稳定流动与不稳定流动

流体在管道中流动时,任一截面处的流速、流量和压力等有关物理参数仅随位置改变,均不随时间而改变,这种流动称为稳定流动。当有水不断进入贮水槽,若将底部管道上的阀门打开,水便不断从槽内流出。当槽中水位保持恒定时,水槽或管内任意一处的流速和压力均不随时间变化,即各物理参数只与空间位置有关,与时间无关,这种情况属稳定流动。稳定流动时系统内没有质量的积累。反之,当槽中水位发生变化时,水槽或管内任意一处的流速和压力等物理参数不仅随位置变化,也随时间变化,这种流动称为不稳定流动。

在制药和化工生产中多为连续生产,所以流体的流动多属稳定流动。应该指出的是在设备开车、调试或停车时会造成暂时的不稳定流动。本章中只讨论稳定流动问题。

三、连续性方程

图1-5所示为一流体作稳定流动的管路，流体充满整个管道，流入1-1′截面的流体的质量流量为W_{s1}，流出2-2′截面的质量流量为W_{s2}，以1-1′和2-2′截面间的管段为衡算系统。由于稳定条件下系统内无质量的积累，则输入的质量应等于输出的质量。

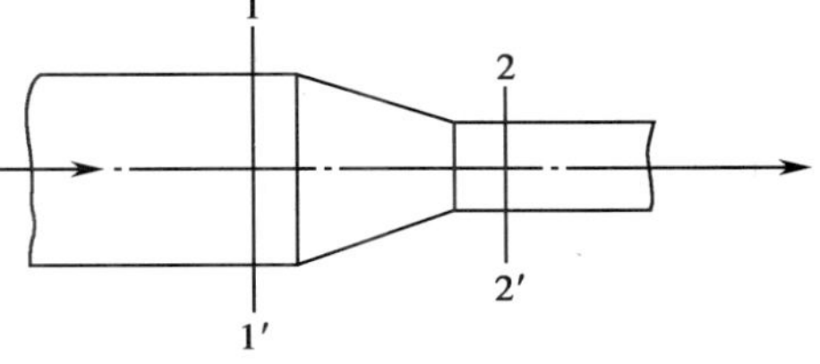

图1-5　流体流动的连续性

据质量守恒定律，列出物料衡算式为

$$W_{s1}=W_{s2} \tag{1-17}$$

$$\rho_1A_1u_1=\rho_2A_2u_2 \tag{1-18}$$

若将以上两式推广到管道的任一截面，即：

$$\rho_1A_1u_1=\rho_2A_2u_2=\cdots=\rho_iA_iu_i=\text{常数} \tag{1-19}$$

式(1-17)和式(1-18)都称为流体在管道中作稳定流动的连续性方程式。该方程式表示在稳定流动系统中，流体流经管道各截面的质量流量恒为常量，但各截面的流体流速则随管道截面积A的不同和流体密度ρ的不同而变化，故该方程式反映了管道截面上流体流速的变化规律。

对于不可压缩性流体（如液体），因流体的密度ρ为常数，连续性方程式可写为

$$A_1u_1=A_2u_2=\Lambda=A_iu_i=V_s=\text{常数} \tag{1-20}$$

式(1-20)说明：不可压缩性流体流经各截面的质量流量相等，体积流量亦相等，即流体流速与管道的截面积成反比，截面积愈小，流速愈大，反之，截面积愈大，流速愈小。

对于圆形管道，因$A_1=\frac{\pi}{4}d_1^2$及$A_2=\frac{\pi}{4}d_2^2$（d_1和d_2分别为1-1′截面和2-2′截面处的管内径），式(1-20)可写成：$\frac{\pi}{4}d_1^2u_1=\frac{\pi}{4}d_2^2u_2=\text{常数}$

由此得：

$$\frac{u_1}{u_2}=\left(\frac{d_2}{d_1}\right)^2 \tag{1-21}$$

由式(1-21)可见，不可压缩性流体的体积流量一定时，圆形管道中的流速与管内径的平方成反比。

实例分析

实例1-3：有一串联管路，大管为ϕ89×4mm，小管为ϕ57×3.5mm。已知小管中水的流速为$u_1=2.8$m/s，那么大管中水的流速应该是多少？

分析：依题意，已知：$d_1=57-2\times3.5=50$mm；$d_2=89-2\times4=81$mm；$u_1=2.8$m/s利用不可压缩性流体的连续性方程式(1-21)，大管中水的流速应该是：

$$u_2=u_1\left(\frac{d_1}{d_2}\right)^2=2.8\times\left(\frac{50}{81}\right)^2=1.07\text{m/s}$$

四、柏努利方程

当流体在流动系统中作稳定流动时，根据能量守恒定律，对任一段管路系统内流动流体作能量衡算，我们可以得到表示流体流动时能量变化规律的柏努利方程。

> 课堂互动
>
> 大家一起分析：水连续地由粗圆管流入细圆管，粗管内径为细管内径的两倍时，细管内的流速是粗管内的几倍？

柏努利方程式的推导方法有多种，下面介绍一种较为简便的方法，即能量衡算的方法。

1. 理想流体的机械能衡算　理想流体无压缩性，在流动过程中无摩擦损失。

现讨论理想流体在管内作稳定流动时各种机械能之间的转换关系。在图1－6所示的管路中，有质量为 m kg的流体从截面1－1′流入，从截面2－2′流出。

衡算范围：1－1′与2－2′截面与管内壁之间的封闭范围内。

基准水平面：0－0′水平面（可任意选定）

设：

u_1、u_2——流体分别在1－1′与2－2′截面上的流速（平均流速），m/s；

p_1、p_2——流体分别在1－1′与2－2′截面上的压力（平均压力），Pa；

z_1、z_2——1－1′与2－2′截面中心至基准水平面的垂直距离，m；

A_1、A_2——1－1′与2－2′截面的面积，m^2；

v_1、v_2——1－1′与2－2′截面上流体的比容，m^3/kg。

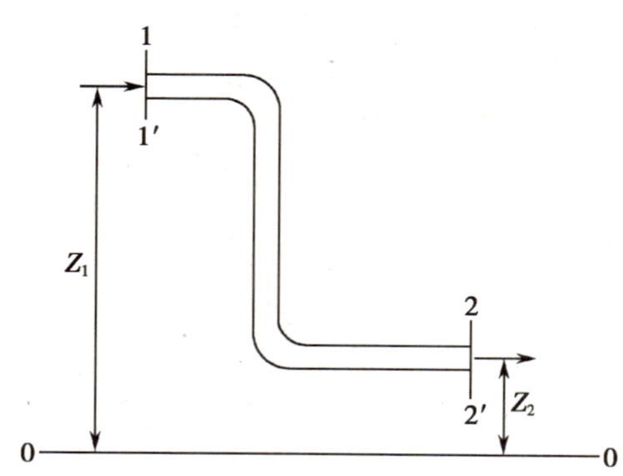

图1－6　柏努利方程推导示意图

m kg流体带入1－1′截面的机械能有以下几项：

（1）位能：位能是流体在重力作用下，因高出某基准面而具有的能量，相当于将质量为 m kg的流体自基准水平面0－0′升举到 z_1 高度为克服重力所做的功，即：位能 $= mgz_1$

位能的单位：$[mgz_1] = kg \cdot \frac{m}{s^2} \cdot m = N \cdot m = J$

1kg流体的位能为 $\frac{mgz_1}{m} = gz_1$，其单位为J/kg。位能是个相对值，依所选的基准水平面位置而定。基准水平面上流体的位能为零，在基准水平面以上的位能为正值，以下的为负值。

（2）动能：动能为流体因具有一定的流速而具有的能量，即：动能 $=\frac{1}{2}mu_1^2$

动能的单位：$\left[\frac{1}{2}mu_1^2\right]=kg\cdot\left(\frac{m}{s}\right)^2=N\cdot m=\mathrm{J}$

1kg 流体的动能为$\frac{1}{m}\cdot\frac{1}{2}mu_1^2=\frac{1}{2}u_1^2$，其单位为 J/kg。

（3）静压能：在静止流体内部，任一点都有一定的静压力，同样，在流动流体的内部，任一处也存在着一定的静压力。

实验现象：如果在一内部有液体流动的管子的管壁上开一小孔，并在小孔处装一根垂直的细玻璃管，液体便在玻璃管内上升一定的高度，如图 1－7 所示。

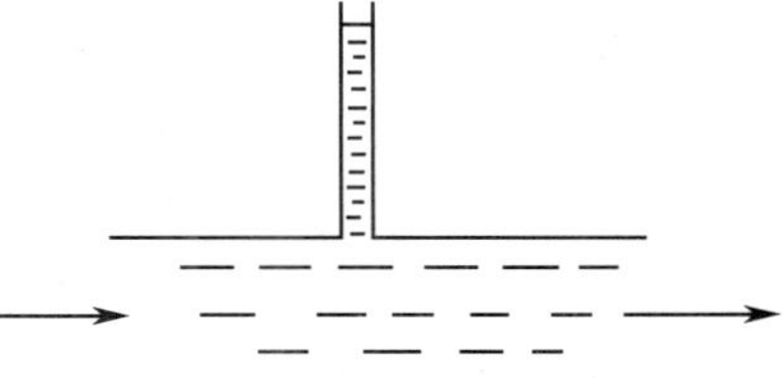

图 1－7　流体存在静压力的示意图

分析：流动的液体能在管内上升一定高度，说明液体本身必须具备一种能量以克服势能的增加。流体的这种能量称为静压能。这一液柱的高度便是运动着的液体在该截面处的静压能大小的表现，而此液柱高度即表示管内流动液体在该截面处的静压力值。

静压能的单位：$[p_1V_1]=\frac{N}{m^2}\cdot \mathrm{m}^3=\mathrm{N\cdot m=J}$

1kg 流体的静压能为$\frac{p_1V_1}{m}=p_1\frac{1}{\rho_1}=\frac{p_1}{\rho_1}$，其单位为 J/kg。

综上所述，m kg 流体带入 1－1′截面的三项机械能为：$mgz_1+m\frac{1}{2}u_1^2+p_1V_1$

1kg 流体带入 1－1′截面的机械能为：$gz_1+\frac{1}{2}u_1^2+\frac{p_1}{\rho_1}$

m kg 流体由截面 2－2′带出的机械能为：$mgz_2+m\frac{1}{2}u_2^2+p_2V_2$

1kg 流体由截面 2－2′带出的机械能为：$gz_2+\frac{1}{2}u_2^2+\frac{p_2}{\rho_2}$

由于系统在稳定状态下流动，所以 mkg 流体从截面 1－1′流入时带入的能量应等于从截面 2－2′流出时带出的能量，即：

$$mgz_1+m\frac{1}{2}u_1^2+p_1V_1=mgz_2+m\frac{1}{2}u_2^2+p_2V_2 \qquad (1-22)$$

将上式各项均除以 m，即为 1kg 流体的能量衡算式：

$$gz_1+\frac{1}{2}u_1^2+\frac{p_1}{\rho_1}=gz_2+\frac{1}{2}u_2^2+\frac{p_2}{\rho_2} \qquad (1-23)$$

对于不可压缩性流体，ρ 为常数，式（1－23）又可写成：

$$gz_1+\frac{1}{2}u_1^2+\frac{p_1}{\rho}=gz_2+\frac{1}{2}u_2^2+\frac{p_2}{\rho}=\mathrm{E}=\text{常数} \qquad (1-24)$$

式(1－24)即为著名的柏努利方程式。

根据柏努利方程式的推导过程可知,式(1－24)仅适用于以下情况:一种是不可压缩的理想流体作稳定流动,另一种是流体在流动过程中,系统(两截面范围内)与外界无能量交换。

式(1－24)说明理想流体作稳定流动时,每 kg 流体流过系统内任一截面(与流体流动方向相垂直)的总机械能恒为常数,而每个截面上的不同机械能形式的数值却并不一定相等。这说明各种机械能形式之间在一定条件下是可以相互转换的,此减彼增,但总量保持不变。

2. 实际流体的机械能衡算　理想流体是一种假想的流体,这种假想流体没有黏性,所以流动时不产生磨擦,不消耗能量,引进这种假想流体对分析解决工程实际问题具有指导意义,但并不能完全解决工程实际问题,因为实际流体具有黏性,在流动过程中有能量损失。实际流体的总能量衡算式,除了考虑各截面的机械能(动能、位能、静压能)外,还要考虑以下两项能量:

损失能量　实际流体具有黏性,在流动过程中因克服摩擦阻力而产生能量损失。根据能量守恒原理,能量不能自行产生,也不能自行消失,只能从一种形式转变为另一种形式,而流体在流动中损失的能量是由部分机械能转变为热能。该热能一部分被流体吸收而使其升温,另一部分通过管壁散失于周围介质。前一部分通常忽略不计。从工程实用的观点来考虑,后一部分能量是“损失”掉了。我们将单位质量流体损失的能量用符号 $\sum h_f$ 表示,单位为 J/kg。

外加能量　若在所讨论的 1－1′和 2－2′两截面间装有流体输送机械,如图 1－8 所示,该输送机械将机械能输送给流体,我们将单位质量流体从流体输送机械获得的能量(即外加能量)用符号 W_e 表示,单位为 J/kg。

综上所述,实际流体在稳定状态下的总能量衡算式为

$$gz_1+\frac{p_1}{\rho}+\frac{u_1^2}{2}+W_e=gz_2+\frac{p_2}{\rho}+\frac{u_2^2}{2}+\sum h_f \qquad (1-25)$$

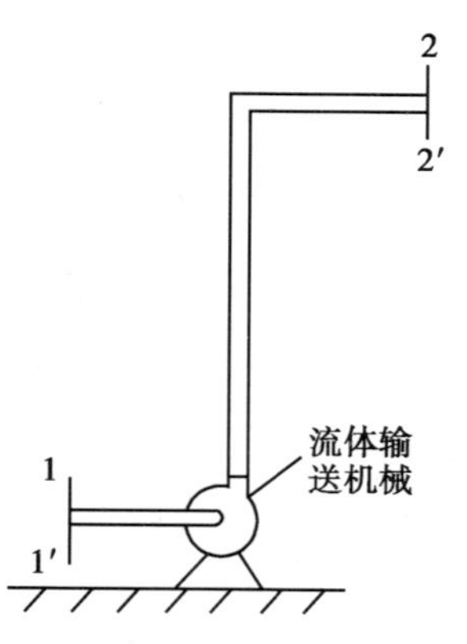

图 1－8　实际流体的柏努利方程推导

公式(1－25)中的 gz_1、$\frac{p_1}{\rho}$、$\frac{u_1^2}{2}$ 及 gz_2、$\frac{p_2}{\rho}$、$\frac{u_2^2}{2}$ 分别表示 1kg 流体在 1－1′和 2－2′截面上所具有的各种机械能,而 $\sum h_f$ 是 1kg 流体从 1－1′流至 2－2′截面所消耗的能量,W_e 为 1kg 流体在两截面间从外界获得的能量,该能量是流体输送机械提供的有效能量,是选择流体输送机械的主要参数之一。若被输送流体的质量流量为 W_s,输送机械的有效功率(即单位时间输送机械所作的有效功,也就是被输送流体需要提供的功率)以符号 N_e 表示,单位为 J/s 或 W,则:

$$N_e=W_e \cdot W_s \qquad (1-26)$$

实际计算时要考虑流体输送机械的效率,效率用符号 η 表示,则流体输送机械实际

消耗的功率为

$$N=\frac{N_e}{\eta}=\frac{W_e \cdot W_s}{\eta} \tag{1-27}$$

式中，N——流体输送机械的轴功率，单位为J/s或W。

若以1N（重量）流体为衡算基准，需将式（1-25）中各项除以g，得：

$$z_1+\frac{p_1}{\rho g}+\frac{u_1^2}{2g}+H_e=z_2+\frac{p_2}{\rho g}+\frac{u_2^2}{2g}+H_f \tag{1-28}$$

式中，$H_e=\frac{W_e}{g}$，$H_f=\frac{\sum h_f}{g}$。

上式中各项的单位均为m。式（1-28）即为工程单位制中习惯采用的形式，该式表示1N的流体具有的各种机械能。由于m为长度单位，这里其物理意义可理解为能将1N流体从基准水平面升举的高度。如静压能为$5mH_2O$，即流体的静压能可将1N的水自基准水平面升举5m高。又因各项能量的单位均是长度m，故通常将z称为位压头；$\frac{p}{\rho g}$称为静压头；$\frac{u^2}{2g}$称为动压头或速度压头；H_e称为输送机械对液体提供的有效压头即扬程H；H_f称为流动过程中的损失压头。上述的能量表示方法在“第二章流体输送设备”中甚为重要。

> **课堂互动**
>
> 以输送水为例，大家一道进行机械能衡算分析，确定输送系统的输入输出截面、基准水平面，确定各机械能的条件，建立机械能衡算关系式。

五、柏努利方程的应用

1. 确定高位送料时高位槽和设备之间的相对位置

实例分析

实例1-4：如附图所示，从高位槽向塔内加料，高位槽和塔内的压力均为大气压。要求送液量为$5.4m^3/h$。管道用ϕ45×2.5mm的钢管，设料液在管内的压头损失为1.5m（料液柱）（不包括出口压头损失），此时高位槽的液面应比料液管进塔处高出多少米？

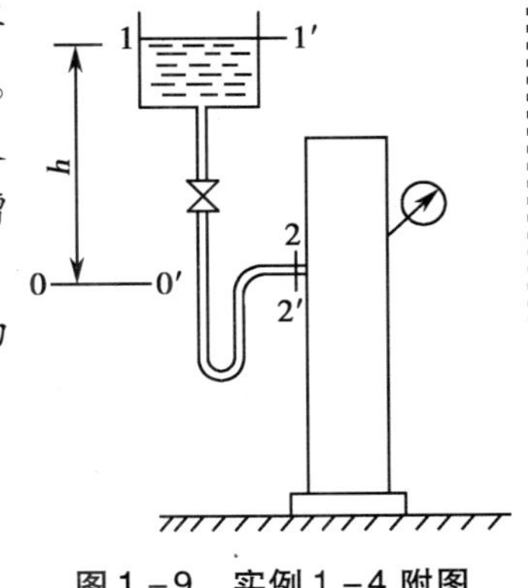

图1-9 实例1-4附图

分析：取高位槽液面为1-1′截面，管进塔处出口内侧为2-2′截面，以过2-2′截面中心线的水平面0-0′为基准面。

在1-1′和2-2′截面间列柏努利方程式

$$gz_1+\frac{p_1}{\rho}+\frac{u_1^2}{2}+W_e=gz_2+\frac{p_2}{\rho}+\frac{u_2^2}{2}+\sum h_f$$

1-1′截面：$z_1=h=?$

$p_1=0$（表压）

$u_1\approx0$（水槽截面比管道截面大得多，在流量相同的情况下，槽内流速比管内流

速小得多，所以槽内流速可以忽略不计）

$W_e = 0$

2 - 2′截面：$z_2 = 0$

$p_2 = 0$（表压）

$$u_2 = \frac{5.4}{3600 \times 0.785 \times (0.04)^2} = 1.194\text{m/s}$$

$$\sum h_f = 1.5 \times 9.81$$

将以上各项代入式中得：$9.81h = \frac{1.194^2}{2} + 1.5 \times 9.81$

$$h = 1.573\text{m}$$

2. 真空抽料时，真空度的确定

实例分析

实例 1-5：如本题附图所示，某药厂利用喷射式真空泵吸收氨。管道中稀氨水的质量流量为 9×10^3kg/h，入口处静压力为 253kPa。若稀氨水的密度为 1000kg/m^3，压头损失可忽略不计，当地的大气压强为 101.3kPa。喷嘴出口处的真空度多大？

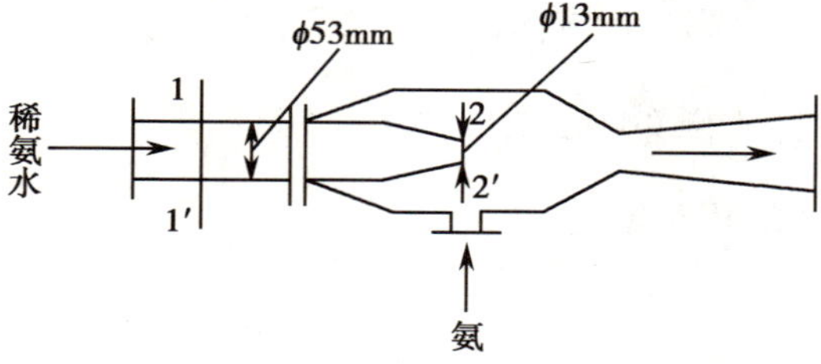

图 1-10 实例 1-5 附图

分析：取稀氨水入口管为 1-1′截面，喷嘴出口处为 2-2′截面。以过此导管中心线的水平面为基准面。

在 1-1′和 2-2′截面间列柏努利方程式

$$gz_1 + \frac{p_1}{\rho} + \frac{u_1^2}{2} + W_e = gz_2 + \frac{p_2}{\rho} + \frac{u_2^2}{2} + \sum h_f$$

1 - 1′截面：$z_1 = 0$

$p_1 = 2.53 \times 10^5\text{Pa}$

$$u_1 = \frac{9000}{3600 \times 0.785 \times (0.053)^2 \times 1000} = 1.13\text{m/s}$$

2 - 2′截面：$z_2 = 0$

$p_2 = ?$

$$u_2 = u_1\left(\frac{d_1}{d_2}\right)^2 = 1.13 \times \left(\frac{0.053}{0.013}\right)^2$$

$$= 18.8\text{m/s}$$

$$\sum h_f = 0$$

将以上各参数代入柏努利方程式中

$$\frac{2.53 \times 10^5}{1000} + \frac{1.13^2}{2} = \frac{p_2}{1000} + \frac{18.8^2}{2}$$

$$p_2 = 77 \times 10^3\text{Pa} = 77\text{kPa}$$

喷嘴出口处的真空度为：$p_{2真} = p_{大气} - p_2 = 101.3 - 77 = 34.3\text{kPa}$（真空度）

3. 确定输送机械的有效功率

实例分析

实例1-6：如本题附图所示，用泵将常压贮槽中的稀碱液送进蒸发器浓缩，泵的进口为φ89×3.5mm的钢管，碱液在进口管中的流速为1.4m/s，泵的出口为φ76×2.5mm的钢管。贮槽中碱液液面距蒸发器入口的垂直距离为7.5m，碱液在管路系统中的能量损失为40J/kg，蒸发器内碱液蒸发压力保持在19.6kPa（表压），碱液的密度为1100kg/m³。泵的有效功率多大才能满足送液要求？

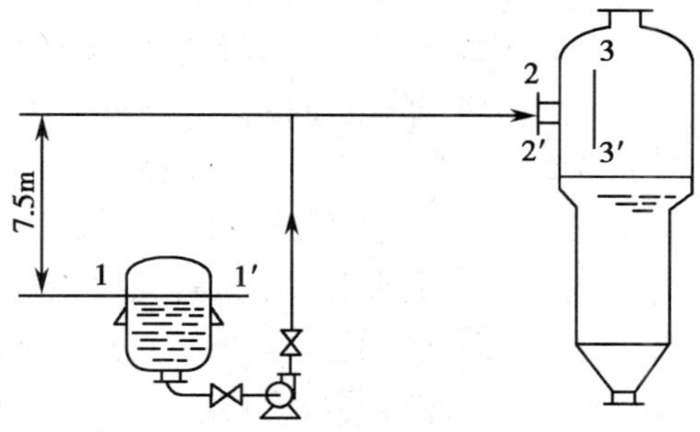

图1-11　实例1-6附图

分析：取贮槽液面为1-1′截面，蒸发器进料管口处为2-2′截面，1-1′截面为基准面。

在1-1′和2-2′截面间列柏努利方程式

$$gz_1 + \frac{p_1}{\rho} + \frac{u_1^2}{2} + W_e = gz_2 + \frac{p_2}{\rho} + \frac{u_2^2}{2} + \sum h_f$$

移项得：

$$W_e = g(z_2 - z_1) + \frac{p_2 - p_1}{\rho} + \frac{u_2^2 - u_1^2}{2} + \sum h_f$$

1－1′截面：$z_1=0$

$p_1=p_a=0$（表压）

$u_1\approx 0$（槽面）

$W_e=?$

2－2′截面：$z_2=7.5\text{m}$

$p_2=1.96\times 10^4\text{Pa}$（表压）

$$u_2=u_{进口管}\left(\frac{d_0}{d_1}\right)^2=1.4\times\left(\frac{82}{71}\right)^2=1.87\text{m/s}$$

将以上各项代入式中

$$W_e=7.5\times 9.81+\frac{19\,600}{1100}+\frac{1.87^2}{2}+40$$
$$=133.1\text{J/kg}$$

质量流量：

$$W_s=u_0A_0\rho=1.4\times 0.785\times(0.082)^2\times 1100$$
$$=8.13\text{kg/s}$$

泵的有效功率：

$$N_e=W_e\cdot W_s=133.1\times 8.13=1082\text{W}\approx 1.1\text{kW}$$

由以上例题可知，应用柏努利方程式解题时，需要注意下列事项：

（1）选取截面：选取截面时应考虑到柏努利方程式是流体输送系统在连续稳定的范围内，对任意两截面而列出的能量衡算式，所以首先要正确选定截面。如图1－11实例1－6附图所示的液体输送系统，应选1－1′和2－2′截面，而不能选1－1′和3－3′截面。这是因为流体流至2－2′截面后即脱离管路系统，2－2′和3－3′截面间已经不连续，不符合柏努利方程式的应用条件。需要说明的是，只要在连续稳定的范围内，任意两个截面均可选用。不过，为了计算方便，截面常取在输送系统的起点和终点的相应截面，因为起点和终点的已知条件多。另外，两截面均应与流动方向相垂直。

（2）确定基准面：基准面是用以衡量位能大小的基准。为了简化计算，通常取相应于所选定的截面之中较低的一个水平面为基准面，如图1－11实例1－6附图的1－1′截面为基准面比较合适。这样，实例1－6中z_1为零，z_2值等于两截面之间的垂直距离，由于所选的2－2′截面与基准水平面不平行，则z_2值应取2－2′截面中心点到基准水平面之间的垂直距离。

（3）压力：描述某一截面的静压能大小时必须用绝对压力，但由于柏努利方程式中，反映的是两截面之间的静压能的差。因此用柏努利方程解题时，柏努利方程式中的压力p_1与p_2，可同时使用表压力或绝对压力，对计算结果没有影响，但不能混合使用。

第三节　流体在管内流动时的阻力

一、流体的黏度

流体具有流动性,不能承受拉力也没有固定的形态。但在很小的剪切力的作用下,将发生连续不断的变形,虽然流体抵抗剪切力的性能很弱,但这种性能还是存在的,并且在某些情况下还不能忽略。流体抵抗剪切力的能力可用流体的物理性质黏性表示。

因为有黏性,流体在管内流动时,管内任一截面上各点的速度也并不相同,中心处的速度最大,愈靠近管壁速度愈小,在管壁处流体的质点黏附于管壁上,其速度为零。因此在一定条件下,管内流动的流体,可认为是被分割成无数极薄的圆筒层,一层套着一层,各层以不同的速度流动,速度快的层就对速度慢的层产生了一个拖动力使它加速,而速度慢的流体层对速度快的流体层就有一个阻止它向前运动的阻力,拖动力和阻力是大小相等方向相反的一对力,分别作用在两个紧挨着但速度不同的流体层上,这就是流体黏性的表现,这种运动着的流体内部相邻两流体层间的作用力称为内摩擦力或叫黏滞力。

黏性的定义:黏性是当流体的各部分之间具有相对运动时,会产生内摩擦切向力来阻止其相对运动的特性。

用来衡量流体黏性大小的物理量是黏度,符号是 μ。它有两个单位,一个是国际单位:帕斯卡·秒,符号是 Pa·s,即 $\frac{N \cdot s}{m^2} = \mathrm{Pa \cdot s}$;另一个是物理单位:泊,符号是 P,即 $\frac{\text{达因} \cdot \text{秒}}{\text{厘米}^2} = \mathrm{P}$。泊的单位较大,常用厘泊(符号 cP),换算关系是:

$$1\mathrm{P} = 100\mathrm{cP}, 1\mathrm{Pa \cdot s} = 1000\mathrm{cP}$$

流体的黏性

实验装置:圆盘 A 由电动机带动,圆盘 B 通过金属丝悬挂在圆盘 A 上方。A 盘和 B 盘都浸在某种液体中,A、B 之间保持一定距离。

实验现象:当 A 盘开始转动,可以发现,B 盘也随 A 开始转动,但转到一定角度时就不再转动了。A 盘和 B 盘并没有直接接触,而 B 盘却随着 A 盘转动,为什么?

实验分析:A 盘和 B 盘并没有直接接触,但 B 盘却能随着 A 盘转动,其根本原因是流体具有黏性。

因为液体存在着内聚力,液体与固体之间也存在着附着力。因此,A、B 盘与液体接触的面上都附着一层薄薄的液体,称为附面层。当 A 盘转动时,A 盘上的附面层和 A 盘以同样的速度转动。但紧挨着 A 盘附面层外的一层流体原来是静止的,此时与附面层之间出现了速度差,于是速度大的附面层就带动附面层外的流体层也以较小的速度转动。这样由下至上一层一层地带动,直到把 B 盘也带动起来。

当流体中发生了层与层之间的相对运动时，速度快的层就对速度慢的层产生了一个拖动力使它加速，而速度慢的流体层对速度快的流体层就有一个阻止它向前运动的阻力，拖动力和阻力是大小相等方向相反的一对力，分别作用在两个紧挨着但速度不同的流体层上，这就是流体黏性的表现，这种运动着的流体内部相邻两流体层间的作用力称为内摩擦力或叫黏滞力。

生活中黏性的示例：枯树叶在流动的水面上的漂浮。

二、流体的流动形态及雷诺准数

流体流动时因克服内磨擦力而产生能量损失。能量损失的大小除了与流程的长短有关外，还取决于管内流体的流量流速等因素。流量流速对能量损失的影响与流体在流道内的流动形态有关。下面请看流动形态演示实验。

1. 雷诺实验　1883 年著名的科学家雷诺用实验揭示了流体流动的两种截然不同的流动形态。

实验装置：图 1－12，在 1 个透明的水箱内，水面下部安装 1 根带有喇叭形进口的玻璃管，管的下游装有阀门以便调节管内水的流速。水箱的液面依靠控制进水管的进水和水箱上部的溢流管出水维持不变。喇叭形进口处中心有一针形小管，有色液体由针管流出，有色液体的密度与水的密度几乎相同。

实验结果表明，当玻璃管内水的流速较小时，管中心有色液体呈现一根平稳的细线流，沿玻璃管的轴线通过全管[图 1－13(a)]；随着水的流速增大至某个值后，有色液体的细线开始抖动，弯曲，呈现波浪形[图 1－13(b)]；速度再增大，细线断裂，冲散，最后使全管内水的颜色均匀一致[图 1－13(c)]。

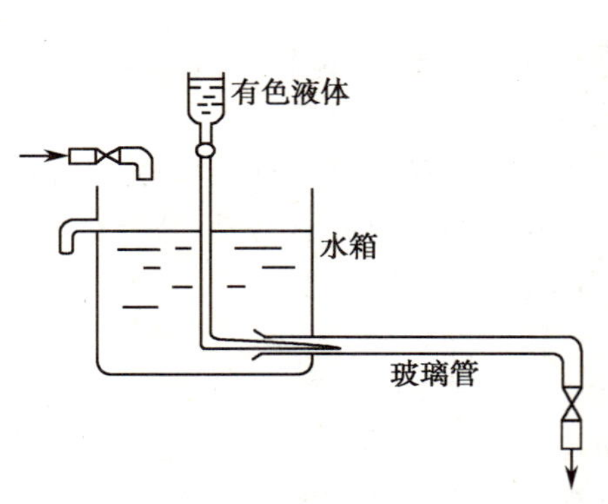

图 1－12　雷诺实验示意图

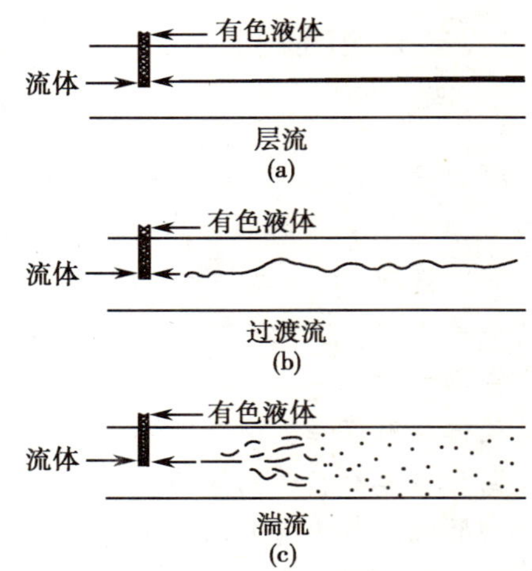

图 1－13　雷诺实验中有色液体线的变化情况

雷诺实验揭示了流体流动有层流和湍流两种类型。

层流或滞流：相当于图 1－13(a)的流动。这种流动类型的特点是：流体的质点仅沿着与管轴线平行的方向作直线运动，质点无径向运动，质点之间互不相混，所以有色液体在管轴线方向成一条清晰的细直线。

湍流或紊流：相当于图 1 - 13(c) 的流动。这种流动类型的特点是：流体的质点除了管直线方向上的向前流动外，还有径向运动，各质点的速度在大小和方向上随时都有变化，即质点作不规则的杂乱运动，各质点之间互相碰撞，产生大大小小的漩涡，所以管内的有色液体和管内的流体混合呈现出颜色均一的情况。

2. 流体的流动类型的判据——雷诺准数　生产车间的管道不可能是透明的，那么该如何判断管内流体的流动形态呢？

对于管内流动的流体来说，雷诺通过大量的实验发现：流体在管内的流动状况不仅与流速 u 有关，而且与管径 d、流体的黏度 μ 和流体的密度 ρ 也有关。

在实验的基础上，雷诺将上述影响的因素利用因次分析法整理成$\frac{du\rho}{\mu}$的形式作为流型的判据。这种$\frac{du\rho}{\mu}$的组合形式是一个无因次数，我们称之为雷诺准数，以符号 Re 表示。

$$Re = \frac{du\rho}{\mu} \tag{1-29}$$

利用雷诺准数可以判断流体在圆形直管内流动时的流动形态。

雷诺实验指出：在圆形的长直管内，当 $Re \leqslant 2000$ 时，流体总是作层流流动，称为层流区；当 $2000 < Re \leqslant 4000$ 时，有时出现层流，有时出现湍流，与外界条件有关，称作过渡区；当 $Re \geqslant 4000$ 时，一般出现湍流形态，称作湍流区。

使用雷诺判据的注意点：

由于 Re 中各物理量的单位，全部可以消去，所以雷诺准数是一个没有单位的纯数值。

在计算雷诺准数的大小时，组成 Re 的各个物理量，必须用一致的单位表示。对于一个具体的流动过程，无论采用何种单位制度，只要 Re 中各个物理量的单位一致，所算出来的 Re 数值都相等，且将单位全部消去而只剩下数字。

流体的流动现象虽分为层流区、过渡区和湍流区，但流动型态只有层流和湍流两种。过渡区的流体实际是处于一种不稳定状态，它是否出现湍流状态往往取决于外界干扰条件，如管壁粗糙，有外来振动等都可能导致湍动，所以将这一范围称之为不稳定的过渡区。

上述判据只适用于流体在长直圆管内的流动，在管道入口处、流道弯曲或直径改变处则不适用。

三、直管阻力

流体在管路系统中流动时的阻力可分为直管阻力和局部阻力两种。直管阻力是流体流经一定管径的直管时，由于流体的内摩擦而产生的阻力。局部阻力是流体流经管路中的管件、阀门及截面的突然扩大或缩小等局部地方所引起的阻力，如图 1 - 14 所示。

1. 流体在圆形直管内的流动阻力　流体在直管内以一定的速度流动时，受到两个作用力。一个是推动力，它推动流体流动，其方向即流体的流动方向；另一个是因流动

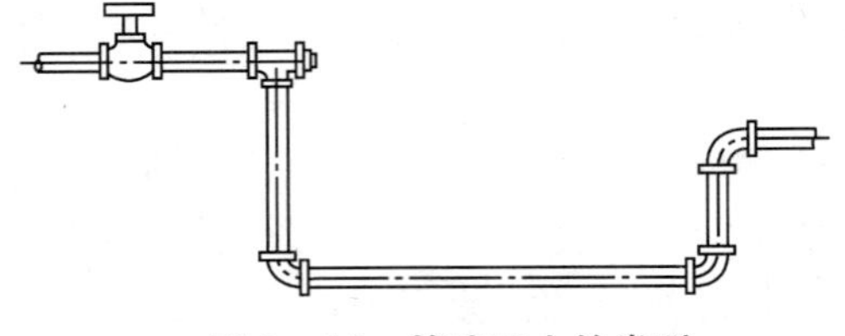

图1－14 管路阻力的类型

引起的摩擦阻力，其方向与流体流动方向相反。只有当推动力和阻力达到平衡时，流体的速度才能维持不变，即达到稳定的流动状态。

有一截面为圆形的水平管，长度为 L，管内径为 d，不可压缩性流体以速度 u 在管内作稳定流动，通过对这一段水平直管内流动的流体受力分析，可得直管阻力的计算公式——范宁公式：

$$h_f = \lambda \frac{L}{d} \cdot \frac{u^2}{2} \tag{1-30}$$

式中，h_f——1kg 流体流过长度为 L 的直管所产生的能量损失，J/kg；L——直管长度，m；d——管内径，m；λ——无因次系数，称为摩擦系数（或摩擦因数）。

式（1－30）是计算流体在直管内流动阻力的通式，或称为直管阻力计算式，对层流、湍流均适用。

由范宁公式可见，流体在直管内的流动阻力与流体密度 ρ、流速 u、管长 L、管径 d 及 λ 有关。式中 λ 是一无因次系数，称为摩擦系数（或摩擦因数），其值与流动类型及管壁等因素有关。应用式（1－30）计算直管阻力时，确定摩擦系数 λ 值是个关键。下面就层流和湍流时摩擦系数 λ 值的求取分别予以讨论。

（1）层流时的摩擦系数：流体在管内作层流流动时，管壁处流速为零，管中心流速最大。管内流体好像一层层同心圆柱状的流体层，各层以不同的速度平滑地向前流动，层流时流动阻力主要由这些流体层之间的内摩擦产生。

流体作层流流动时，管壁上凹凸不平的地方都被有规则的流体层所覆盖，所以在层流时，摩擦因数与管壁粗糙程度无关。层流时摩擦系数 λ 是雷诺准数 Re 的函数，即 $\lambda = f(Re)$。

通过理论分析推导，人们已经得到圆形直管内流体作层流流动时的 λ 可由下式计算：

$$\lambda = \frac{64}{Re} \tag{1-31}$$

实例分析

实例1－7：在一 ϕ108×4mm、长20m的钢管中输送油品。已知该油品的密度为 900kg/m^3，黏度为0.072Pa·s，流量为32t/h。此时该油品流经管道的能量损失多大？

分析：

$$u = \frac{32 \times 1000}{3600 \times 900 \times 0.785 \times 0.1^2} = 1.26\text{m/s}$$

$$Re = \frac{du\rho}{\mu} = \frac{0.1 \times 1.26 \times 900}{0.072} = 1575 < 2000，层流$$

$$\lambda = \frac{64}{Re} = \frac{64}{1575} = 0.0406$$

根据范宁公式算出能量损失：

$$h_f = \lambda \frac{L}{d} \cdot \frac{u^2}{2} = 0.0406 \times \frac{20}{0.1} \times \frac{1.26^2}{2} = 6.45\text{J/kg}$$

(2)湍流时的摩擦系数:流体作湍流流动时,影响摩擦系数 λ 的因素比较复杂。不但与 Re 有关,而且与管壁的粗糙程度 ε/d 亦有关。当 Re 一定时,管壁的粗糙程度不同,λ 不同;管壁粗糙程度一定时,Re 不同,λ 也不同。湍流时的摩擦系数是用莫狄图查取 λ 值。

莫狄图是将摩擦系数 λ 与 Re 和 ε/d 的关系曲线标绘在双对数坐标上,如图 1-15 所示。此图可分成四个区域:①层流区 $Re \leqslant 2000$,λ 只是 Re 数的函数,且与 Re 数成直线关系,该直线方程即为式(1-31);②过渡区 $2000 < Re < 4000$,在此区域内层流或湍流的 $\lambda - Re$ 曲线都可应用。计算流体阻力时,工程上为了安全起见,宁可估算得大些,一般将湍流时的曲线延伸即可;③一般湍流区 $Re \geqslant 4000$ 及虚线以下的区域,λ 与 Re 及 ε/d 都有关,在这个区域中标绘有一系列曲线,其中最下面的一条为流体流过光滑管(如玻璃管、铜管等)时 λ 与 Re 的关系。当 Re 为 3000 ~ 10 000 时,柏拉修斯通过实验得出的半理论公式可表示光滑管内 λ 与 Re 的关系:$\lambda = \dfrac{0.3164}{Re^{0.25}}$。其他曲线都对应一定的

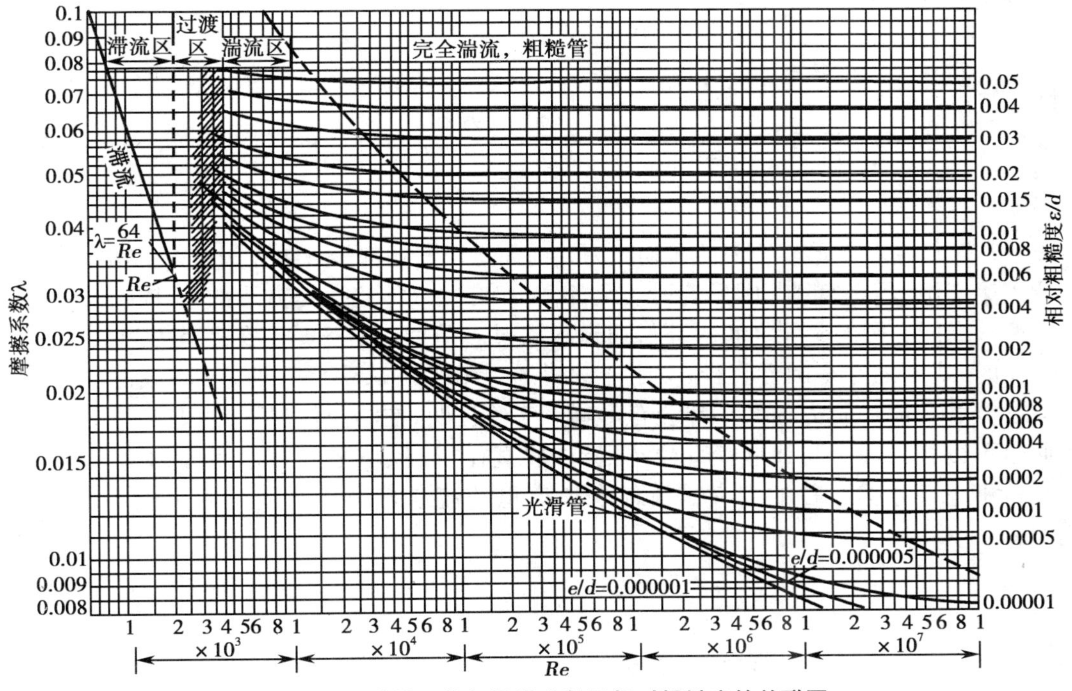

图 1-15 摩擦系数与雷诺准数及相对粗糙度的关联图

ε/d 值。由图上可见,Re 值一定时,λ 随 ε/d 的增加而增大;ε/d 一定时,λ 随 Re 值的增大而减小,Re 值增至某一数值后 λ 下降变得缓慢;④完全湍流区(或阻力平方区)指图中虚线以上区域,此区域内曲线都趋近于水平线,即摩擦系数 λ 与 Re 值的大小无关,只与 ε/d 有关,若 ε/d 为常数,λ 即为常数。由流体阻力计算式 $h_f = \lambda \dfrac{L}{d} \cdot \dfrac{u^2}{2}$ 可见,在完全湍流区内,L/d 一定时,因为 ε/d 为常数,λ 亦为常数,所以 $h_f \propto u^2$。从图上可见,相对粗糙度 ε/d 愈大,达到阻力平方区的 Re 值愈低。

实例分析

实例 1-8:20℃的水,以 1m/s 的速度在直径为 60×3.5mm 的钢管中流动,试分析水通过 100m 长直管的阻力压力降。

分析:从附录六中查得水在 20℃时,$\rho=998.2\text{kg/m}^3$,$\mu=100.42\times10^{-5}\text{Pa}\cdot\text{s}$,内管径 $d=60-3.5\times2=53\text{mm}$,$L=100\text{m}$,$u=1\text{m/s}$。

所以

$$Re=\frac{du\rho}{\mu}=\frac{0.053\times1\times998.2}{100.42\times10^{-5}}=5.26\times10^4$$

取钢管的管壁绝对粗糙度 $\varepsilon=0.02$,则

$$\varepsilon/d=0.2/53=0.004$$

在图 1-15 上找到 Re 的位置,垂直向上,再由右边纵坐标上找到 ε/d 的位置,沿水平线向左,当越过虚线时,要沿着粗线条方向,由 Re 与 ε/d 两条线的交点向左读出摩擦因数 λ 的数值,得

$$\lambda=0.03$$

将数值代入,可得

$$\Delta p_f=\rho h_f=\lambda\frac{L}{d}\frac{\rho u^2}{2}=0.03\times\frac{100}{0.053}\times\frac{998.2\times1}{2}=2.83\times10^4 N/m^2$$

2. 流体在非圆形直管内的流动阻力　前面所讨论的都是液体在圆管内的流动。在化工生产中,还会遇到非圆形管道或设备,例如有些气体管道是方形的,有时流体也会在两根成同心圆的套管之间的环形通道内流过。前面计算 Re 准数及阻力损失 h_f 或 $\triangle p_f$ 时,式中的 d 是圆管直径,对于非圆形通道如何解决呢?一般来讲,截面形状对速度分布及流动阻力的大小都会有影响。实验证明,在湍流情况下,对非圆形截面的通道可以找到一个与圆形管直径 d 相当的"直径"以代替之。为此,引进了水力半径 r_H 的概念。水力半径的定义是流体在通道里的流通截面 A 与润湿周边长 Π 之比,即:

$$r_H=\frac{A}{\Pi} \tag{1-32}$$

对于直径为 d 的圆形管子,流通截面积 $A=\frac{\pi}{4}d^2$,润湿周边长度 $\Pi=\pi d$,故

$$r_H=\frac{\frac{\pi}{4}d^2}{\pi d}=\frac{d}{4}$$

或

$$d=4r_H$$

即圆形管的直径为其水力半径的 4 倍。把这个概念推广到非圆形管,则也采用 4 倍的水力半径来代替非圆形管的"直径",称为当量直径,以 de 表示,即:

$$de=4r_H \tag{1-33}$$

对于边长分别为 a 和 b 的矩形管,当量直径为:$de=4\frac{ab}{2(a+b)}=\frac{2ab}{a+b}$

对于套管的环隙，当内管的外径为 d_1，外管的内径为 d_2 时，其当量直径为

$$de=4\frac{\frac{\pi}{4}(d_2^2-d_1^2)}{\pi(d_2+d_1)}=d_2-d_1$$

所以，流体在非圆形直管内作湍流流动时，其阻力损失仍可用式(1－30)进行计算，但应将式(1－30)及 Re 准数中的圆管直径 d 以当量直径 de 来代替。

有些研究结果表明，当量直径用于湍流情况下的阻力计算比较可靠，层流时应用当量直径计算阻力的误差就更大，当必须采用式(1－32)及式(1－33)时，除式(1－30)中的 d 换为 de 外，还须对层流时摩擦系数 λ 的计算式(1－31)也进行修正，即：

$$\lambda=\frac{C}{Re} \tag{1-34}$$

式中，C 为无因次系数，这些非圆形管的常数 C 值见表1－1。

表1－1　某些非圆形管的常数 C 值

非圆形管的截面形状	正方形	等边三角形	环　形	长方形 长∶宽＝2∶1	长方形 长∶宽＝4∶1
常数 C	57	53	96	62	73

实例分析

实例1－9：一套管换热器，内管与外管均为光滑管，直径分别为 $\phi30\times2.5$mm 与 $\phi56\times3$mm，平均温度为40℃的水以每小时10m³的流量流过套管的环隙。此时水通过环隙时每米管长的阻力压强降多大？

分析：设套管的外管内径为 d_1，内管的外径为 d_2。水通过环隙的流速为：$u=\frac{V_s}{A}$

式中，水的流通截面：

$$A=\frac{\pi}{4}d_1^2-\frac{\pi}{4}d_2^2=\frac{\pi}{4}(d_1^2-d_2^2)=\frac{\pi}{4}(0.05^2-0.03^2)=0.00126m^2$$

所以　$$u=\frac{10}{3600\times0.00126}=2.2m/s$$

环隙的当量直径为：$de=4r_H$

式中　$$r_H=\frac{A}{\Pi}=\frac{\frac{\pi}{4}(d_1^2-d_2^2)}{\pi(d_1+d_2)}=\frac{d_1-d_2}{4}$$

所以　$$d_e=4\times\frac{d_1-d_2}{4}=d_1-d_2=0.05-0.03=0.02\text{m}$$

从附录六查得水在40℃时，$\rho\approx992.2\text{kg/m}^3$、$\mu=65.32\times10^{-5}\text{Pa}\cdot\text{s}$。

$$Re=\frac{d_e u\rho}{\mu}=\frac{0.02\times2.2\times992.2}{65.32\times10^{-5}}=6.65\times10^4 \text{ 属湍流}$$

查图，由1－15光滑管的曲线上得，在此 Re 值下，$\lambda=0.0196$。

根据式(1－30) $h_f=\lambda\frac{L}{d}\cdot\frac{u^2}{2}$ 得：

$\because\ \Delta p_f=h_f\rho=\lambda\frac{L}{d_e}\cdot\frac{\rho u^2}{2}$

水通过环隙时每米管长的阻力压降为：

$\therefore\ \frac{\Delta p_f}{L}=\frac{\lambda}{d_e}\frac{\rho u^2}{2}=\frac{0.0196}{0.02}\times\frac{992.2\times2.2^2}{2}=2353\text{Pa/m}$

四、局部阻力

流体流经阀门、三通、弯管等管件时，受到冲击和干扰，不仅流速大小和方向都发生变化，而且出现漩涡，内摩擦增大，形成局部阻力。

流体在湍流流动时，由局部阻力引起的能量损失有两种计算方法：阻力系数法和当量长度法。

1. 阻力系数法　此法是将克服局部阻力所消耗的能量表示成动能 $u^2/2$ 的倍数，即

$$h_f'=\xi\frac{u^2}{2} \tag{1-35}$$

或

$$\Delta p'=\xi\frac{\rho u^2}{2} \tag{1-36}$$

式中，ξ 称为局部阻力系数，一般由实验测定。局部阻力的种类很多，为明确起见，常对局部阻力系数 ξ 注上相应的下标，如 $\xi_{三通}$、$\xi_{进口}$ 等。

下面对几种常用的局部阻力系数进行讨论。

(1)突然扩大：在流道突然扩大处，流体离开壁面成一射流注入扩大了的截面中，然后才扩张到充满整个截面。射流与壁面之间的空间产生涡流，出现边界层分离现象。高速流体注入低速流体中，其动能之很大部分转变为热而散失。流体从小管流到大管引起的能量损失称为突然扩大损失。

突然扩大的阻力系数为：

$$\xi=\left(1-\frac{A_1}{A_2}\right)^2 \tag{1-37}$$

(2)突然缩小：流体在突然缩小以前，基本上并不脱离壁面，通过突然收缩口后，却并不能立刻充满缩小后的截面，而是继续缩小，经过一最小截面(缩脉)之后，才逐渐充满小管整个截面，故亦有一射流注入收缩后的流道中。当流体向最小截面流动时，速度增加，压力能转变为动能，此过程不产生涡流，能量消耗很少。在最小截面以后，流股截面扩大而流速变小，其情况有如突然扩大，在流股与壁面之间出现涡流。流体从大管流到小管引起的能量损失称为突然缩小损失。突然缩小的阻力系数为：

$$\xi=0.5\left(1-\frac{A_2}{A_1}\right) \tag{1-38}$$

(3)管出口与入口:流体自管出口进入容器,可看作自很小的截面突然扩大到很大的截面,相当于突然扩大时 $A_1/A_2 \approx 0$ 的情况,按式(1-37)计算,管出口的阻力系数应为:$\xi = 1$。

流体自容器流进管的入口,是从很大的截面突然缩到很小的截面,相当于突然缩小时 $A_2/A_1 \approx 0$ 的情况,管入口的阻力系数应为:$\xi = 0.5$。

(4)管件与阀门:不同管件与阀门的局部阻力系数可从有关手册中查取。常用的局部阻力系数 ξ 列于下表。

表1-2　管件与阀门的局部阻力系数ξ值

名　称	ξ	名　称	ξ
45°标准弯头	0.35	截止阀(标准式,全开)	6.4
90°标准弯头	0.75	截止阀(标准式,半开)	9.5
90°方形弯头	1.3	闸阀(全开)	0.17
180°弯头	1.5	闸阀(3/4开)	0.9
管接头	0.4	闸阀(1/2开)	4.5
活接头	0.4	闸阀(1/4开)	24
三通	1	底阀	1.5
止回阀(升降式)	1.2	角阀90°	5
止回阀(摇板式)	2	由容器入管口	0.5
盘式流量计(水表)	7.0	由管出口进入容器	1

2. 当量长度法　流体流经管件、阀门等局部地区所引起的能量损失可仿照式(1-30)写成如下形式:

$$h_f' = \lambda \frac{Le}{d}\frac{u^2}{2} \tag{1-39}$$

式中,Le 为管件或阀门的当量长度,其单位为m,表示流体流过某一管件或阀门的局部阻力,相当于流过一段与其具有相同直径、长度为 Le 之直管阻力。实际上是为了便于管路计算,把局部阻力折算成一定长度直管的阻力。

管件或阀门的当量长度数值都是由实验确定的。在湍流情况下某些管件与阀门的当量长度可从图1-16查得。先于图左侧的垂直线上找出与所求管件或阀门相应的点,又在图右侧的标尺上定出与管内径相当的一点,两点连一直线与图中间的标尺相交,交点在标尺上的读数就是所求的当量长度。

有时用管道直径的倍数 Le/d 来表示局部阻力的当量长度称为当量系数,当量系数值由实验测出,各管件的当量系数可以从医药化工手册中查到。常用的当量系数值列于表1-3。例如,截止阀(标准式,全开)的 Le/d 值为300,若这种阀是配制在 $\phi114 \times 4$mm 管道上,则它的当量长度 $Le = 300 \times (114 - 2 \times 4) = 31.8 \times 10^3$mm $= 31.8$m。

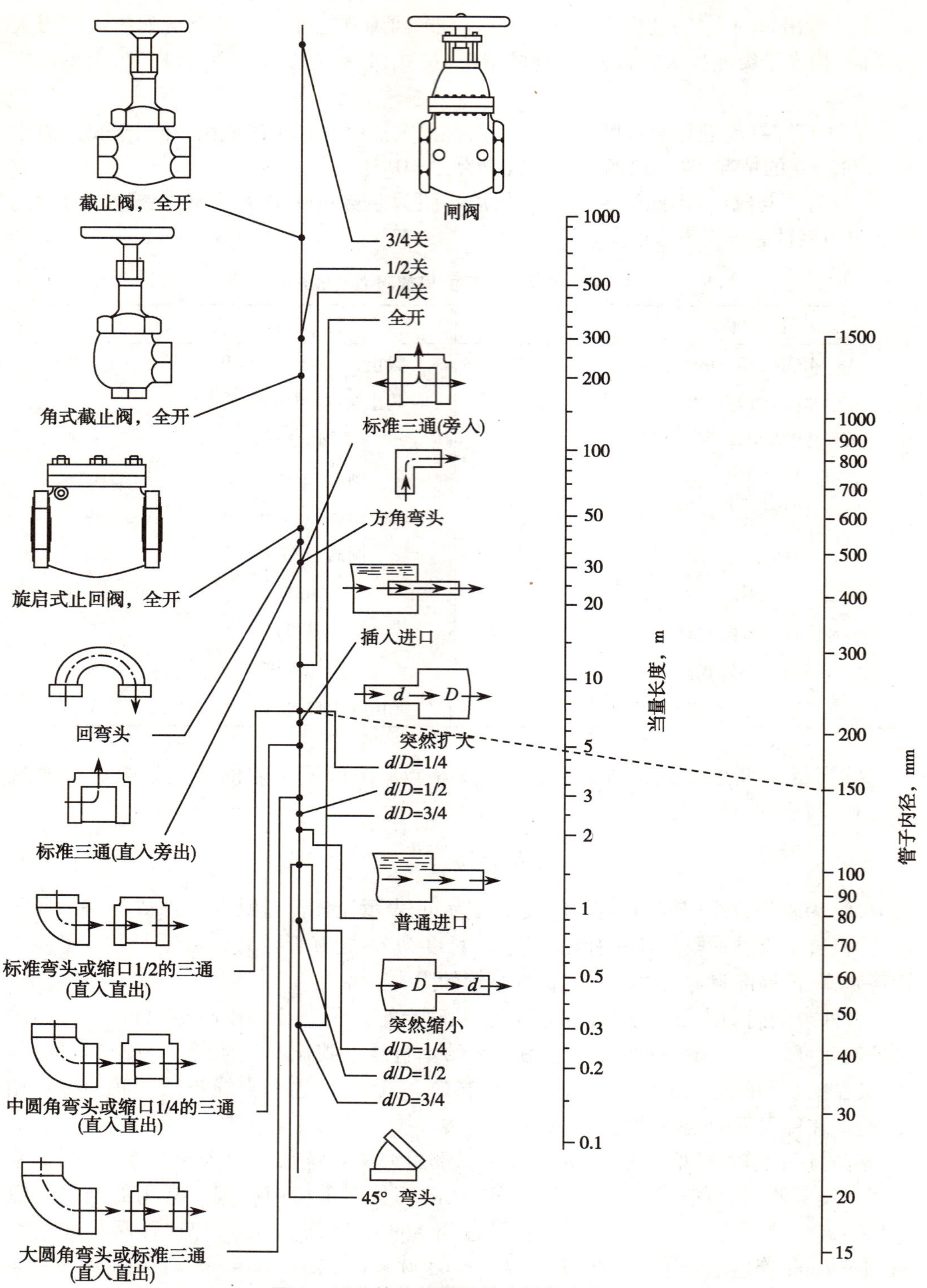

图1－16 管件与阀门的当量长度共线图

表1-3　各种管件与阀件的当量系数

名　　称	Le/d	名　　称	Le/d
45°标准弯头	15	文式流量计	12
90°标准弯头	30~40	转子流量计	200~300
90°方形弯头	60	截止阀(标准式,全开)	300
180°弯头	50~75	截止阀(标准式,半开)	475
管接头	2	角阀(标准式,全开)	145
活接头	2	闸阀(全开)	7
三通	50	闸阀(3/4开)	40
止回阀(旋启式,全开)	135	闸阀(1/2开)	200
蝶阀(6″以上,全开)	20	闸阀(1/4开)	800
盘式流量计(水表)	350	带有滤水器的底阀(全开)	420
		由容器入管口	20

管件、阀门等构造细节与加工精度往往差别很大,从手册中查得的 Le 或 ξ 值只是约略值,即局部阻力的计算也只是一种估算。

五、管路系统的总阻力

柏努利方程式的 $\sum h_f$ 项是指所研究管路系统的总能量损失或称管路系统的总阻力损失,它既含有管路系统中各段直管阻力损失 h_f,也包括系统中各局部阻力损失 h_f',即:

$$\sum h_f = h_f + \sum h_f' \qquad (1-40)$$

管路的总阻力为管路上全部直管阻力和各个局部阻力之和。对于流体流经管路直径不变的管路时,如果把局部阻力都按当量长度的概念来表示,则管路的总能量损失为

$$\sum h_f = \lambda \frac{L + \sum Le}{d} \frac{u^2}{2} \qquad (1-41)$$

式中,$\sum h_f$——管路的总能量损失,J/kg;L——管路上各段直管的总长度,$\sum Le$——管路全部管件与阀门等的当量长度之和,u——流体流经管路的流速。

如果把局部阻力都按阻力系数的概念来表示,则管路的能量损失为

$$\sum h_f = \left(\lambda \frac{L}{d} + \sum \xi\right) \frac{u^2}{2} \qquad (1-42)$$

式中,$\sum \xi$ 为管件与阀门等局部阻力系数之和,其他符号与式(1-41)相同。

当管路由若干直径不同的管段组成时,由于各段的流速不同,此时管路的总能量损失应分段计算,然后再求其和。

流体流动中克服内摩擦阻力所消耗的能量无法回收。阻力越大,流体输送消耗的动力越大,这使生产成本提高、能源浪费,故应当尽量降低管路系统的流体阻力。要减低流体的流动阻力,应从以下几个途径着手:①管路尽可能短些,尽量走直线、少拐弯;②尽量不装不必要的管件和阀门等;③管径适当大些,因管内流速 $u = \frac{V_s}{0.785d^2}$,在完全

湍流区 λ 接近常数时，则能量损失 $h_f \propto \frac{1}{d^5}$。

六、流体输送管路

流体输送管路通常是由管子、管件、阀门与设备之间几部分连接而成的。一个合理的满足工艺要求的管路系统，首先必须保证管子、管件和阀门的选择正确。

1. 管材的选择　工厂中所用的管子种类繁多，若依制作材料可分为金属材料和非金属材料两大类。管材的选择主要是从耐压和耐腐蚀性两个方面考虑，有时还要结合耐高温的要求。对于金属材料的管子，根据金属材料的不同又可分为钢管、铸铁管和有色金属管。

当需要输送有压力的流体或用于制作高温换热器、蒸发器、裂解炉等化工设备内部的管子时，可选用由普通碳钢、优质碳钢、合金钢、不锈钢等材料制作的无缝钢管。无缝钢管是用棒料钢材经穿孔热轧(热轧管)和冷拔(冷拔管)制成的，管子没有接缝，其特点是质地均匀、强度高、壁厚规格齐全，能用于各种温度和压力下流体的输送。

当需要输送水、煤气、暖气、压缩空气、低压蒸汽以及无腐蚀性的流体且工作温度不超过 175℃，工作压力不超过 1569kPa 时，可选用由低碳钢焊接而成的有缝钢管。有缝钢管分水、煤气钢管和钢板电焊钢管二类。水、煤气钢管的主要特点是易于加工制造、价格低廉，但因为有焊缝而不宜用于压力较高的流体输送。而钢板电焊钢管是由钢板焊接而成的，一般在直径相对较大、壁厚相对较薄的情况下使用。

有色金属管是用有色金属制造的管子的统称，主要有铜管、黄铜管、铅管和铝管。有色金属管在化工生产中主要用于一些特殊场合。

非金属管：①陶瓷管：其特点为耐腐蚀性强，除氢氟酸外，对其他物料均是耐蚀的，但是性脆，机械强度低，不耐压及不耐温度剧变。通常用于输送压力低于 196kPa 和温度低于 150℃腐蚀性流体；②塑料管：材料有酚醛塑料、聚氯乙烯、聚甲基丙烯酸甲酯、增强塑料(玻璃钢)、聚乙烯及聚四氟乙烯等。塑料管的共同优点是抗蚀好、质轻、加工容易，其中热塑性塑料可任意弯曲或延伸以制成各种形状；缺点是耐热性差、强度低和不耐压。随着制药工业的发展，各种新型的材料不断出现，非金属材料的管子，特别是有机聚合材料(如塑料、尼龙等等)越来越多地代替了金属材料的管子。

2. 管件的选择　把管子安装成管路时，需要接上各种构件，使管路能够连接、拐弯和分叉，这些构件如短管、弯头、三通、异径管等，通常称为管路附件，简称管件。各种管件的名称如图 1－17 所示。

(1)当改变管路方向时，可选用图 1－17 中的 90°弯头、长颈弯头、45°弯头或回弯头；

(2)当需要连接管路支管时，可选用图 1－17 中双曲弯头、偏面四通管、四通管、三通管、Y 形管；

(3)当需要将直径不同的管道连接在一起时，可选用图 1－17 中的缩小连接管、内外牙、Y 形管等；

(4)当管路需要堵塞时，可使用图 1－17 中的管帽和管塞或丝堵；

(5)当需要连接直径相同的两管时，可选用图 1－17 中的内牙管或外牙管。

除上述各种管件外，还有其他多种样式，详细内容可查有关手册。

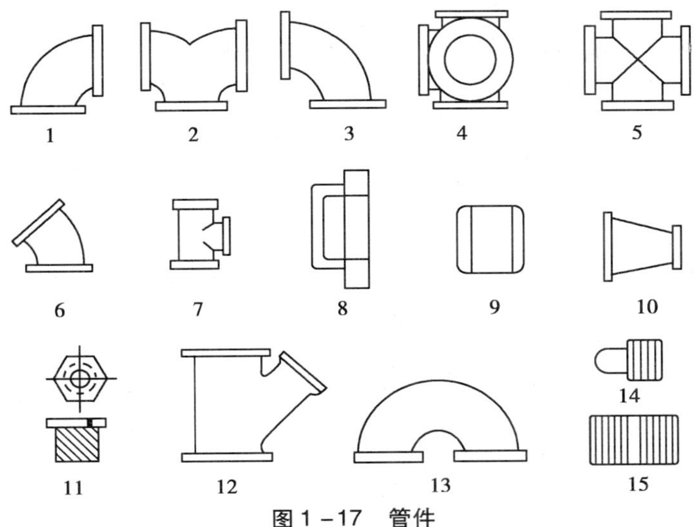

图 1－17　管件

1－90°弯头；2－双曲弯头；3－长颈弯头；4－偏面四通管；5－四通管；
6－45°弯头；7－三通管；8－管帽；9－内牙管；10－缩小连接管；
11－内外牙；12－Y 形管；13－回弯头；14－管塞或丝堵；15－外牙管

3. 阀门的选择　阀门是在管路中用作流量调节，切断或切换管路以及对管路起安全、控制作用的部件。根据阀门在管路中的作用不同可分为切断阀、节流阀、止回阀、安全阀等。又可根据阀门的结构形式不同而分为闸阀、截止阀、旋塞（常称考克）、球阀、蝶阀、隔膜阀、衬里阀等。此外，根据制作阀门材料的不同，又有不锈钢阀、铸铁阀、塑料阀、陶瓷阀等。各种阀门的选用和规格可从有关手册和样本中查到。下面仅对化工厂中最常见的几种阀门做一些简单介绍。

（1）闸阀：闸阀有时也叫闸板阀，其结构原理可用图 1－18 表示。它是利用阀体内闸门的升降以开关管路的。图 1－18 中所示为常用的楔形闸门。图中闸门位置表示管道完全关闭情况，转动手轮时，闸门上升而使流体流过。

闸阀形体较大，造价较高，但当全开时，流体阻力小，常用作大型管路的开关阀，不适用于控制流量的大小及有悬浮物的液体管路上。

   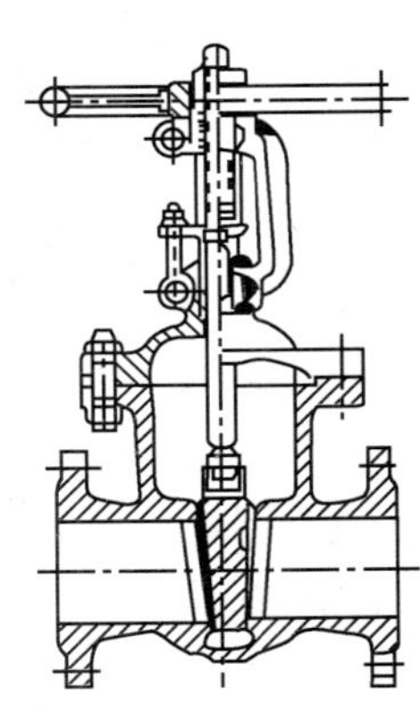

图 1－18　闸阀

(2)截止阀:截止阀其结构原理可用图 1-19 表示。它是利用圆形阀盘在阀杆的升降时,改变其与阀座间的距离,以开关管路和调节流量。图中阀盘位置表示全关的情况。截止阀对流体的阻力比闸阀要大得多,但比较严密可靠,故可用于流量调节。不适用于有悬浮物的流体管路。截止阀安装时要注意流体的流动方向应该是从下向上通过阀座(俗称低进高出)。

(a)

(b)

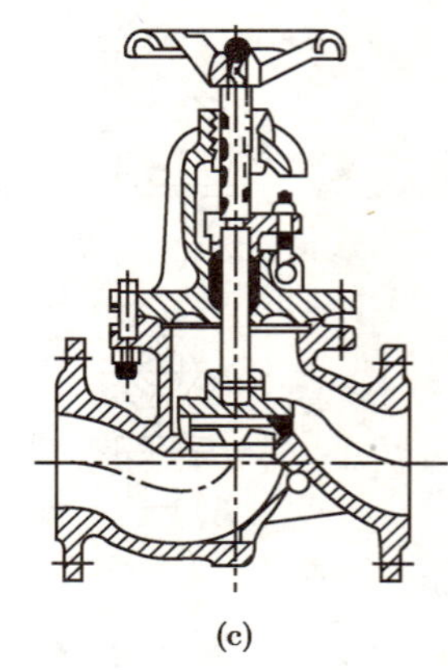

(c)

图 1-19 截止阀

(3)节流阀和调节阀:节流阀是属于截止阀的一种,如图 1-20(a)所示。它的结构和截止阀相似,所不同的是阀座口径小,同时用一个圆锥或流线型的阀头代替图 1-19 中的圆形阀盘,可以较好地控制、调节流体的流量,或进行节流调压等。该阀制作精度要求较高,密封性能好,主要用于仪表、控制以及取样等管路中,不宜用于黏度大和含固体颗粒介质的流体管路中。调节阀分自动调节阀图 1-20(a)、(b)和手动调节阀图 1-20(c)两类。自动调节阀又可分为气动调节阀图 1-20(a)和电动调节阀图 1-20(b)两种。图 1-20(c)的节流阀是手动调节阀,节流阀和调节阀安装时也要注意流体的流动方向应该是低进高出通过阀座。

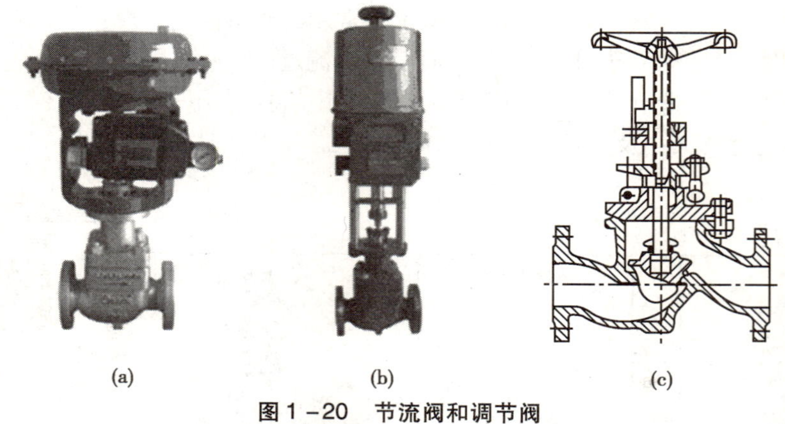

(a) (b) (c)

图 1-20 节流阀和调节阀

(a)气动调节阀;(b)电动调节阀;(c)手动调节阀

(4)旋塞:旋塞也叫考克,其结构原理如图 1-21 所示。它是利用阀体内插入的一个中央穿孔的锥形旋塞来启闭管路或调节流量,旋塞的开关常用手柄而不用手轮。图 1-21 表示全关的位置,旋转 90°后就是全开的位置,其优点为结构简单,开关迅速,流体阻力小，可用于有悬浮物的液体，但不适用于调节流量，亦不宜用于压力较高、温度较高的管路和蒸汽管路中。

(5)球阀：又称球心阀，如图1－22所示。它是利用一个中间开孔的球体作阀心，依靠球体的旋转来控制阀门的开关。它和旋塞相仿，但比旋塞的密封面小，结构紧凑，开关省力，远比旋塞应用广泛。

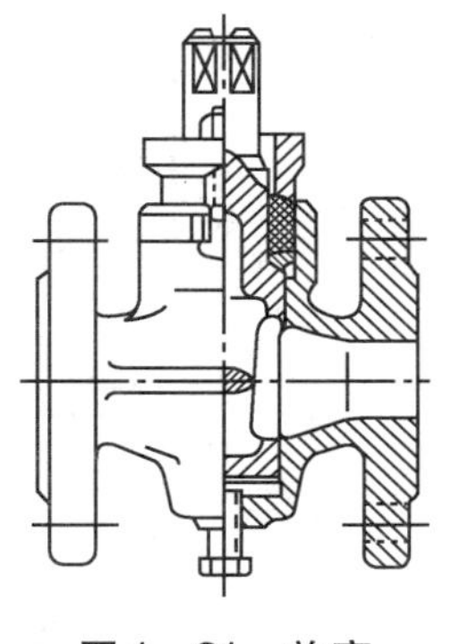

图1－21 旋塞

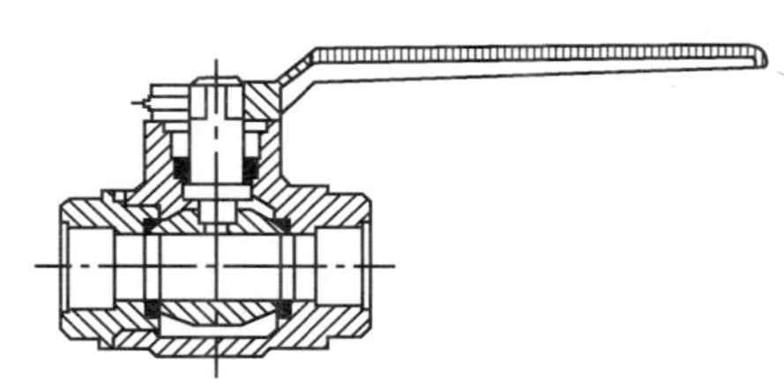

图1－22 球阀

(6)隔膜阀：常见的有胶膜阀，如图1－23所示。这种阀门的启闭密封是一块特制的橡胶膜片，膜片夹置在阀体与阀盖之间。关闭时阀杆下的圆盘把膜片压紧在阀体上达到密封。这种阀门结构简单，密封可靠，便于检修，流体阻力小。适用于输送酸性介质的管路中，但不宜在较高压力的管路中使用。

(7)安全阀：安全阀是用来防止管路中的压力超过规定指标的装置。当工作压力超过规定值时，阀门可自动开启，以排除多余的流体达到泄压目的，当压力复原后，又自动关闭，用以保证化工生产的安全。安全阀可分为两种类型，即弹簧式和重锤式如图1－24所示。弹簧式安全阀，主要依靠弹簧的作用力达到密封。当管内压力超过弹簧的弹力时，阀门被介质顶开，管内流体排出，使压力降低。一旦管内压力降到与弹簧压力平衡时，阀门则重新关闭。而重锤式安全阀，主要靠杠杆上重锤的作用力来达到密封，其作用过程同于弹簧式安全阀，不再赘述。

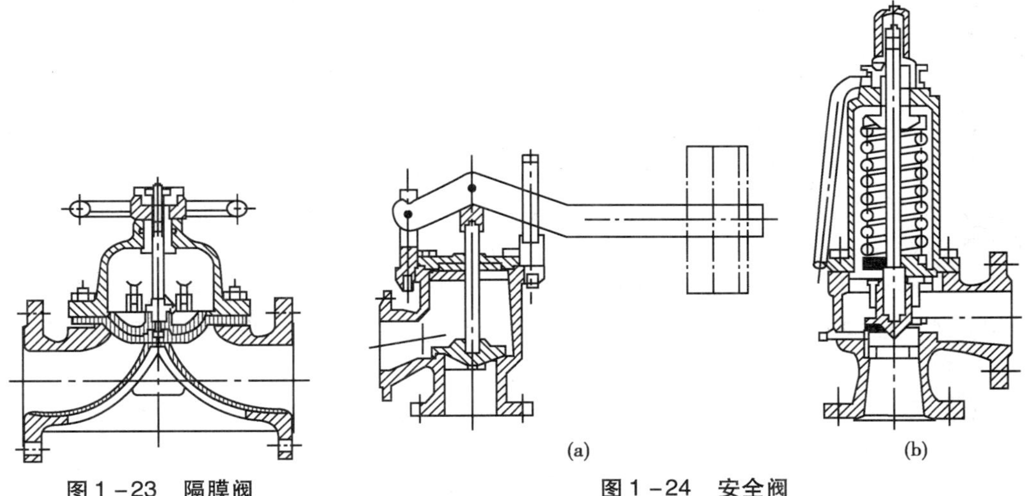

图1－23 隔膜阀

图1－24 安全阀

(8)止回阀:止回阀又称单向阀,如图 1-25 所示,其作用是只允许流体向一个方向流动,而不允许向反方向流动。止回阀按结构不同,分为升降式和旋启式两类。升降式止回阀的阀瓣是垂直于阀体通道作升降运动的,一般用于水平或垂直管道上;旋启式止回阀一般安装在水平管道上。止回阀一般适用于清净介质的管路中,对含有固体颗粒和黏度较大的介质管路中不宜采用。

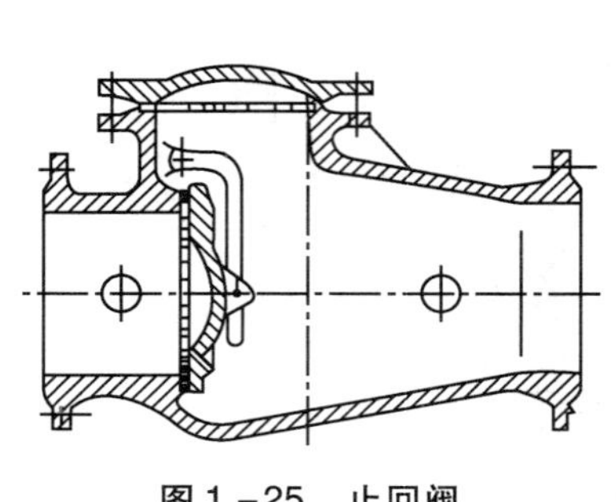

图 1-25 止回阀

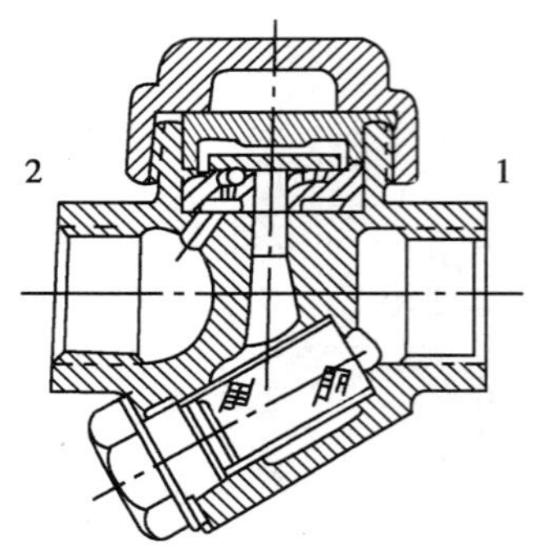

图 1-26 热动力式疏水阀

(9)疏水阀:疏水阀又称冷凝水排除阀,俗名疏水器。用于蒸汽管路中专门排放冷凝水而阻止蒸汽泄漏。疏水阀的种类很多,目前广泛使用的是热动力式疏水阀,如图 1-26 所示。温度较低的冷凝水在加热蒸汽压力的推动下流入图中的通道 1,将阀门顶开,由排水孔 2 流出。当冷凝水将要排尽时,排出液中则夹带较多的蒸汽,于是温度升高,促使阀片上方的背压升高。同时蒸汽流过阀片与底座之间的环隙中造成减压,阀片则因自身重量及上下压差作用的结果使阀片下落,于是切断了进出口之间的通道。经过片刻后,由于疏水阀向周围环境散热,则使阀片上背压室内的蒸汽部分冷凝而使背压下降,于是阀片又重新开启,实现周期性排水,如此循环以排水阻汽。

以上各种类型的阀门因与管子连接方式不同又可分成带管法兰的和不带管法兰的两类,带管法兰的如图 1-19(a)、(c),图 1-20(a)、(b)、(c),图 1-21,图 1-22,图 1-24,图 1-25;不带管法兰的如图 1-19(b),图 1-26。

4. 管路的连接方式　管路的连接包括管子与管子、管子与各种管件、阀门及设备接口等处的连接,目前比较普遍采用的方式有承插式连接、螺纹连接、法兰连接及焊接连接。

(1)承插式连接:铸铁管、耐酸陶瓷管、水泥管常用承插式连接。管子的一头扩大成钟形,使一根管子的平头可以插入。环隙内通常先填塞麻丝或棉绳,然后塞入承插式连接水泥、沥青等胶合剂。它的优点是安装方便,允许两管中心线有较大的偏差,缺点是难于拆除,高压时不可靠。

(2)螺纹连接:螺纹连接常用于水、煤气管。管端有螺纹,可用各种现成的螺纹管件将其连接而构成管路。螺纹连接通常仅用于小直径的水管、压缩空气管路,煤气管路及低压蒸汽管路。

(3)法兰连接:法兰连接是常用的连接方法,如图 1-27 所示。它装拆方便,密封可靠,适用的压力、温度及管径范围很大。缺点是费用较高。铸铁管法兰是与管身同时铸成,钢管的法兰可以用螺纹接合,但最方便还是用焊接法固定。图 1-28 表示普通钢管的搭接式法兰与对焊法兰两种型式。两法兰间放置垫圈，起密封作用。垫圈的材料有石棉板、橡胶、软金属等，随介质的温度、压力而定。如大麻和浸过油的厚纸板适用于≤392kPa（表压）和温度不超过120℃的水和无腐蚀的气体和液体；石棉橡胶板主要适用于450℃以下和4900kPa（表压）以下的水蒸气；高压管道的密封则用金属垫圈，常用的有铝、铜、不锈钢等。

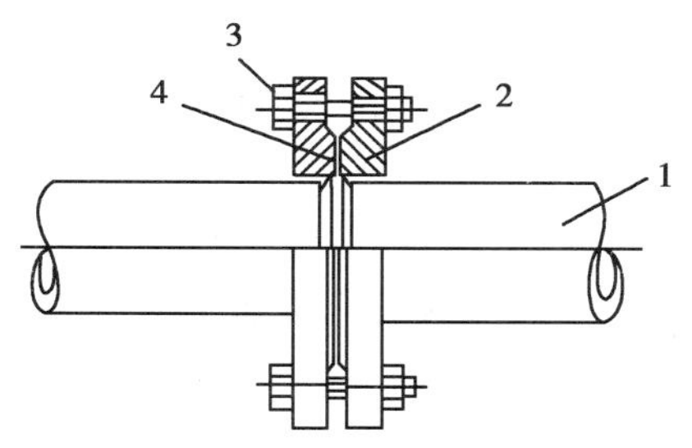

图1-27　管路的法兰连接

1-管子；2-法兰盘；3-螺栓螺母；4-垫片

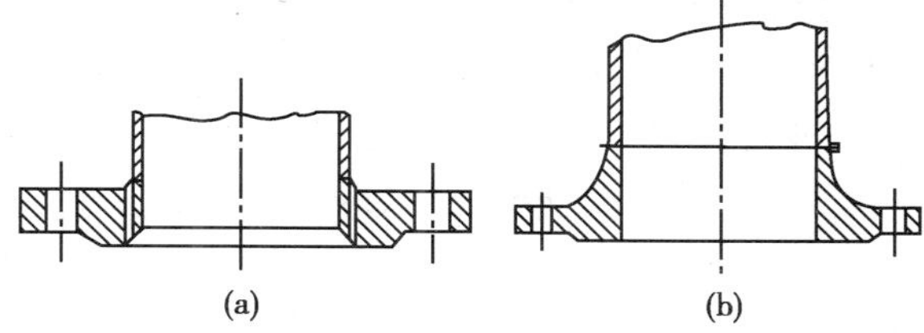

图1-28　法兰与管道的固定

（a）搭接式法兰；（b）对焊法兰

（4）焊接连接：焊接法较上述任何连接法都经济方便严密。无论是钢管、有色金属管、聚氯乙烯管均可焊接，故焊接连接管路在化工厂中已被广泛采用，且特别适宜于长管路。但对经常拆除的管路和对焊缝有腐蚀性的物料管路，以及不允许动火的车间中安装管路时，不得使用焊接。焊接管路中仅在与阀件连接处要使用法兰连接。

5. 管路的热补偿　管路两端固定，当温度变化较大时，就会受到拉伸或压缩，严重时可使管子弯曲、断裂或接头松脱。因此，承受温度变化较大的管路，要采用热膨胀补偿器。一般温度变化在32℃以上，应考虑热补偿，但管路转弯处有自动补偿的能力，只要两固定点间两臂的长度足够，便可不用补偿器。化工厂中常用的补偿器有凸面式补偿器和回折管补偿器两种。

（1）凸面式补偿器：凸面式补偿器可以用钢、铜、铝等韧性金属薄板制成。

图1-29表示两种简单的形式。管路伸缩时，凸出部分发生变形而进行补偿。此种补偿器只适用于低压的气体管路（由真空到表压为196kPa）。

（2）回折管补偿器：回折管补偿器的形状如图1-30所示。此种补偿器制造简便，补偿能力大，在化工厂中应用最广。回折管可以是外表光滑的如图1-30（a）所示，也可以是有折皱的如图1-30（b）所示，前者用于管径小于250mm的管路，后者用于直径大于250mm的管路。回折管路间可以用法兰或焊接连接。

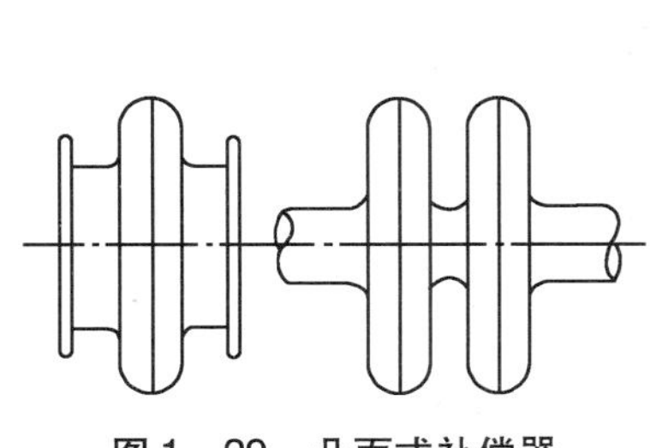

图1-29　凸面式补偿器

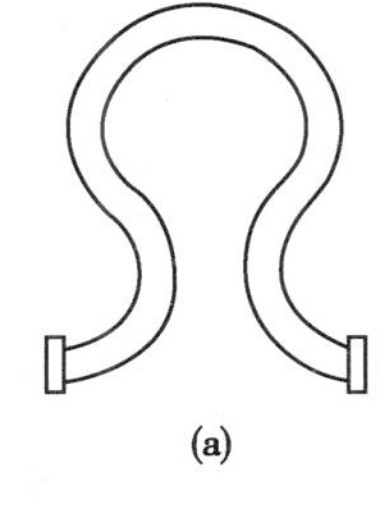

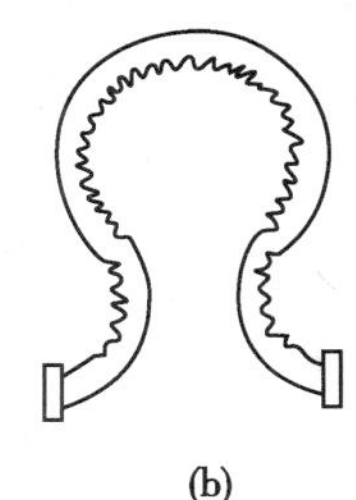

图1-30　回折管补偿器

6. 管路布置与安装的原则　在管路布置及安装时，主要必须考虑安装、检修、操作方便和操作安全，同时必须尽可能减少基建费和操作费，并根据生产的特点、设备的布置、物料特性及建筑物结构等方面进行综合考虑。管路布置和安装的一般原则是：

(1)布置管路时，应对车间所有管路(生产系统管路，辅助系统管路、电缆、照明、仪表管路、采暖通风管路等)全盘规划，各安其位。

(2)为了节约基建费用，便于安装和检修以及操作上的安全，管路铺设尽可能采取明线(除下水道，上水总管和煤气总管外)。

(3)各种管线应成列平行铺设，便于共用管架，要尽量走直线，少拐弯，少交叉，以节约管材，减小阻力，同时力求做到整齐美观。

(4)为了便于操作和安装检修，并列管路上的管件和阀门位置应错开安装。

(5)在车间内，管路应尽可能沿厂房墙壁安装，管架可以固定在墙上或沿天花板及平台安装。在露天的生产装置，管路可沿挂架或吊架安装。管与管之间及管与墙壁之间的距离，以能容纳活接管或法兰以及进行检修为宜。

(6)为了防止滴漏，对于不需拆修的管路连接，通常都用焊接；在需要拆卸的管路中，适当配置一些法兰和活接管。

(7)管路应集中铺设，当穿过墙壁时，墙壁上应开预留孔，过墙时，管外最好加套管，套管与管子之间的环隙内应充满填料，管路穿过楼板时最好也是这样。

(8)管路离地的高度，以便于检修为准，但通过人行道时，最低离地点不得小于2m；通过公路时，不得小于4.5m；与铁轨面净距离不得小于6m；通过工厂主要交通干线时，一般高度为5m。

(9)长管路要有支承，以免弯曲存液及受振动，跨距应按设计规范或计算决定。管路的倾斜度，对气体和易流动的液体为3/1000～5/1000，对含固体结晶或粒度较大的物料为1%或大于1%。

(10)一般上下水管及废水管适宜埋地铺设，埋地管路的安装深度，在冬季结冰地区，应在当地冰冻线以下。

(11)输送腐蚀性流体管路的法兰，不得位于通道的上空，以免发生滴漏以影响安全。

(12)输送易爆、易燃如醇类、醚类、液体烃类等物料时，因它们在管路中流动而产生静电，使管路变为导电体。为防止这种静电积聚，必须将管路可靠接地。

(13)蒸汽管路上，每隔一定距离，应装置冷凝水排除器(疏水器)。

(14)平行管路的排列应考虑管路的相互影响。在垂直排列时，热介质管路在上，冷介质管路在下，这样可减少热管对冷管的影响；高压管路在上，低压管路在下；无腐蚀性介质管路在上，有腐蚀性介质管路在下，以免腐蚀性介质滴漏以影响其他管路。在水平排列时，低压管在外，高压管靠近墙柱；检修频繁的在外，不常检修的靠墙柱；重量大的要靠管架支柱或墙。

(15)管路安装完毕后，应按规定进行强度和严密度试验。未经试验合格，焊缝及连接处不得涂漆及保温。管路在开工前须用压缩空气或惰性气体进行吹扫。

(16)对于各种非金属管路及特殊介质管路的布置和安装，还应考虑一些特殊性问题，如聚氯乙烯管应避开热的管路，氧气管路在安装前应进行脱油处理等。

第四节　流速和流量的测定

在制药化工生产中，流体的流速和流量是重要的测量项目。为了按照生产的要求调节与控制操作，测定流量是不可缺少的手段。下面介绍几种以柏努利方程为基础的流速和流量的测量方法。

一、测　速　管

测速管又称皮托管，通常用于气体流速的测定，一般只作为临时测定流速时使用。图1－31表示测速管的构造，它是由两根弯成直角的同心套管所组成的，其中外管是封闭的，但管侧壁在距前端一定距离处开有几个小孔；内管前端敞开。测量时，测量管可以放在管道截面的任一位置上，但须使其内管口正对着管道中流体的流动方向，外管与内管的末端分别与U形管压差计的两臂相连接。

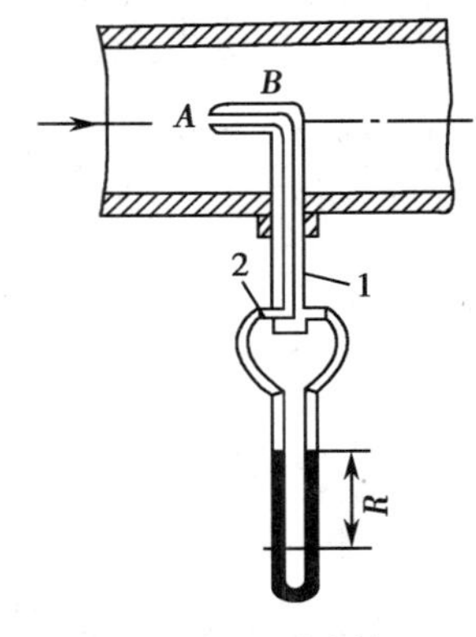

图1－31　测速管
1－静压管；2－冲压管

当流体以流速 u 流至皮托管的前端点A时，流体被截止，使 $u=0$，于是流体在A点的动能全部转化为静压能，A点的压力 p_A 将通过皮托管的内管传至U形管压差计的左端。而流体沿皮托管外壁平行流过B处的测压小孔时，由于皮托管直径很小，u 可视作未变，压力 p_B 通过外管侧壁小孔传至U形管压差计的右端。

若连接管内充满被测流体，即可由U形压差计的读数换算出测量点的流速。测速管的准确性是比较高的，校正系数为0.98～1.0。测速管的优点是流体阻力小，适用于测量大直径管路中气体流速。缺点是不能直接测量出平均流速，且压差读数较小。当流体中含有固体杂质时，因为易将测压孔堵塞，故不采用测速管。

二、孔板流量计

1. 孔板流量计的结构　常用的标准孔板流量计的结构如图1－32所示。孔板是一中心开有圆孔的圆形金属板，将其置于孔板盒里，再用法兰将孔板盒固定在管道中。为了测取孔板前后的压差，孔板盒上开有测压孔道，又因取压方式不同，孔板盒上的开孔方式亦不同。

2. 孔板流量计的测量原理　如图1－33所示，流体在直径为 d_1（截面积为 A_1）的管道内以流速 u_1 流过孔板的开孔（孔径为 d_0，截面积为 A_0）时，由于截面积减小（从 A_1 减到 A_0），所以流速由 u_1 增大至 u_0；流体流过小孔后由于惯性作用，流动截面并不能立即扩大，而是继续收缩，至一定距离后才逐渐扩大恢复到原有管截面。其流动截面最小处（如图中2－2′截面处，截面积为 A_2）称为缩脉。流体在缩脉处的流速最大，以 u_2 表示。

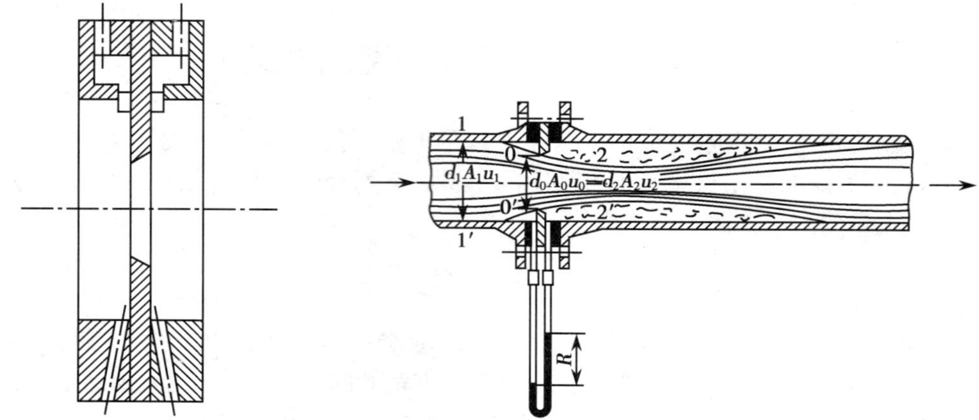

图1-32 孔板流量计结构示意图　　　　图1-33 孔板流量计

3. 孔板流量计的计算公式

$$u_0 = C_0\sqrt{\frac{2Rg(\rho' - \rho)}{\rho}} \tag{1-43}$$

流体的流量

$$V_s = u_0A_0 = \frac{\pi d_0^2}{4}C_0\sqrt{\frac{2Rg(\rho' - \rho)}{\rho}} \tag{1-44}$$

式中，ρ'——压差计指示液的密度，ρ——被测流体的密度，C_0——孔流系数。

孔流系数 C_0 由图1-34所示为 C_0 与 Re（以管路直径计算的 Re）以及孔与管截面积之比 A_0/A_1 的关系。由图1-34可见，对于一定的 A_0/A_1，当 Re 超过某一数值后，C_0 的数值就为常数；若 Re 一定，A_0/A_1 越大，C_0 也就越大。

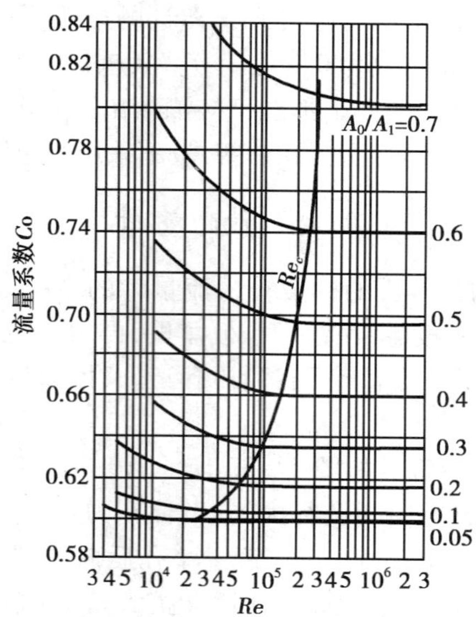

图1-34 孔流系数 C_0 与 Re、A_0/A_1 的关系曲线

流量计所测的流量范围，最好是落在 C_0 为定值区域里，这时流量便与压强变化读数的平方根成正比。设计合理的孔板流量计，其 C_0 值多在0.6~0.7范围内。

4. 孔板流量计的测量范围　由式（1-44）可知，当孔流系数 C_0 为常数时，孔板流量计所连接的U形压差计的读数 R 与流量 V 的平方成正比，即流量的少量变化可导致 R 的较大变化，这说明测量的灵敏度较大、准确度较高，但允许测量的范围变小。

为了尽量减小U形压差计读数的相对误差，通常对选用的U形压差计定一最小值，令其为 R_{min}（因 R 愈小，相对误差愈大），同时也定一最大值，令其为 R_{max}，从而可确定其可测的流量范围，即

$$\frac{V_{max}}{V_{min}}=\sqrt{\frac{R_{max}}{R_{min}}} \tag{1-45}$$

上式表明 V_{max}/V_{min} 与孔板的选择无关，仅与 R_{max} 和 R_{min} 有关，即由U形压差计的长度所定。

5. 孔板流量计的主要优缺点　孔板流量计的主要优点是构造简单，制造和安装都很方便。其主要缺点是能量损失大，且随面积比 A_0/A_1 的减小而加大。

6. 孔板流量计的安装　安装孔板流量计时，上、下游必须有一段内径不变的直管作为稳定段。通常要求上游直管长度为(15～40)d，下游为5d。孔板流量计已是某些仪表厂的定型产品，其系列规格可查阅有关手册或产品目录。但小管径或其他特殊要求的孔板流量计，可自行设计、加工。设计孔板流量计的关键是选择适当的面积比 A_0/A_1，同时要兼顾U形压差计的读数范围和能量损失等。

三、文丘里流量计

孔板流量计的主要缺点是能量损耗很大，其起因是进孔前的突然缩小和出孔口后的突然扩大。如将测量管的结构制成如图1－35所示的渐缩渐扩管，即为文丘里流量计。

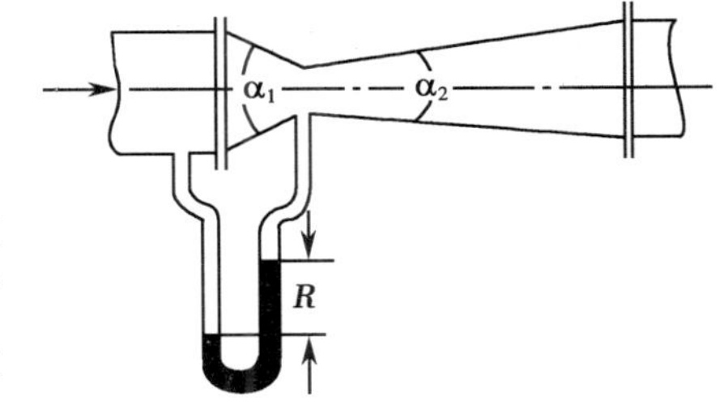

图1－35　文丘里流量计

文丘里流量计的测量原理与孔板流量计相同，但由于流体流经渐缩段和渐扩段时流速改变平缓，涡流较少，在喉管处增加的动能在渐扩段中大部分可转换成静压能，所以能量损失大大小于孔板流量计。

文丘里流量计的流量计算式与孔板流量计相同，即

$$V_s=C_vA_0\sqrt{\frac{2gR(\rho_0-\rho)}{\rho}} \tag{1-46}$$

式中，C_v——孔流系数，随 Re 准数而变。湍流时，若喉径 d_0 与管径 d_1 之比即 $d_0/d_1=1/4\sim1/2$，可取 $C_v=0.98$；A_0—喉管处截面积，$A_0=\frac{\pi}{4}d_0^2$，其他符号与孔板流量计相同。

与孔板流量计相比，文丘里流量计各部分尺寸要求严格，加工精细，造价较高。

四、转子流量计

1. 转子流量计的构造和工作原理　转子流量计的构造如图1－36所示，它是由1根内截面积自下而上逐渐扩大的垂直玻璃管和管内1个由金属或其他材料制成的转子（或称浮子）组成。流体由底端进入，向上流动至顶端流出。当流体流过转子与玻璃管

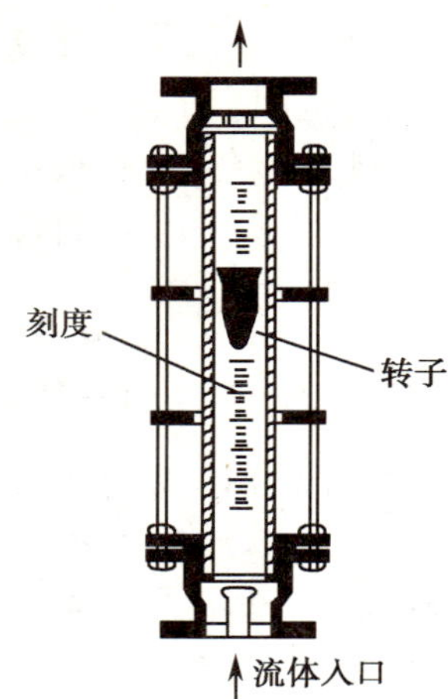

图 1-36 转子流量计

之间的环隙时，由于流道截面积在减小，流速便增大，静压强随之降低，此静压强低于转子底部所受到的静压强。于是使转子上、下产生静压强差，从而形成 1 个向上的力，当这个力大于转子的重力时，就将转子托起上升。转子升起后，其环隙面积随之增大(因为玻璃管内侧面为锥形)，从而环隙内流速降低，静压强随之回升，当转子底面和顶面所受到的压力差与转子的重力达平衡时，转子就停留在一定高度上。流体的流量愈大，其平衡位置就愈高，所以转子位置的高低即表示流体流量的大小可由玻璃管上的刻度读出流体的流量。

2. 转子流量计的流量计算式　设转子的体积为 V_f，转子最大部分截面积为 A_f，转子的密度为 ρ_f，流体的密度为 ρ_0。当转子处于平衡状态时，转子浮于流体中一定位置处的环隙面积为 A_R，则，其计算式为：

$$V_s = u_2 A_2 = C_R \cdot A_R \sqrt{\frac{2gV_f(\rho_f - \rho)}{A_f \cdot \rho}} \tag{1-47}$$

从上述分析可以看出，转子流量计中转子两端的压差在其稳定操作时为一常数，基本上不随流量的变化而变化，因此称此种流量计为恒压降流量计。这是与孔板流量计不同的地方。

综上所述，转子流量计的特点是：变截面、恒流速、恒压降。

3. 转子流量计的刻度换算　转子流量计的刻度，是出厂前用某种流体标定的，一般用 20℃ 的水或 20℃、0.1MPa 的空气进行标定。测量其他流体的流量时，须对原有的流量刻度进行校正。

对于液体转子流量计，若被测流体的黏度与水的黏度相差不大，孔流系数 C_R 可视为常数，由式(1-47)可得下列流量校正式：

$$\frac{V_B}{V_A} = \sqrt{\frac{\rho_A(\rho_f - \rho_B)}{\rho_B(\rho_f - \rho_A)}} \tag{1-48}$$

质量流量之比：

$$\frac{W_A}{W_B} = \sqrt{\frac{\rho_B(\rho_f - \rho_B)}{\rho_A(\rho_f - \rho_A)}} \tag{1-49}$$

式中，V_A、ρ_A—分别为标定流体(水或空气)的流量和密度；V_B、ρ_B—分别为其他待测流体(液体或气体)的流量和密度。

4. 转子流量计的主要优缺点　转子流量计的优点是读数方便，阻力小，准确度较高，对不同流体的适用性强，能用于腐蚀性流体的测量。缺点是玻璃管不能经受高温和高压，在安装和使用时玻璃管易破碎。

5. 转子流量计的安装与操作　转子流量计必须垂直安装，流体必须下进上出，绝不可倾斜或水平安装，且应安装支路管以便于检修。操作时应缓慢开启阀门，以防转子卡于顶端或击碎玻璃管。

学习小结

一、学习内容

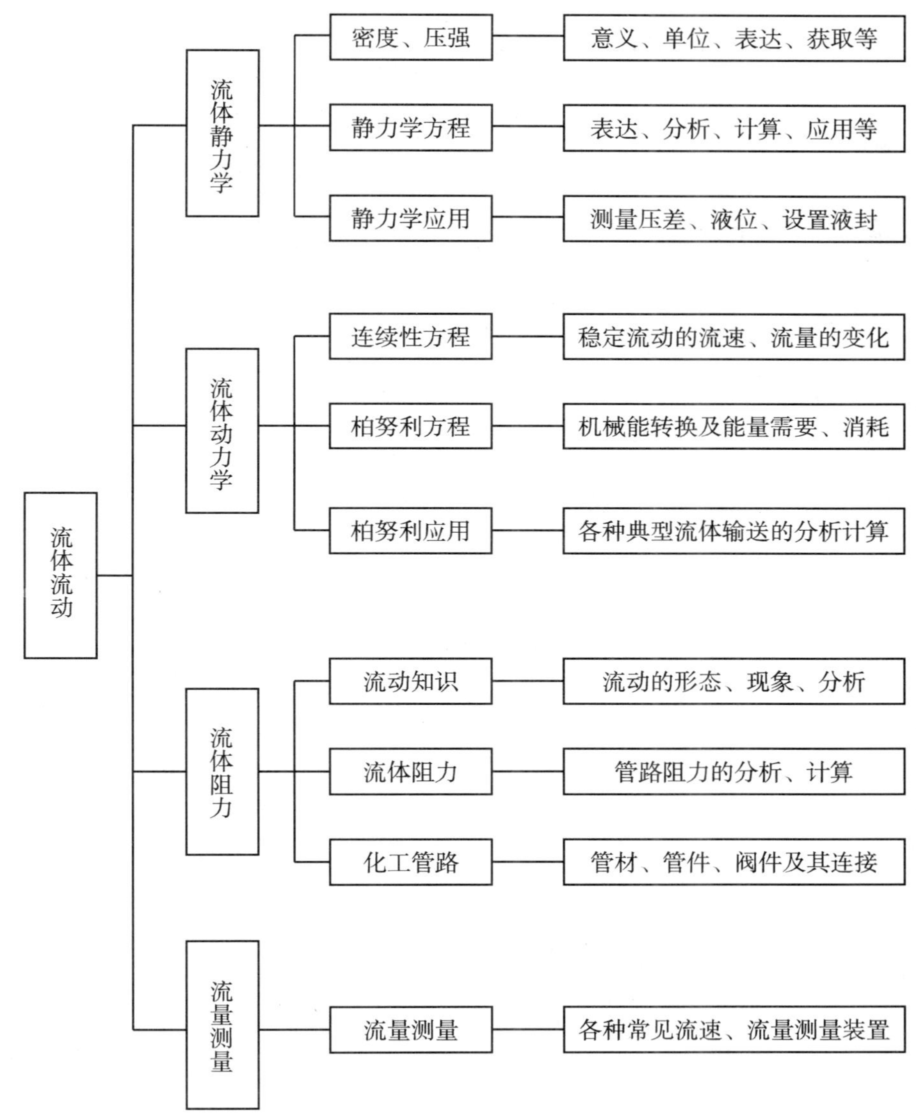

二、学习方法

1. 流体的物理性质即密度和黏度的定义、意义、单位及获取办法。流体流动参数压强的表达方式、单位换算、测量方法等。

2. 基于连通器原理的静力学分析方法，U 形管压差计的各种应用，液位测量、设置液封的方法。

3. 柏努利方法的应用条件，位能、动能、静压能的意义及相互转换，柏努利方程的分析方法及步骤,各种典型流体输送过程的应用。

4. 流动类型的判断,不同流动类型时流体阻力的现象及分析,不同流动情况下流体阻力的分析及计算,各种管子、管件、阀件的使用及维护。

5. 流速及流量的测量原理及方法。

目 标 检 测

一、选择题

(一)单项选择题

1. 液体的温度升高黏度(　　);气体的温度升高黏度(　　)。

A. 不变　B. 减小　C. 增大　D. 不定

2. 液体的密度与压力(　　),温度升高液体密度(　　)。

A. 无关　B. 增大　C. 减小　D. 不定

3. 压力增加气体密度(　　),温度升高气体密度(　　)。

A. 不定　B. 增大　C. 减小　D. 不变

4. 流体的黏度越大,流体内部质点之间的内摩擦力(　　)。

A. 不变　B. 越大　C. 越小　D. 不定

5. 流体的流量不变,将管径增加一倍,则雷诺准数为原来的(　　)倍。

A. 1/2　B. 2　C. 4　D. 1/4

6. 流体的流量不变,仅将管长增加一倍,则流动阻力为原来的(　　)倍。

A. 1/2　B. 2　C. 4　D. 1/4

7. 当气体压强增加一倍时,此时气体的密度为原来的(　　)倍。

A. 1 倍　B. 2 倍　C. 4 倍　D. 8 倍

8. 当流体在管内的流速改变时,阻力损失与流速的一次方成正比,管内的流体流动形态为(　　)。

A. 层流　B. 湍流　C. 过渡流　D. 自然对流

9. 若保持流量、密度和黏度不变,将管长增加一倍,雷诺准数为原来的(　　)倍。

A. 1/2　B. 1　C. 2　D. 2.5

10. 层流流动时,保持流量不变,将管径减小一倍(管内仍为层流),阻力为原来的(　　)倍;当摩擦系数为常数时,保持流量不变,管径减小一倍,相对粗糙度不变,阻力为原来的(　　)倍。

A. 2　B. 4　C. 8　D. 16

11. 流体在直管内的流动阻力产生的根本原因是(　　)。

A. 流体与管壁之间的摩擦　B. 流体内部的内摩擦

C. 流体的温度变化　D. 流体的浓度变化

12. 流体的流动类型有(　　)。

A. 自然对流和强制对流　B. 层流和湍流

C. 层流、湍流和过渡流　D. 沟流和壁流

13. 黏性的物理本质是( )。

A. 促进流体流动产生单位速度的剪应力

B. 流体的物性之一,是造成流体内摩擦的原因

C. 影响速度梯度的根由

D. 分子间的引力和分子运动与碰撞,是分子微观运动的一种宏观表现

14. 若确知流体在不等径串联管路的最大管径段刚达湍流,则在其他较小管径中流体的流型为( )。

A. 必定也呈湍流 B. 可能呈湍流也可能呈滞流

C. 只能呈滞流 D. 没有具体数据无法判断

15. 对于流体在非圆形管中的流动来说,下列诊断中正确的是( )。

A. 雷诺准数中的直径用当量直径来代替

B. 雷诺准数中的速度用当量直径求得的速度来代替

C. 雷诺准数中的速度用流体的真实速度来代替

D. 流速用体积流量除以流通截面积

16. 有人希望使管壁光滑些,于是在管道内壁搪上一层石蜡。倘若输送任务不变,且流体呈滞流流动,流动阻力将会( )。

A. 不变 B. 增大

C. 减小 D. 取决于流体和石蜡的润湿情况

17. 提高流体在直管中的流速,流动的摩擦系数与直管阻力损失的变化规律为( )。

A. 摩擦系数减小,直管阻力增大 B. 摩擦系数增大,直管阻力减小

C. 摩擦系数和直管阻力都增大 D. 摩擦系数和直管阻力都减小

18. 将某种液体从低处输送到高处,可以采用真空泵抽吸的办法,也可用压缩空气压送的办法,对于同样的输送任务,有下面的关系( )。

A. 抽吸输送时摩擦损失大 B. 压送的摩擦损失大

C. 要具体计算才能比较 D. 这两种方式摩擦损失一样

19. 要测量流动流体的压力降得知管路阻力的前提是( )。

A. 管道等径,滞流流动 B. 管路平直,管道等径

C. 平直管路,滞流流动 D. 管道等径,管路平直,滞流流动

20. 孔板流量计使用较长时间后,孔板的孔径通常会有所增大。甲认为:该孔板流量计测得的流量值将比实际流量值低;乙认为:该孔板流量计的量程将扩大。结果是( )。

A. 甲乙均有理 B. 甲乙均无理 C. 甲有理 D. 乙有理

21. 为扩大转子流量计的测量范围。甲采取切削转子直径的办法;乙采取换一个密度较大的转子的办法。正确的是( )。

A. 甲、乙都可以 B. 甲、乙都不行 C. 甲正确 D. 乙正确

(二)多项选择题

1. 为了改善 U 形管压差计的测量精度,减少测量误差的方法有( )。

A. 减少被测流体与指示剂之间的密度差

B. 增大被测流体与指示剂之间的密度差

C. 采用倾斜式微差计

D. 双液杯式微差计

E. 多个U形管压差计串接

2. 将柏努利方程推广应用到实际黏性流体时，需要考虑(　　)。

A. 不做任何改变　　B. 动能项用截面上平均动能代替

C. 计入黏性流体流动时的阻力损失　　D. 用平均密度计算

E. 计入外加能量

二、简答题

1. 什么是适宜流速？试叙述管道直径选择的步骤。

2. 流体的流动形态有几种？怎样判断？

3. 湍流时，若 ε/d 一定时，为什么随着 Re 的增加摩擦系数 λ 是减小的，而流体的 h_f 反而增加？

4. 对于转子流量计，当转子密度或流体密度改变时，对流量计的读数有何影响？

三、实例分析

1. 某水泵进口管处真空表读数为650mmHg，出口管处压力表读数为2.5atm。试求水泵前后水的压力差为多少atm？

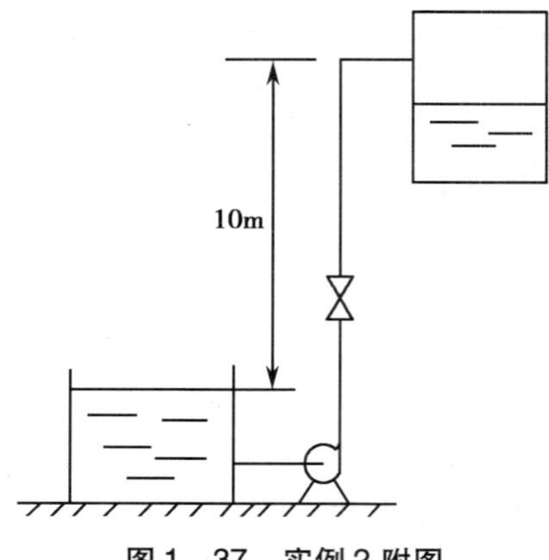

图1-37 实例2附图

2. 如附图所示，用泵将常压贮槽中密度为1100kg/m^{3}的某溶液送到高位槽中。贮槽液位保持恒定。高位槽内压力保持在 1.47×10^4Pa(表压)。泵的进口管为 $\phi89\times3.5$mm，出口管为 $\phi76\times3$mm。溶液处理量为28m^3/h。贮槽中液面距高位槽入口处的垂直距离为10m。溶液流经全部管道的能量损失为100J/kg，试求泵的有效功率。

3. 石油输送管的直径为159×4.5mm的无缝钢管。石油的比重为0.86，运动黏度为0.2m^2/s。当石油流量为15.5t/h时，试求管路总长度为1000m的直管摩擦阻力。(运动黏度 $=\mu/\rho$)

(刘　兵)

第二章　流体输送设备

学习目标

学习目的

本章学习的内容是流体力学原理的具体应用。即结合药品生产的特点，讨论生产过程中常用流体输送设备的操作原理、主要结构与性能，以便能合理地选择和正确地使用输送设备，为后续章节如传热、传质及分离过程奠定基础，也为化学制药工艺学等后续专业课程学习及制药单元操作实训、生产实习等实践性教学环节的训练打下基础，以适应化学药品生产中流体输送岗位的操作要求。

知识要求

掌握离心泵的基本结构和工作原理、主要性能参数、特性曲线；离心泵工作点、流量调节、离心泵的操作和运转；往复泵的基本结构和工作原理、性能参数和特性曲线、流量和流量调节；

熟悉离心泵性能的主要影响因素、离心泵安装高度的确定、离心泵的安装、运转及维修、离心泵类型及选用；离心通风机的构造和工作原理、离心通风机的性能参数与特性曲线；

了解其他类型泵的工作原理与特性；离心式鼓风机和压缩机、往复式压缩机及真空泵的结构和工作特性。

能力要求

熟练应用离心泵、往复泵流量调节的方法。

第一节　液体输送设备

在药品生产过程中，常常需要将液体物料从一个设备输送至另一个设备；从一个位置输送到另一个位置。当液体从低能位向高能位输送时，必须使用液体输送机械，对物料加入外功以克服沿程的运动阻力及提供输送过程所需的能量。为输送物料提供能量的机械装置称为输送机械，其中输送液体的机械称为泵。泵是一种通用的机械，在国民经济各部门中，广泛使用着各种类型的泵。

由于被输送液体的性质，如黏性、腐蚀性、混悬液的颗粒等都有较大差别，温度、压力、流量也有较大的不同,因此,需要用到各种类型的泵。根据施加给液体机械能的手段和工作原理的不同,大致可分为四大类,如表2-1所示。

表2-1 液体输送机械的分类

机械 液体	离心式	回转式	往复式	液体作用式
液体输送	离心泵、旋涡泵、轴流泵	齿轮泵、螺杆泵	往复泵、柱塞泵、计量泵、隔膜泵	喷射泵、酸蛋、真空输送

其中离心泵具有结构简单、流量大且均匀、操作方便等优点,在药品生产过程中的使用最为广泛。本节重点讲述离心泵,对其他类型的泵作一般介绍。

一、离 心 泵

(一)离心泵的工作原理和主要部件的结构

1. 工作原理 图2-1是从池内吸入液体的离心泵装置示意图。主要部件为叶轮,叶轮上有6-8片向后弯曲的叶片,叶轮安装在泵壳内,紧固于泵轴上。泵轴一般由电动机直接带动。吸入口位于泵壳中央,并与吸入管连接。由于直接从池内吸入,故液体经滤网、底阀由吸入管进入泵内,由泵出口流至排出管。

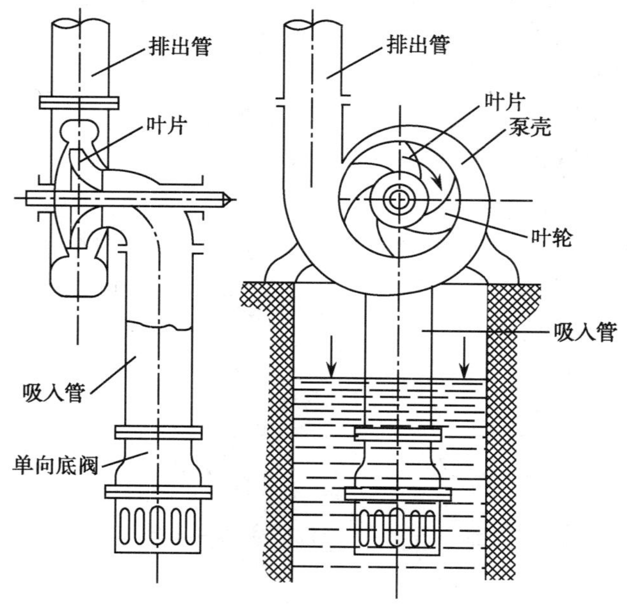

图2-1 离心泵装置示意图

泵在启动前,首先向泵内灌满被输送的液体,这种操作称为灌泵。同时关闭排出管路上的流量调节阀,待电动机启动后,再打开出口阀。离心泵启动后高速旋转的叶轮带动叶片间的液体作高速旋转,在离心力作用下,液体便从叶轮中心被抛向叶轮的周边,并获得了机械能,同时也增大了流速,一般可达15~25m/s,其动能也提高了。当液体离开叶片进入泵壳内,由于泵壳的流道逐渐加宽,液体的流速逐渐降低而压强逐渐增大，最终以较高的压强沿泵壳的切向从泵的排出口进入排出管而排出，输送到所需场所，完成泵的排液过程。

当泵内液体从叶轮中心被抛向叶轮外缘时，在叶轮中心处形成低压区，这样就造成了吸入管贮槽液面与叶轮中心处的压强差，液体就在这个静压差作用下，沿着吸入管连续不断地进入叶轮中心，以补充被排出的液体，完成离心泵的吸液过程。

离心泵的工作原理：依靠叶轮高速旋转产生的离心力将液体吸入并排出。只要叶轮不停地运转，液体就会连续不断地被吸入和排出。

值得注意的是，在泵启动前，如果吸入管路、叶轮和泵壳内没有完全充满液体而存在部分空气时，由于空气的密度远小于液体，叶轮旋转时对气体产生的离心力很小，气体又会产生体积变化，既不足以驱动前方的液体在泵壳中流动，又不足以在叶轮中心处形成使液体吸入所必需的低压，于是，液体就不能正常地被吸入和排出，这种现象称为气缚，表示离心泵无自吸能力。因此，在离心泵启动前必须进行灌泵。为了便于启动，可在吸入管端部安装一个如图 2－1 所示的单向底阀以防止液体漏回池内，单向阀下部装有滤网，滤网的作用是可以阻拦液体中的固体杂质吸入而引起堵塞和磨损。若将泵的吸入管置于吸入侧设备中的液位之下，液体就会自动流入泵内，启动前就不需要人工灌泵了。

2. 主要部件的结构　离心泵的部件很多，其中叶轮、泵壳和轴封装置是三个主要功能部件，它们的形状和构造对完成泵的基本功能、提高泵的工作效率有重要影响。

(1)叶轮：叶轮是离心泵的关键部件，其作用是将原动机的机械能传给液体，使通过离心泵的液体静压能和动能均有所提高。叶轮由 6－8 片的后弯叶片组成。

按其机械结构可分为以下三种，如图 2－2 所示。开式叶轮仅有叶片和轮毂，两侧均无盖板，制造简单，清洗方便，如图 2－2(a)所示；半闭式叶轮，没有前盖板而有后盖板的叶轮，如图 2－2(b)所示；闭式叶轮两侧分别有前、后盖板，流道是封闭的，如图 2－2(c)所示，这种叶轮液体流动摩擦阻力损失小，适用于高扬程、洁净液体的输送。

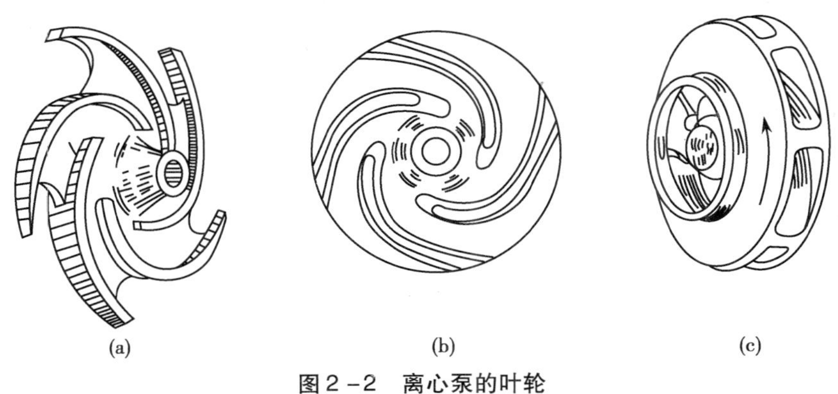

图 2－2　离心泵的叶轮

(a)开式；(b)半闭式；(c)闭式

一般离心泵大多采用闭式叶轮。开式和半闭式叶轮由于流道不易堵塞，适用于浆液、黏度大的液体或含有固体颗粒的悬浮物液体的输送。但由于开式或半闭式叶轮没有或一侧有盖板，液体在叶片间运动时会容易发生倒流，部分液体会流回叶轮中心的吸液区，因而效率较低。

开式或半闭式叶轮在运行时，部分高压液体漏入叶轮后侧，使叶轮后盖板所受压力高于吸入口侧，对叶轮产生轴向推力。轴向推力会使叶轮与泵壳接触而产生摩擦，严重时会引起泵的振动。为了减小轴向推力，可在后盖板上钻一些小孔，称为平衡孔，如图2－3中的1，使部分高压液体漏至低压区，以减小叶轮两侧的压力差。平衡孔可以有效地减小轴向推力，但同时也降低了泵的效率。

叶轮按其吸液方式的不同可分为单吸式和双吸式两种，如图2－3所示。单吸式叶轮构造简单，液体从叶轮一侧被吸入；双吸式叶轮可同时从叶轮两侧对称地吸入液体。显然，双吸式叶轮具有较大的吸液能力，并较好地消除了轴向推力，故常用于大流量的场合。

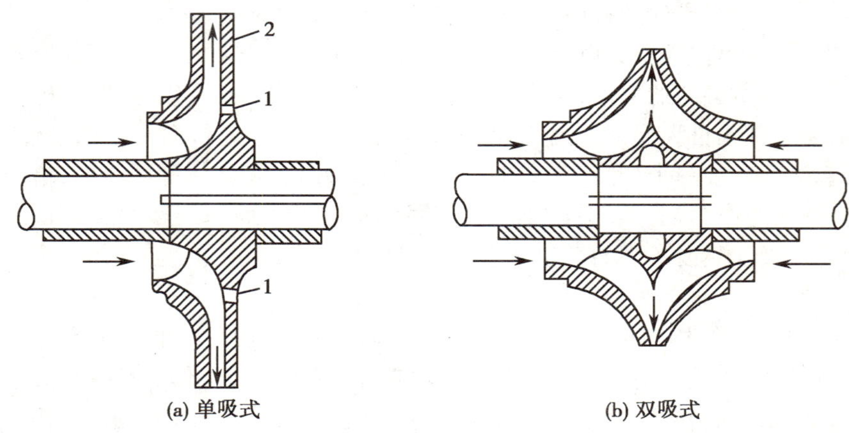

图2－3 吸液方式

1－平衡孔；2－后盖板

(2)泵壳：泵壳是一个截面逐渐扩大的状似蜗牛壳形的通道，又称蜗壳，如图2－4所示。叶轮在壳内顺着蜗形通道逐渐扩大的方向旋转，愈接近液体出口，通道截面积愈大(见图2－5)。因此，液体从叶轮外缘以高速被抛出后，沿泵壳的蜗形通道而向排出口流动，流速便逐渐降低，减少了能量损失，且使大部分动能有效地转变为静压能。所以，泵壳不仅作为一个汇集和导出液体的通道，同时其本身又是一个转能装置。

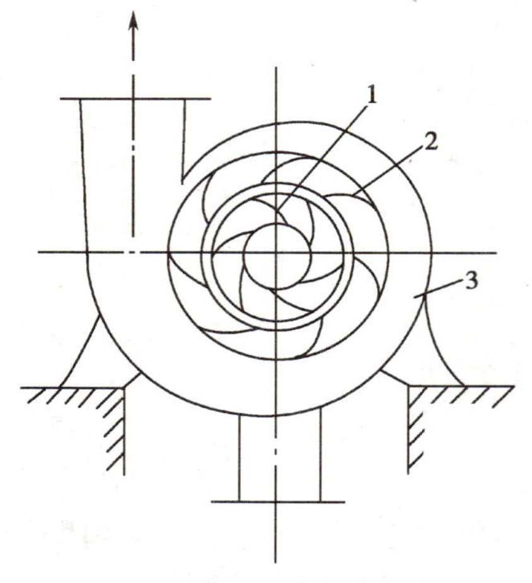

图2－4 泵壳与导轮

1－叶轮；2－导轮；3－泵壳

图2－5 液体在泵壳内的流动情况

在较大的泵中，在叶轮与泵壳之间还装有固定不动的导轮，如图2－4中的2所示，其目的是为了减少液体直接进入泵壳时的冲击。由于导轮具有很多逐渐转向的通道，使高速液体流过时均匀而缓和地将动能转变为静压能，从而减少了能量损失。

（3）轴封装置：泵轴与泵壳之间的密封称为轴封，其作用是防止高压液体从泵壳内沿轴的四周漏出，或者防止外界空气以相反方向漏入泵壳内的低压区。常用的轴封装置有填料密封和机械密封两种。

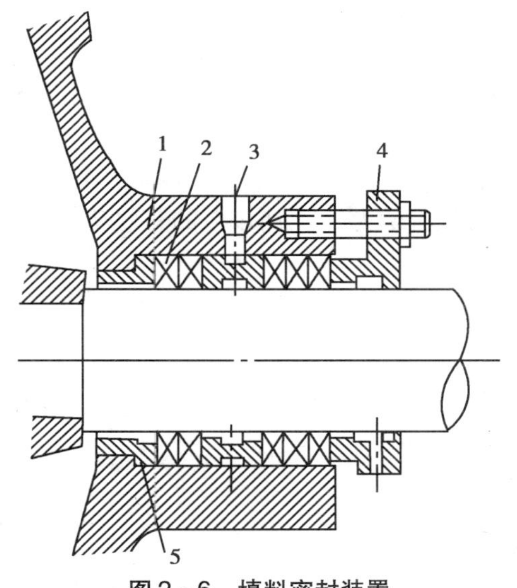

图2－6 填料密封装置

1－填料函壳；2－软填料；3－液封圈；4－填料压盖；5－内衬套

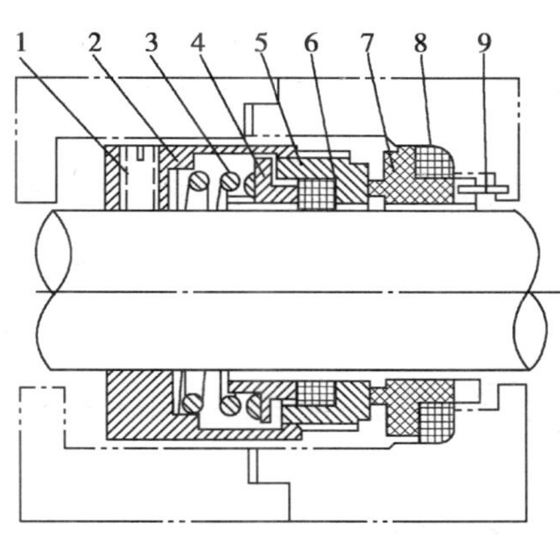

图2－7 机械密封装置

1－螺钉；2－传动座；3－弹簧；4－推环；5－动环密封圈；6－动环；7－静环；8－静环密封圈；9－防转销

1）填料密封：如图2－6所示。它主要由填料函壳、软填料和填料压盖组成。软填料可选用浸油及涂石墨的方形石棉绳，缠绕在泵轴上，然后将压盖均匀上紧，使填料紧压在填料函壳和转轴之间，以达到密封的目的。它的结构简单，加工方便，但功率消耗较大，且沿轴仍会有一定量的泄漏，需要定期更换维修。

2）机械密封：对于输送易燃、易爆或有毒、有腐蚀性液体时，轴封要求严格，一般采用机械密封装置。近年来在制药生产中离心泵的轴封装置广泛采用机械密封，如图2－7所示。主要的密封元件是装在轴上随轴转动的动环和固定在泵体上的静环组成的密封对（一般动环用硬质耐蚀金属材料、静环用浸渍石墨或耐蚀塑料制作以便更换），两个环的环形端面由弹簧使之平行贴紧，当泵运转时，两个环端面发生相对运动且保持贴紧而起到密封作用，因此机械密封又称为端面密封。

与填料密封相比，机械密封的密封性能好，结构紧凑，使用寿命长，功率消耗少，现已较广泛地应用于各种类型的离心泵中，但其加工精度要求高，安装技术要求严，价格较高，维修也较麻烦。

（二）离心泵的主要性能参数

表征离心泵的主要性能参数有流量、扬程、轴功率和效率。离心泵在出厂时，均附有一个铭牌,注明泵在最高效率时的主要性能参数,是评价离心泵的性能和正确选用离心泵的主要依据。

1. 流量(送液能力) 指单位时间内泵排到管路系统中的液体体积量,用符号 V 表示,其单位为 m^3/h 或 m^3/s,其大小主要取决于泵的结构、尺寸和转速等。

2. 扬程(泵的压头) 指泵对单位重量(1N)的液体所提供的有效能量。用符号 H 表示,其单位为 m 液柱。离心泵压头取决于泵的结构(叶轮直径、叶片弯曲情况)、转速和流量,也与液体的密度有关。

对于一定的泵在指定的转速下,H 与 V 之间存在一定关系,由于液体在泵内的流动情况比较复杂,目前尚不能从理论上精确的计算,H 与 V 关系一般均用实验方法测定,具体测定见实例一。

3. 功率 泵的有效功率是指单位时间内液体从泵中叶轮获得的有效能量,用符号 N_e 表示,单位为 W 或 kW。因为离心泵排出的液体质量流量为 $V_s\rho$,所以泵的有效功率为

$$N_e = V_s\rho Hg \tag{2-1}$$

泵的轴功率是指泵轴所需的功率,即电动机传给泵轴的功率,用符号 N 表示,单位为 W 或 kW,则 N 为

$$N = \frac{V_s\rho Hg}{\eta} \tag{2-2a}$$

若离心泵轴功率的单位用 kW 表示,则式(2-2a)变为

$$N = \frac{V_s\rho H}{102\eta} \tag{2-2b}$$

式中,N_e——泵的有效功率,W;N——泵的轴功率,W;V_s——泵的实际流量,m^3/s;ρ——液体密度,kg/m^3;H——泵的扬程,又称有效压头,即单位重量的液体通过泵实际获得的净机械能量,m;g——重力加速度,m/s^2。

还应注意泵铭牌上注明的轴功率是以常温 20℃ 的清水为试验液体,其密度 ρ 以 $1000kg/m^3$ 计算的。如泵输送液体的密度较大,应看原配电机是否适用。若需要自配电机,为防止电机超负载,常按实际工作的最大流量 V_s 计算轴功率作为选电机的依据。

4. 效率 表示液体输送过程中泵轴转动所做的功不能全部为液体所获得,不可避免地会有能量损失,它包括容积损失、水力损失和机械损失,以上三种损失即用离心泵的总效率 η 表示为

$$\eta = \frac{N_e}{N} \times 100\% \tag{2-3}$$

离心泵的效率与泵的尺寸、类型、构造、加工精度、液体流量和所输送液体性质有关,一般小型泵效率为 50% ~70%,大型泵可达到 90% 左右。

(三)离心泵的特性曲线及其影响因素分析

1. 离心泵的特性曲线 离心泵的扬程 H、轴功率 N、效率 η 与流量 V_s 之间的关系曲线称为离心泵的特性曲线,如图 2-8 所示,其中以扬程和流量的关系最为重要。由于泵的特性曲线随泵的转速而改变,故其数值通常是在额定转速和标准试验条件(大气压 101.325kPa,20℃ 清水)下测得。通常在泵的产品样本中附有泵的主要性能参数和特性曲线,供选泵和操作参考。

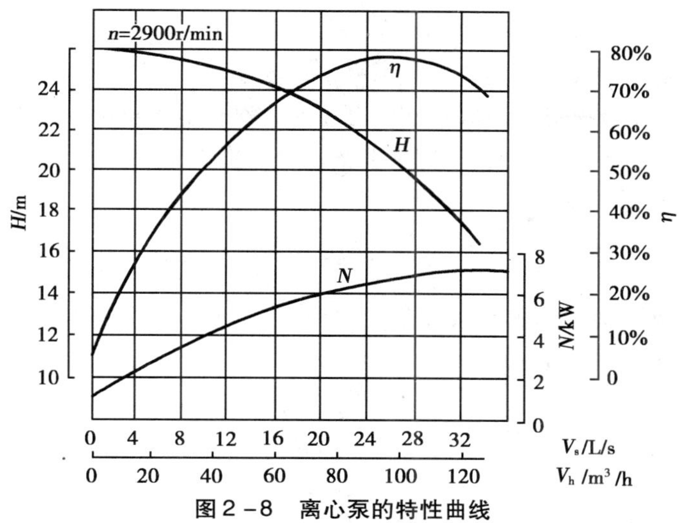

图2－8　离心泵的特性曲线

(1)V_s-H 曲线：表示泵的扬程和流量的关系。曲线表明离心泵的扬程随流量的增大而下降。

(2)V_s-N 曲线：表示泵的轴功率和流量的关系。曲线表明离心泵的轴功率随流量的增大而上升，当流量为零时轴功率最小，所以离心泵启动时，为了减小启动功率，应在流量为零时将出口阀门关闭，以保护电机。待电机运转到额定转速后，再逐渐打开出口阀门。

(3)$V_s-\eta$ 曲线：表示泵的效率和流量的关系。曲线表明离心泵的效率随流量的增大而增大，当流量增大到一定值后，效率随流量的增大而下降，曲线存在一最高效率点即为设计点。对应于该点的各性能参数 V_s、H 和 N 称为最佳工况参数，即离心泵铭牌上标注的性能参数。根据生产任务选用离心泵时，应尽可能使泵在最高效率点附近工作，正常操作时泵的效率不应低于最高效率的92%。

实例分析

实例2－1：离心泵特性曲线测定

图2－9为测定离心泵特性曲线的实验装置，实验中已测出如下一组数据：流量 $V_s=30m^3/h$；

泵吸入口处真空表上的读数 $p_1=-40kPa$；

泵出口处压力表上的读数 $p_2=215kPa$；

泵出、入口截面间垂直距离 $h_0=0.4m$；

该泵的轴功率为 $N=3.45kW$；

转速 $n=2900rpm$；吸入管直径 $d_1=70mm$；

压出管直径 $d_2=50mm$；实验介质为20℃清水。请算出该泵在此流量下的扬程、有效功率和总效率。

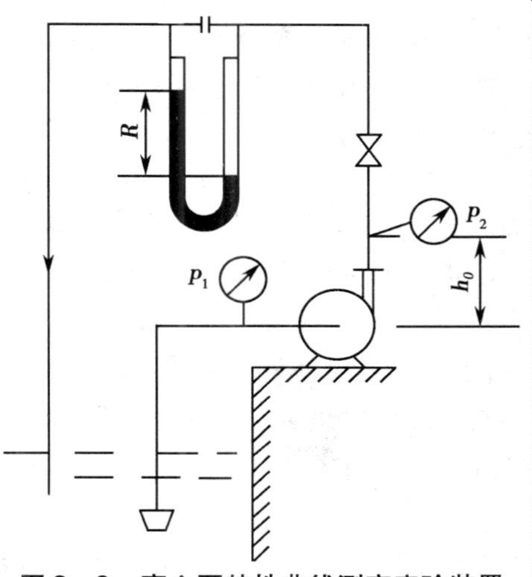

图2－9　离心泵特性曲线测定实验装置

分析：查附录六得20℃清水的密度$\rho=998.2kg/m^3$。

在泵的入、出口截面的中心水平线上分别装有真空表和压力表，选此两截面分别为1－1截面和2－2截面，并以1－1截面为基准水平面。在1－1截面和2－2截面间列柏努利方程得

$$z_1+\frac{u_1^2}{2g}+\frac{p_1}{\rho g}+H=z_2+\frac{u_2^2}{2g}+\frac{p_2}{\rho g}+H_f$$

式中，H_f为两截面间管路中的压头损失，由于两表所在截面间的管路很短，因而H_f值很小，可忽略不计。故上式可简化为

$$H=(z_2-z_1)+\frac{p_2-p_1}{\rho g}+\frac{u_2^2-u_1^2}{2g}$$

$$u_1=\frac{V_s}{\frac{\pi}{4}d_1^2}=\frac{\frac{30}{3600}}{0.785\times0.07^2}=2.166\ \frac{m}{s}\qquad u_2=\frac{\frac{30}{3600}}{0.785\times0.05^2}=4.246\ \frac{m}{s}$$

$$\begin{aligned}H&=(z_2-z_1)+\frac{p_2-p_1}{\rho g}+\frac{u_2^2-u_1^2}{2g}\\&=0.4+\frac{(215+40)\times10^3}{998.2\times9.81}+\frac{1}{2\times9.81}(4.246^2-2.116^2)\\&=27.13m\end{aligned}$$

$$N_e=V_s\rho Hg=30/3600\times1000\times27.13\times9.81=2218W$$

$$\eta=\frac{N_e}{N}=\frac{2218}{3450}=64.3\%$$

课堂互动

如何通过实验的方法测定离心泵在固定转速下的特性曲线？该曲线有何用？

2. 影响离心泵特性曲线的因素 生产厂家提供的离心泵特性曲线都是针对特定型号的泵，在一定的转速和常压下用常温水为工质测得的。而实际生产中所输送的液体是多种多样的，工作情况也有很大的不同，需要考虑密度、黏度、泵的转速和叶轮直径等及实验条件的不同对泵产生的影响。并根据使用情况，对厂家提供的特性曲线进行重新换算。

(1)密度的影响：离心泵的流量、压头均与液体的密度无关，效率也不随密度而改变，当被输送液体的密度发生改变时，V_s-H曲线和$V_s-\eta$曲线基本不变。但泵的轴功率与液体的密度成正比，此时原产品说明书上的V_s-N曲线已不再使用，泵的轴功率需按式(2－2)重新计算。

(2)黏度的影响：当输送液体的黏度大于常温水的黏度时，泵内液体的能量损失增大，导致泵的流量、压头减小、效率下降，但轴功率增加，泵的特性曲线均发生变化。

(3)离心泵转速的影响：对同一台离心泵，若叶轮尺寸不变，仅转速变化，其特性曲

线也将发生变化。在转速变化小于20%时，流量、扬程及轴功率与转速间的近似关系可用比例定律进行计算

$$\frac{V_{s1}}{V_{s2}} \approx \frac{n_1}{n_2} \qquad \frac{H_1}{H_2} \approx \left(\frac{n_1}{n_2}\right)^2 \qquad \frac{N_1}{N_2} \approx \left(\frac{n_1}{n_2}\right)^3 \tag{2-4}$$

式中，V_{s1}、H_1、N_1——转速为 n_1 时泵的流量、扬程、轴功率；V_{s2}、H_2、N_2——转速为 n_2 时泵的流量、扬程、轴功率。

（4）叶轮直径的影响：泵的制造厂或用户为了扩大离心泵的使用范围，除配有原型号的叶轮外，常备有外直径略小的叶轮，此种作法被称为离心泵叶轮的切割。当转速不变，若对同一型号的泵换用直径较小的叶轮，但不小于原直径的90%时，离心泵的流量、扬程及轴功率与叶轮直径之间的近似关系称为切割定律。

$$\frac{V_{s1}}{V_{s2}} \approx \frac{d_1}{d_2} \qquad \frac{H_1}{H_2} \approx \left(\frac{d_1}{d_2}\right)^2 \qquad \frac{N_1}{N_2} \approx \left(\frac{d_1}{d_2}\right)^3 \tag{2-5}$$

式中，V_{s1}、H_1、N_1——叶轮直径为 d_1 时泵的流量、扬程、轴功率；V_{s2}、H_2、N_2——叶轮直径为 d_2 时泵的流量、扬程、轴功率；d_1、d_2——原叶轮的外直径和变化后的外直径。

（四）离心泵的工作点与流量调节

当离心泵安装在特定管路系统工作时，实际的工作流量和压头不仅与离心泵本身的性能有关，还与管路的特性有关，即在输送液体的过程中，泵和管路是相互制约的。所以，在讨论泵的工作情况之前，应了解泵所在的管路情况。

1. 管路的特性曲线　管路特性曲线表示流体通过某一特定管路所需要的压头与流量的关系。假定利用一台离心泵把水池的水抽到水塔上去，如图2-10所示，水从吸水池流到上水池的过程中，若两液面皆维持恒定，则流体流过管路所需要的压头为

$$H_e = \Delta z + \frac{\Delta p}{\rho g} + \frac{\Delta u^2}{2g} + H_f$$

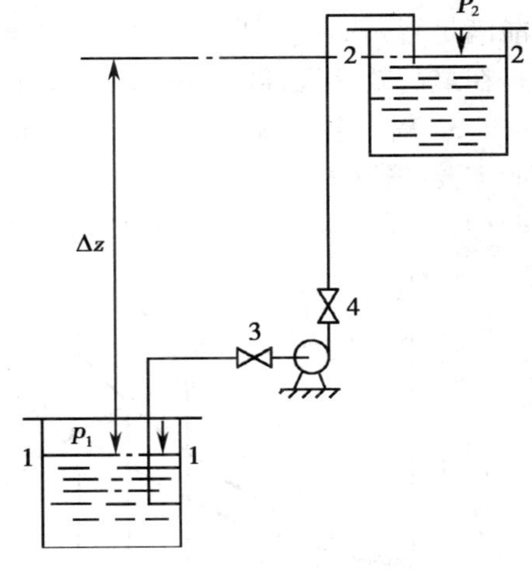

图2-10　管路输液系统

因为　$$H_f = \lambda\left(\frac{L + \sum Le}{d}\right)\left(\frac{u^2}{2g}\right) = \left(\frac{8\lambda}{\pi^2 g}\right)\left(\frac{L + \sum Le}{d^5}\right)V_s^2$$

对于特定的管路，$\Delta z + \frac{\Delta p}{\rho g}$为固定值，与管路中的流体流量无关，管径不变，$u_1 = u_2$、$\Delta u^2/2g = 0$，令

$$A = \Delta z + \frac{\Delta p}{\rho g} \qquad B = \left(\frac{8\lambda}{\pi^2 g}\right)\left(\frac{L + \sum Le}{d^5}\right)$$

所以上式可写成

$$H_e = A + BV_s^2 \tag{2-6}$$

式（2-6）就是管路特性曲线方程。对于特定的管路，式中 A 是固定不变的，当阀门开度一定且流动为完全湍流时，B 也可看作是常数。将式（2-6）绘于图2-11得管

路特性曲线。管路特性曲线的形状由管路布局和流量等条件来确定，而与离心泵的性能无关。

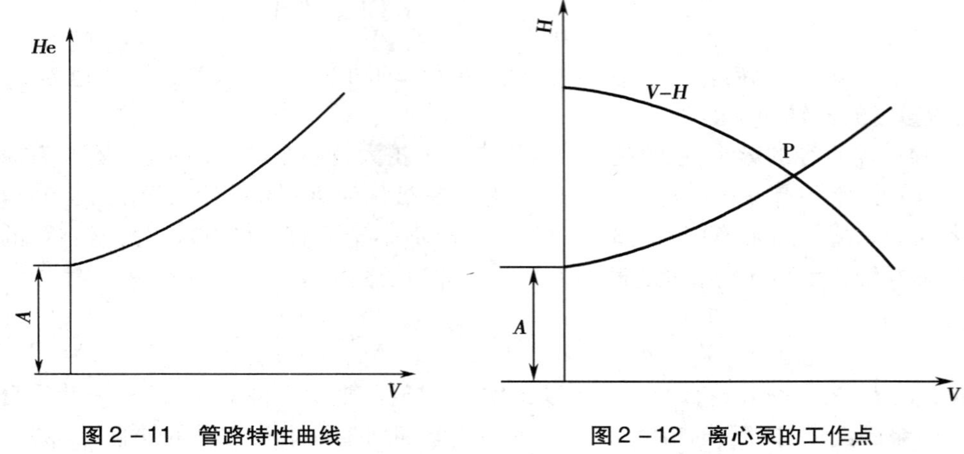

图2-11 管路特性曲线　　图2-12 离心泵的工作点

2. 离心泵的工作点　若将泵的特性曲线和管路的特性曲线绘在同一图中，见图2-12所示，两曲线交点P称为离心泵在该管路上的工作点。该点对应的流量和扬程既能满足管路的特性曲线方程，又能满足泵的特性曲线方程。若泵在该点所对应的效率是在最高效率区，即为系统的理想工作点。

3. 离心泵的流量调节　在实际生产的管路系统中，如果工作点的流量大于或小于所需要的输送量，应设法改变泵的工作点的位置，即进行流量调节。流量调节的方法有两种，一是改变管路的特性，二是改变泵的特性。

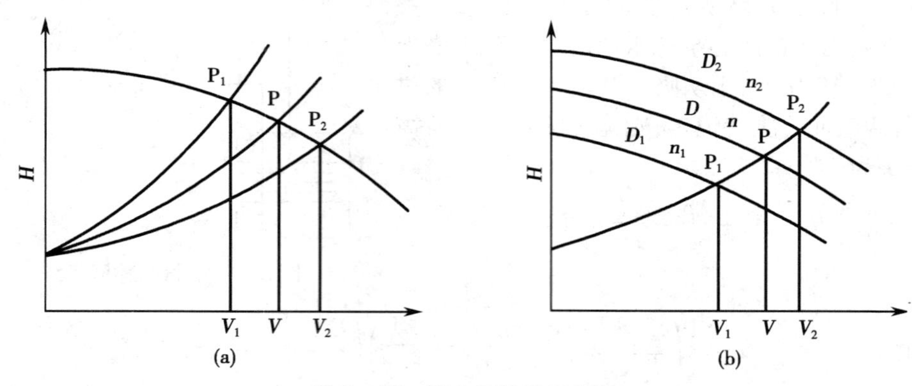

图2-13 离心泵的流量调节

(a)改变管路的特性曲线；(b)改变泵的特性曲线

(1)改变管路的特性：常用改变泵出口管路上阀门的开度，即改变管路的阻力系数，以改变管路特性曲线的位置，满足流量调节的要求。当阀门开度减小时，阻力增大，管路特性曲线变陡，如图2-13(a)中的曲线所示，工作点由P移到P_1，相应的流量变小；当开大阀门时，则局部阻力减小，工作点移至P_2，从而增大流量。由此可见，通过调节阀门开度可使流量在设置的最大值和最小值之间变动。当阀门开度减小时，因流动阻力增加，需额外消耗部分能量，此外在流量调节幅度较大时，离心泵往往工作在低效区，因此这种方法的经济性差。但这种调节方法快速简便灵活，可以连续调节，故应用很广。

(2)改变泵的特性：对于同一个离心泵，改变泵的转速和叶轮的直径可使泵的特性曲线发生改变，从而使工作点移动，这种方法不会额外增加管路阻力，并在一定范围内仍可使泵处在高效率区工作。一般来说，改变叶轮直径显然不如改变转速简便，且当叶轮直径变小，泵和电机的效率也会降低，况且调节幅度也有限，所以常用改变转速来调节流量。如图2－13(b)所示，当转速n减小到n_1时，工作点由P移到P_1，流量就相应地减小；当转速n增大到n_2时，工作点由P移到P_2，流量就相应地增大。

特别是近年来发展的变频无级调速装置，利用改变输入电机的电流频率来改变转速，调速平稳，也保证了较高的效率，是一种节能的调节手段，在化工与制药工业中广泛应用，但价格较贵。

（五）离心泵的汽蚀现象与安装高度

1. 汽蚀现象　在图2－14中，离心泵由水槽向上吸液的推动力是贮槽的液面0－0和泵入口截面1－1之间的压强差。当p_a一定时，若向上吸液高度H_g愈高、流量愈大、吸入管路的各种阻力愈大，则p_1就愈小，但在离心泵的操作中，p_1值下降是有限度的，确切地说，叶轮入口处压强p_1不能低于被送液体在工作温度下的饱和蒸汽压$p_{饱}$，否则，液体将会发生部分汽化，生成的气泡将随液体从低压区进入高压区，在高压区气泡会急剧收缩、凝结，使其周围的液体以极高的流速冲向刚消失的气泡中心，造成极高的局部冲击压力，直接冲击叶轮和泵壳，发生噪音，并引起振动。由于长时间受到冲击力的反复作用以及液体中微量溶解氧对金属的化学腐蚀作用，叶轮的局部表面出现斑痕和裂纹，甚至呈海绵状损坏，这种现象称为汽蚀。汽蚀发生时，大量的气泡破坏液流的连续性，阻塞流道，致使泵的流量、扬程和效率急剧下降，运行的可靠性降低，汽蚀严重时，泵会中断工作。

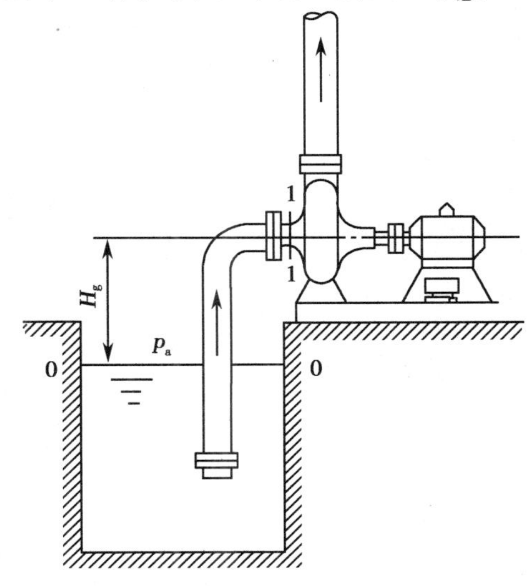

图2－14　离心泵的安装高度

为避免汽蚀现象的发生，泵的安装高度不能太高，在我国离心泵标准中，常采用允许汽蚀余量对泵的汽蚀现象加以控制。

离心泵的汽蚀余量为离心泵入口处的静压头与动压头之和必须大于被输送液体在操作温度下的饱和蒸汽压头之值，用Δh表示为

$$\Delta h=\left(\frac{p_1}{\rho g}+\frac{u_1^2}{2g}\right)-\frac{p_{饱}}{\rho g} \tag{2-7}$$

式中，p_1——泵吸入口处的绝对压强，Pa；u_1——泵吸入口处的液体流速，m/s；$p_{饱}$——输送液体在工作温度下的饱和蒸汽压，Pa；ρ——液体的密度，kg/m^3。

能保证不发生汽蚀的Δh最小值，称为允许汽蚀余量$\Delta h_{允}$。离心泵的允许汽蚀余量亦为泵的性能，列于离心泵规格表中，其值由实验测得。

2. 离心泵的最大安装高度 是指泵的吸入口高于贮槽液面最大允许的垂直高度，也称为离心泵的允许安装高度，用 H_{gmax} 表示。如图 2－14 所示，在贮槽液面 0－0 和泵入口 1－1 截面间的柏努利方程

$$z_0+\frac{p_0}{\rho g}+\frac{u_0^2}{2g}=z_1+\frac{p_1}{\rho g}+\frac{u_1^2}{2g}+H_{f,0-1} \qquad (2-8)$$

将 $H_g=z_1-z_0$，$u_0\approx0$，及式(2－7)代入上式

$$H_{gmax}=\frac{p_0}{\rho g}-\frac{p_{饱}}{\rho g}-\Delta h_{允}-H_{f,0-1} \qquad (2-9)$$

式中，$H_{f,0-1}$——吸入管路的压头损失，m；H_{gmax}——泵的允许安装高度，m；p_0——贮槽液面上方的压强，Pa（贮槽敞口时，$p_0=p_a$，p_a 为当地大气压强）；$p_{饱}$——输送液体在工作温度下的饱和蒸汽压，Pa。

式(2－9)为泵的最大安装高度。为了保证泵的安全操作不发生汽蚀，泵的实际安装高度 H_g 必须低于或等于 H_{gmax}，否则在操作时，将有发生汽蚀的危险。对于一定的离心泵，$\Delta h_{允}$ 一定，若吸入管路阻力愈大，液体的蒸汽压愈高或外界大气压强愈低，则泵的最大安装高度愈低。为减少管路的阻力，泵的入口处应尽量选用直径稍大的吸入管，缩短管子的长度和减少不必要的管件。由此可以理解，为什么管路调节是使用泵出口管路上的阀门而不是使用泵入口管路上的阀门。

实例分析

实例 2－2：某台离心水泵，从样本上查得汽蚀余量 $\Delta h_{允}$ 为 2.5m（水柱）。现用此泵输送敞口水槽中 40℃ 清水，若泵吸入口距水面以上 5m 高度处，吸入管路的压头损失为 1m（水柱），当地环境大气压力为 0.1MPa。试求：①该泵的安装高度是否合适？②若水槽改为封闭，槽内水面上压力为 30kPa，将水槽提高到距泵入口以上 5m 高处，是否可以用？

分析：①查附录七 40℃ 水的饱和蒸汽压 $p_{饱}=7.377$kPa，密度 $\rho=992.2\text{kg/m}^3$

已知 $p_0=100$kPa，$H_{f,0-1}=1$m（水柱），$\Delta h_{允}=2.5$m（水柱）

代入式(2－9)中，可得泵的最大安装高度为

$$H_{gmax}=\frac{P_0}{\rho g}-\frac{P_{饱}}{\rho g}-\Delta h_{允}-H_{f,0-1}=\frac{(100-7.377)\times10^3}{992.2\times9.81}-2.5-1=6.01\text{m}$$

实际安装高度 $H_g=5$m，小于 6.01m，故合适。

②$$H_{gmax}=\frac{P_0}{\rho g}-\frac{p_{饱}}{\rho g}-\Delta h_{允}-H_{f,0-1}=\frac{(30-7.377)\times10^3}{992.2\times9.81}-2.5-1=-1.18\text{m}$$

以槽内水面为基准，泵的实际安装高度 $H_g=-5$m，小于 －1.18m，故合适。

（六）离心泵的安装、运转及维护

1. 离心泵的安装 每台泵在出厂时均附有安装与使用说明书，应当仔细阅读，以免失误而造成损失。为避免泵运转时发生汽蚀现象，泵的实际安装高度应低于式(2－9)

计算得到的允许最大安装高度值；同时应当尽量缩短吸入管路的长度和减少其中的管件，泵吸入管的直径通常均大于或等于泵入口直径，以减小吸入管路的阻力。往高位或高压区输送液体的泵，在泵出口应设置止逆阀，以防止突然停泵时大量液体从高压区倒冲回泵造成水锤而破坏泵体。

课堂互动

1. 当输送物料的温度升高时，对安装高度会有什么样的要求？

2. 若水槽改为封闭，槽内水面上压力大于0.1MPa，对安装高度会有什么样的影响？

2. 离心泵的运转　离心泵启动前要灌泵，为避免发生气缚现象，启动时应关闭出口阀，为避免电机超载和加大电负荷，待电机运转正常后，再逐渐打开出口阀调节所需流量；离心泵停止前应先关闭出口阀再停电机，以免管路内液体倒流，使叶轮受到冲击而被损坏；离心泵在运转时还应注意有无不正常的噪音，随时观察真空表和压强表指示是否正常，并应定期检查轴承、轴封等发热情况，保持轴承润滑；也要注意轴封处的泄漏情况，既要防止外泄，又要防止因从此处吸入气体而降低泵的抽送能力；若长期停泵不用，应放尽泵和管道内的液体，拆泵擦净后涂油防锈。

3. 离心泵的维护

(1)检查离心泵轴承温度，最高不能超过75℃。

(2)检查电动机的温升，最高不能超过规定的温升。

(3)检查填料密封是否滴漏，调紧填料压盖的松紧程度，使液体呈滴状从填料函中滴漏出来。对于机械密封，应检查密封部位温升是否正常，若有轻微泄漏现象，待运转一段时间后，密封端面经研磨将贴合得更加紧密，泄漏现象将逐步减少。如果转1～3小时后，泄漏量仍不减少，则停车检查。

(4)定期更换润滑油。

(5)离心泵运转2000小时后，应进行定期修理，更换磨损件。

(6)泵在运转过程中，若出现振动大、声音不正常、输水量减少、轴功率过大等故障时，应找出原因，及时排除。

(七)离心泵的类型与选用

1. 离心泵的类型　由于药品生产过程中被输送液体的性质相差悬殊，对流量和扬程的要求千变万化，因而设计和制造出种类繁多的离心泵。按叶轮数目分为单级泵和多级泵；按叶轮吸液方式可分为单吸泵和双吸泵；按泵送液体性质和使用条件分为清水泵、油泵、耐腐蚀泵、杂质泵等。20世纪80年代后问世的磁力泵在科研和工业生产中得到广泛的应用。各种类型离心泵按其结构特点自成一个系列，同一系列中又有各种规格。泵样本中列有各类离心泵的性能和规格，需要时可查阅。

2. 离心泵的选用　离心泵的选择，原则上按下列步骤进行：

(1)确定输送系统的流量和压头：一般液体的输送量由生产任务决定。如果流量在一定范围内变化，应确定最大流量，并根据情况计算最大流量下管路所需的压头。

(2)选择离心泵的类型与型号：根据被输送液体的性质和操作条件，确定泵的类型，如清水泵、油泵等；再根据管路系统对泵提出的流量 V_s 和扬程 H 的要求，从泵的样本产品目录或系列特性曲线中选出合适的型号。在确定泵的型号时，要考虑操作条件的变化而留出一定的余量，即所选泵所能提供的流量 V_s 和扬程 H 比管路要求的流量 V_s 和压头 H_e 值可稍大一点，并使泵在高效范围内工作。当遇到几种型号的泵同时在最佳工作范围内满足流量和压头的要求时，应该选择效率最高者，并参考泵的价格作综合权衡。选出泵的型号后，应列出泵的有关性能参数和转速。

(3)核算泵的轴功率：若输送液体的密度大于水的密度，则要核算泵的轴功率，以选择合适的电机。

知识链接

离心泵常见故障及排除方法

故障现象	产生故障的原因	排除方法
启动后不出水	(1)启动前泵内灌水不足 (2)吸入管或仪表漏气 (3)吸入管浸入深度不够 (4)底阀漏水	(1)停车重新灌水 (2)检查不严密处，消除漏气现象 (3)降低吸入管，使管口浸没深度大于0.5～1m (4)修理或更换底阀
运转过程中输水量减少	(1)转速降低 (2)叶轮阻塞 (3)密封环磨损 (4)吸入空气 (5)排出管路阻力增加	(1)检查电压是否太低 (2)检查并清洗叶轮 (3)更换密封环 (4)检查吸人管路，压紧或更换填料 (5)检查所有阀门及管路中可能阻塞之处
轴功率过大	(1)泵轴弯曲，轴承磨损或损坏 (2)平衡盘与平衡环磨损过大，使叶轮盖板与中段磨损 (3)叶轮前盖板与密封环，泵体相磨 (4)填料压得过紧 (5)泵内吸进泥沙及其他杂物 (6)流量过大，超出使用范围	(1)矫直泵轴，更换轴承 (2)修理或更换平衡盘 (3)调整叶轮螺母及轴承压盖 (4)调整填料压盖 (5)拆卸清洗 (6)适当关闭出口阀
振动过大，声音不正常	(1)叶轮磨损或阻塞，造成叶轮不平衡 (2)泵轴弯曲，泵内旋转部件与静止部件有严重摩擦 (3)两联轴器不同心 (4)泵内发生汽蚀现象 (5)地脚螺栓松动	(1)清洗叶轮并进行平衡矫正 (2)矫正或更换泵轴，检查摩擦原因并消除 (3)矫正两联轴器的同心度 (4)降低吸液高度，消除产生汽蚀的原因 (5)拧紧地脚螺栓
轴承过热	(1)轴承损坏 (2)轴承安装不正确或间隙不适当 (3)轴承润滑不良(油质不好，油量不足) (4)泵轴弯曲或联轴器没矫正	(1)更换轴承 (2)检查并进行修理 (3)更换润滑油 (4)矫直或更换泵轴，矫正联轴器

二、其他类型泵

(一)往复泵

往复泵是活塞泵、柱塞泵和隔膜泵的总称。是应用较广泛的容积式泵，属正位移泵，它是利用活塞的往复运动，将能量传递给液体以达到吸入和排出液体的目的。

1. 往复泵的结构及工作原理　往复泵的结构如图 2－15 所示，其主要由泵缸、活塞、单向吸入阀、单向排出阀等组成。活塞杆通过曲柄连杆机构将电机的回转运动转换成直线往复运动。工作时，活塞在外力推动下作往复运动，由此改变泵缸的容积和压强，交替地打开吸入和排出阀门，达到输送液体的目的。活塞在泵缸内移动至左右两端的顶点叫“死点”，两死点之间的活塞行程叫冲程。

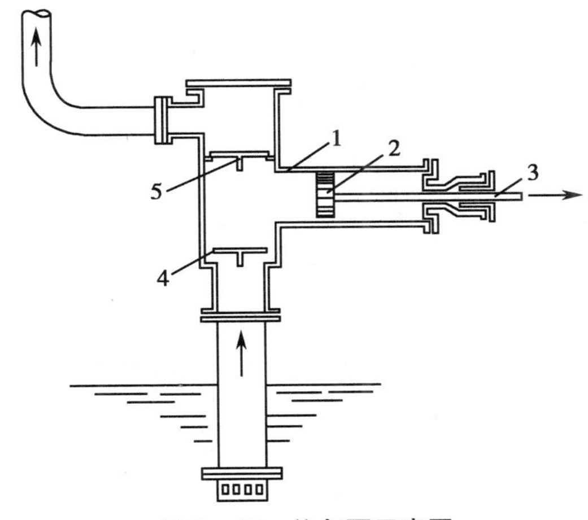

图 2－15　往复泵示意图

1－泵缸；2－活塞；3－活塞杆；4－吸入阀；5－排出阀

2. 往复泵的类型　往复泵按照作用方式的不同可分为：

(1)单动往复泵：如图 2－15 所示，活塞往复一次，吸液和排液各完成一次，其瞬时流量不均匀，形成了图 2－16(a)所示的单动泵流量曲线。

(2)双动往复泵：其主要构造和原理如图 2－17 所示，与单动泵相似，但活塞在气缸的两侧，活塞往复一次，吸液和排液各两次，形成了图 2－6(b)所示的双动泵流量曲线。

(3)三联泵：用三台单动泵连接在同一根曲轴的三个曲柄上，各台泵活塞运动的相位差为 2π/3，分别推动三个缸的活塞，如图 2－18 所示。曲轴每转一周，三个泵缸分别进行一次吸液和排液，联合起来就有三次排液，改善流量的均匀程度，形成了图 2－16(c)所示的三联泵流量曲线。

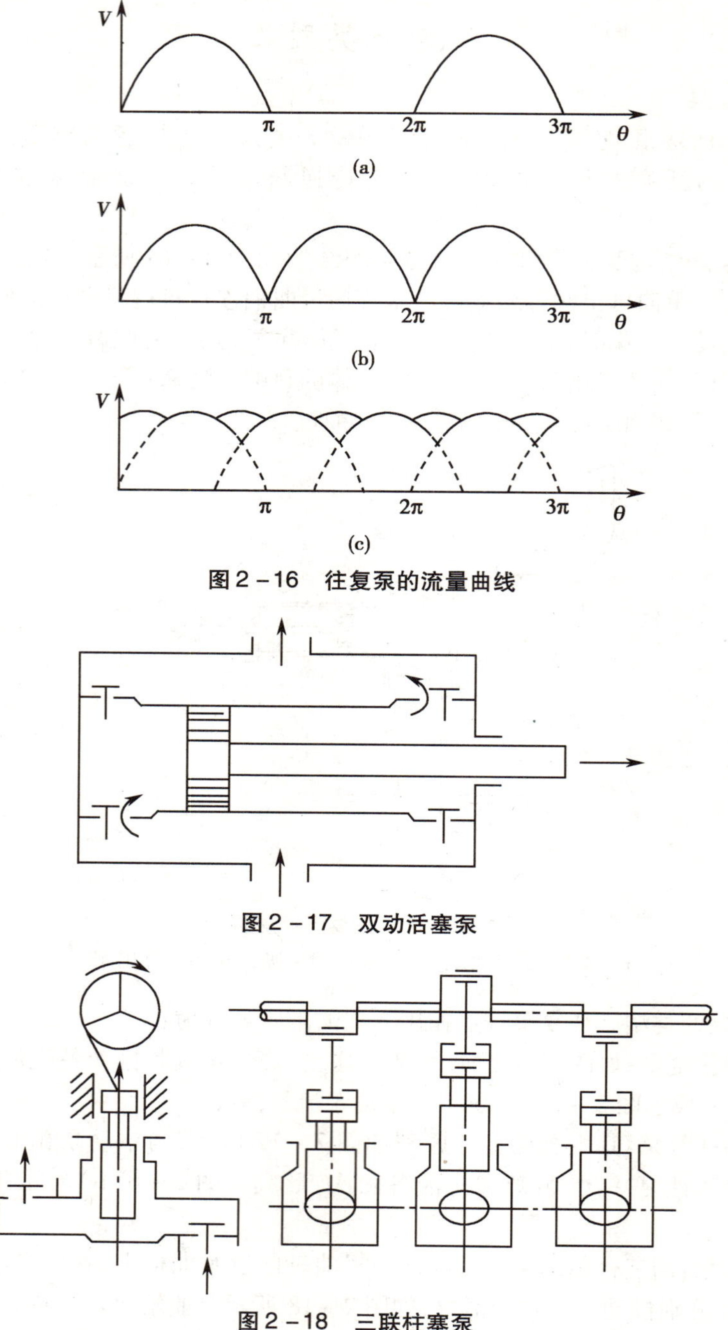

图 2－16 往复泵的流量曲线

图 2－17 双动活塞泵

图 2－18 三联柱塞泵

3. 往复泵的特性曲线 往复泵的扬程与泵的几何尺寸无关，只决定于管路的情况，这种特性称为正位移特性，具有这种特性的泵称为正位移泵。往复泵的理论流量是由活塞所扫过的体积所决定，而与管路特性无关。实际上往复泵的流量随压头升高而略微减小，如图 2－19 所示，这是由于容积损失增大造成的。由于往复泵的操作与往复速度均有限，故主要用于小流量、高扬程的场合，尤其适合于输送高黏度液体，但不适于腐蚀性液体和含颗粒混悬液的输送。

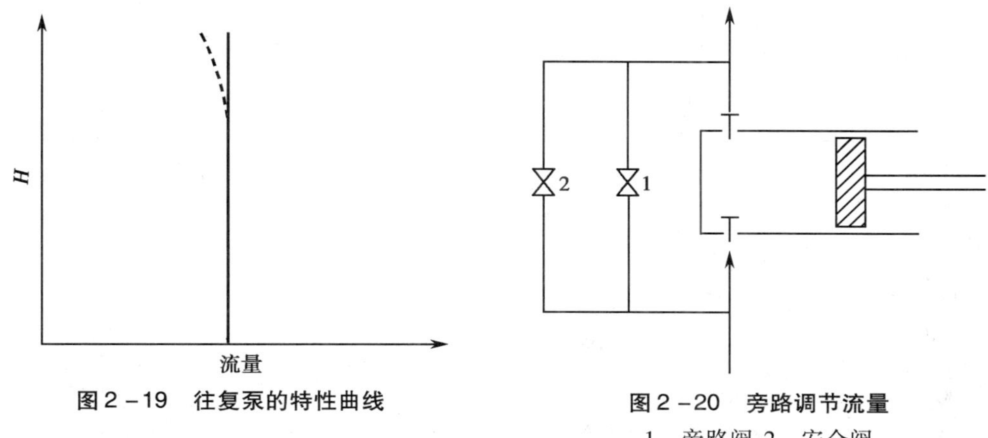

图2－19　往复泵的特性曲线

图2－20　旁路调节流量

1－旁路阀;2－安全阀

4. 往复泵的运转和调节　往复泵和离心泵一样,其吸上高度亦有一定的限制,应按照泵性能和实际的操作条件确定其实际安装高度。

往复泵有自吸能力,泵内存有空气,在启动后也能吸液,但最好灌泵,以缩短启动过程。由于往复泵属于正位移泵,其流量与管路特性无关,安装调节阀不但不能改变流量,而且还会造成危险,一旦出口阀门完全关闭,泵缸内的压强将急剧上升,导致机件破损或电机烧毁。

往复泵流量调节不能用出口阀门来调节流量,往复泵的流量调节一般可采取如下的调节手段:

(1)旁路调节:因往复泵的流量一定,通过旁路阀门调节旁路流量,使一部分压出流体返回吸入管路,便可以达到调节主管流量的目的,一般容积式泵都可采用这种流量调节方式,如图2－20所示。显然,这种调节方法造成了功率的损失,很不经济,但对于流量变化幅度较小的经常性调节非常方便,生产上常采用。

(2)改变曲柄转速和活塞行程:因电动机是通过减速装置与往复泵相连接的,所以改变减速装置的传动比,可以更方便地改变曲柄转速,达到流量调节的目的,而且能量利用合理,但不宜于经常性流量调节。

往复泵与离心泵相比,结构较复杂、体积大、成本高、流量不连续。当输送压力较高的液体或高黏度液体时效率较高,一般在72%～93%之间,但不能输送有固体粒子的混悬液。往复泵在小流量、高扬程方面的优势远远超过离心泵。

(二)旋转泵

旋转泵又称为转子泵,依靠泵壳内一个或多个转子的旋转吸入和排出液体,其扬程高、流量均匀且恒定。旋转泵的结构型式较多,最常用的有齿轮泵和螺杆泵。

1. 齿轮泵　如图2－21所示,主要部件由主动齿轮、从动齿轮、泵体和安全阀等组成,两齿轮轴装在泵体内,泵体、齿轮和泵盖构成的密封空间即为泵的工作腔。齿轮泵工作时,电机带动主动齿轮及与主动齿轮相啮合的从动齿轮,按图中所示的方向旋转。

吸入腔一侧的啮合齿分开,形成低压区,液体被吸入泵内,进入轮齿间分两路沿泵体内壁被送到排出腔；排出腔一侧的轮齿啮合时形成高压，随着齿轮不断地旋转，液体不断排出。为防止排出管路堵塞而发生事故，在泵体上装有安全阀（图中未画出）。当排出腔压力超过允许值时，安全阀自动打开，高压液体泄流，返回低压的吸入腔。

齿轮泵制造简单、运行可靠、有自吸能力，虽流量较小但扬程较高，流量比往复泵均匀。常用于输送黏稠液体和膏状物料，但不能用于输送含颗粒的悬浮液。

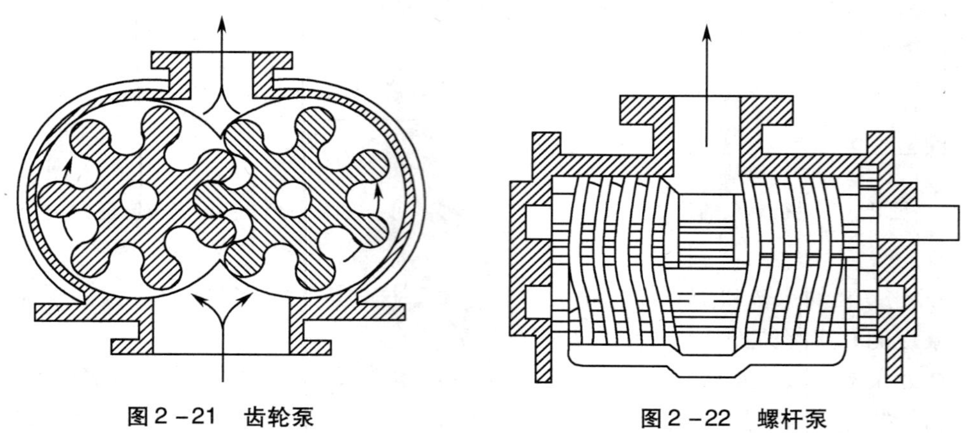

图2-21 齿轮泵　　图2-22 螺杆泵

2. 螺杆泵　如图2-22所示，主要由泵壳、一根或两根以上螺杆组成。图2-22所示的双螺杆泵与齿轮泵相似，是通过两根螺杆的相互啮合来达到输送液体的目的。当需要较高压头时可采用较长的螺杆或多螺杆泵。

螺杆泵有良好的自吸能力，启动时不用灌泵，运行平稳、效率高、压头高，适用于高黏度液体的输送。缺点是加工困难。

（三）旋涡泵

旋涡泵是一种特殊类型的离心泵。泵壳呈圆形，吸入口在泵壳顶部，与排出口相对。如图2-23所示。

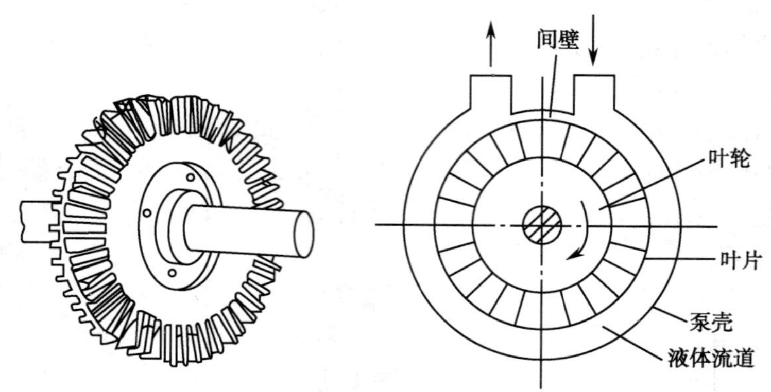

图2-23 旋涡泵

旋涡泵的工作原理和离心泵相似，是基于离心力的作用。当叶轮转动时，由于离心惯性力的作用，将叶片凹槽中的液体以一定速度抛向流道。在截面较宽的流道内，液体流速减慢，一部分动能转变为静压能。与此同时，叶片凹槽内侧因液体被甩出而形成低压，流道内压力较高的液体又可重新进入叶片凹槽，再度受离心惯性力的作用，继续增大压力。这样，液体由吸入口吸入，多次通过叶片凹槽和流道间反复旋涡形运动，达到出口时，获得了较高的压头。旋涡泵叶轮的每一个叶片相当于一台微型单级离心泵，整个泵就像由许多叶轮所组成的多级离心泵。

液体在叶片与流道之间的反复迂回运动是靠离心力的作用，它的压头与流量之间的关系也和离心泵相仿，但流量减小时压头升高很快，功率也增大，流量为零时，轴功率最大，这是与普通离心泵不同的。因此在启动时，应先打开出口阀，以免因功率过大产生瞬时高负荷而致电机烧毁；启动前仍需灌泵，避免发生气缚现象。此泵流量调节应采用旁路调节法，由于泵内液体的旋涡流作用，液体摩擦阻力增大，所以旋涡泵的效率较低，一般为 30% ~40% 。这是和一般离心泵不同的。

旋涡泵属于压头大、流量小的泵，虽然效率较低，但由于体积小，结构简单（与多级离心泵相比），适用于高扬程、小流量和低黏度的液体输送。但不能输送含固体颗粒的液体。在药品生产中的应用也较为广泛。

（四）流体作用泵

流体作用泵是利用一种流体的作用，使流动系统中局部的压强增高或降低，而达到输送另一种流体的目的。如酸蛋、真空输送、喷射泵等，都是流体作用泵。此类泵的特点是泵内无活动部件，而且构造简单，制造方便，可衬以耐酸或抗腐蚀材料，抽气量大，工作压力范围广。这种泵适合处理含有机械杂质、水蒸气、强腐蚀性及易燃易爆气体。在制药生产中占有特殊地位。

第二节　气体输送设备

气体输送机械主要用于克服气体在管路中的流动阻力和管路两端的压强差以输送气体、或产生一定的高压或真空以满足各种工艺过程的需要，因此，气体输送机械应用广泛，类型也较多。就工作原理而言，它与液体输送机械大体相同，都是通过类似的方式向流体作功，使流体获得机械能量。但气体与液体的物性有很大的不同，因而气体输送设备有其自己的特点。

气体输送机械一般按照出口气体的压力（终压）或出口与进口气体绝对压力的比值（压缩比）来分类，见表 2 -2。

表 2 -2　气体输送机械按终压和压缩比分类

名　称	终压（表压）	压缩比
通风机	≤15kPa	1 ~1. 15
鼓风机	15kPa ~300kPa	<4
压缩机	>300kPa	>4
真空泵	当地的大气压	由真空度决定

由于气体输送机械的构造和操作原理与液体的输送机械类似，故气体输送机械亦可分为离心式、往复式、旋转式和流体作用式。本章着重讨论各类气体输送机械的操作原理和应用。

一、离心式通风机、鼓风机与压缩机

离心式通风机、鼓风机与压缩机的工作原理和离心泵相似，依靠叶轮的旋转运动产生离心力，以提高气体的压力。通风机通常是单级的，所产生的表压低于15kPa，对气体起输送作用。鼓风机有单级亦有多级，而压缩机是多级的，前者产生的表压低于300kPa、后者高于300kPa，两者对气体都起压缩作用。

（一）离心式通风机的结构和工作原理

按离心式通风机所产生的出口气体压力不同，可分为：低压离心通风机，出口气体压力低于1kPa（表压）；中压离心通风机，出口气体压力为1kPa～3kPa（表压）；高压离心通风机，出口气体压力为3kPa～15kPa（表压）。

离心式通风机的基本结构和工作原理与单级离心泵相似。机壳是蜗牛壳形，但机壳断面有方形和圆形两种，一般低、中压通风机多为方形，如图2－24所示，高压的多为圆形。叶轮与离心泵的叶轮相比较，直径较大，叶片数目也比较多。中、高压通风机的叶片则是后弯的，所以高压通风机的外形及结构与单级离心泵更相似。

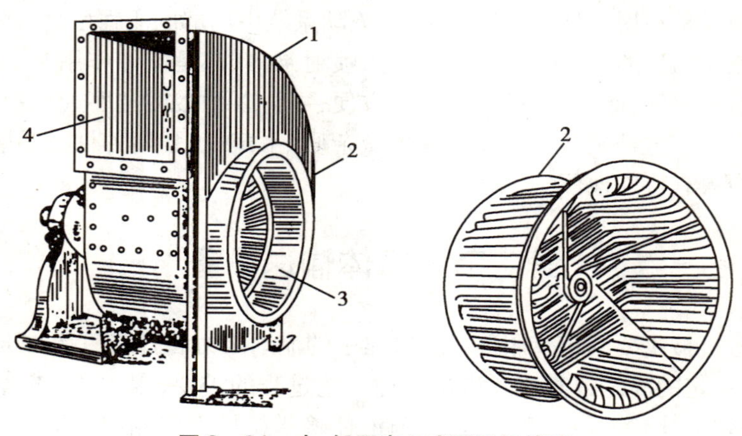

图2－24 中、低压离心式通风机简图

1－机壳；2－叶轮；3－吸入口；4－排出口

（二）离心式鼓风机

离心式鼓风机又称透平鼓风机，其结构类似于多级离心泵。离心式鼓风机一般由3～5个叶轮串联而成，如图2－25所示为一台三级离心鼓风机，气体从吸入管吸入，经过第一级叶轮和第一级扩压器，然后转入第二级叶轮入口，再依次通过以后的所有叶轮和扩压器，最后经过蜗形机壳由出风管排出，其出口压力可达300kPa。

离心式鼓风机特点为：压缩比不高，各级叶轮尺寸基本相等，工作过程产热不多，不需冷却装置；连续送风无振动和气体脉动，不需空气贮槽；风量大且易调节，易自动运转，可处理含尘的空气，机内不需润滑剂，故空气中不含油；效率比其他气体输送设备高。

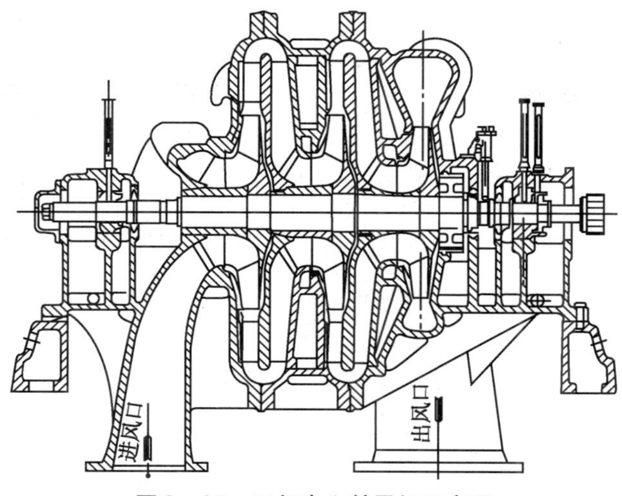

图 2－25　三级离心鼓风机示意图

（三）离心式压缩机

离心式压缩机又称透平压缩机。离心压缩机都是多级的，其结构和工作原理与多级离心鼓风机相仿，只是离心压缩机的级数要比离心鼓风机的多，通常在 10 级以下，有的可多至 20 级以上，转速较高，能产生较高压力。由于气体在机内压缩比大，体积变化也比较大，温度升高也比较显著。因此，离心式压缩机常分为几段，每段包括几级。叶轮直径逐段缩小，叶轮宽度则逐级略有缩小，段与段之间设置中间冷却器，冷却压缩过程中的高温气体，以减少功率的损耗。

离心式压缩机流量大、供气均匀、体积小、重量轻、机体内易损部件少、运行率高、机体内无润滑油污染气体，运转平稳维修方便，但在流量偏离设计点时效率较低，制造加工难度大。近年来离心式压缩机应用日趋广泛，并已跨入高压领域，其出口压力可达 3.4×10^4kPa。目前，离心式压缩机总的发展趋势是向高速度、高压力、大流量、大功率的方向发展。

二、往复式压缩机与真空泵

（一）往复式压缩机

1. 往复式压缩机的主要构造和工作原理

（1）往复式压缩机的主要构造：往复式压缩机主要结构与往复泵相似，如图 2－26 所示。但由于压缩机的工作流体为气体，其密度比液体小得多，因此在结构上要求吸气和排气阀门更为轻便而易于开启。通过活塞的往复运动，使气缸的工作容积发生变化而吸气、压缩气体或排出气体。

（2）往复式压缩机的工作原理：往复式压缩机的工作原理与往复泵相似，图 2－27 为单级往复式压缩机示意图，活塞每往复一次，气缸内具有膨胀、吸气、压缩和排气四个过程，组成活塞的一个工作循环。如图 2－27 所示，四边形 ABCD 所包围的面积为活塞在一个工作循环中对气体所做的功。

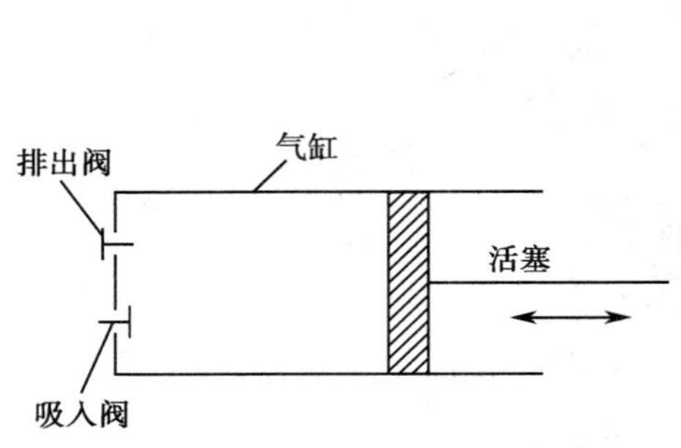

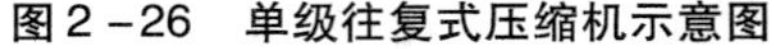
图2－26 单级往复式压缩机示意图

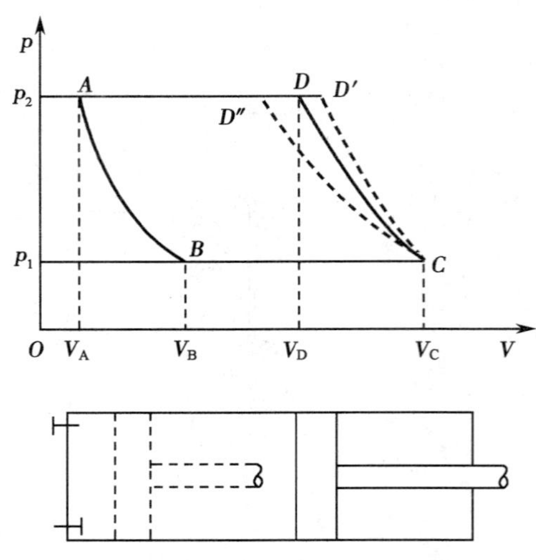

图2－27 单级往复压缩机的工作过程

根据气体和外界的换热情况，压缩过程可分为等温（CD″）、绝热（CD′）和多变（CD）三种情况。由图可见，等温压缩消耗的功最小，因此压缩过程中希望气体能较好冷却，使其接近等温压缩。实际上，等温和绝热条件都很难做到，所以压缩过程都是介于两者之间的多变过程。

由于气体具有可压缩性和气体受压缩后温度升高，往复式压缩机的结构和装置与往复泵相比有显著不同。首先往复式压缩机必须有除热装置，以降低气体的终温；其次必须控制活塞与气缸端盖之间的间隙即余隙容积。往复泵的余隙容积对操作无影响，而往复式压缩机的余隙容积必须严格控制，不能太大，否则吸气量减少，甚至不能吸气。因此，往复式压缩机的余隙容积要尽可能地减小。

当要求压力较高时，需采用多级压缩，每级压缩比不大于8，且因压缩过程伴有温度升高，气缸应设法冷却，级间也应有中间冷却器。多级压缩的过程较为复杂。详细内容可参考有关书籍。

2. 往复式压缩机操作、运转的注意事项

（1）往复式压缩机和往复泵一样，吸气与压气是间歇的，流量不均匀。但压缩机很少采用多动型式，而通常是在出口处连接一个贮气罐（又称缓冲罐），这样不仅可以使排气管中气体的流速稳定，也能使气体中夹带的水沫和油沫得到沉降而与气体分离，罐底的油和水可定期地排放。

（2）往复式压缩机气体入口前一般要安装过滤器，以免吸入灰尘、铁屑等而造成对活塞、气缸的磨损。当过滤器不干净时，会使吸入的阻力增加，排出管路的温度升高。

（3）往复式压缩机在运行中，气缸中的气体温度较高，气缸和活塞又处在直接摩擦移动状态，因此，必须保证有很好的冷却和润滑。不允许关闭出口阀门，以免压力过高而造成事故。冷却水的终温一般不超过313K，应及时清除气缸水套和中间冷却器里的水垢。在冬季停车时，一定要把冷却水放尽，以防管道等因结冰而堵塞。

（4）往复式压缩机气缸内的余隙是必要的，但应尽可能小，否则余隙中高压气体的膨胀使吸气量减少，动力消耗增加。由于气缸中的余隙很小，而液体是不可压缩的，一定要防止液体进到气缸之内，否则，即使是很少的液体进入气缸，也可能造成很高的压强而使设备损坏。

（5）应经常检查压缩机的各部分的工作是否正常，如发现有不正常的噪音和碰击声时，应立即停车检查。

（6）往复式压缩机排气量的常用方式有转速调节和管路调节两类。其中管路调节可采取节流进气调节，即在压缩机进气管路上安装节流阀以得到连续的排气量；还可以采用旁路调节，即由旁路和阀门将排气管与进气管相连接的调节流量方式。

（二）真空泵

有些药品生产中过程是在低于大气压强情况下进行的，这就需要从设备或管路系统中抽出气体以造成真空，完成这类任务的装置统称为真空泵。

根据国家标准规定，真空被划为低真空、中真空、高真空、超高真空四个区域，各区域的真空范围如表2-3所示。

表2-3　真空区域的划分

名　称	真空范围	名　称	真空范围
低真空	$10^5 \sim 10^3$Pa	高真空	$10^{-1} \sim 10^{-6}$Pa
中真空	$10^3 \sim 10^{-1}$Pa	超高真空	$10^{-6} - 10^{-10}$Pa

低真空获得的压力差可以提升和运输物料、吸尘、过滤；中真空可以排除物料中吸留或溶解的气体或所含水分，如真空除气、真空浸渍、真空浓缩、真空干燥、真空脱水和冷冻干燥等；高真空可以用于热绝缘，如真空保温容器；超高真空可以用作空间模拟研究表面特性，如摩擦和黏附等。制药生产中，有许多操作过程是在真空设备中进行的，如中药提取液的真空过滤和真空蒸发，物料的真空干燥，物料的输送等。下面简单介绍几种常用的真空泵。

1. 水环真空泵　水环真空泵属于旋转式真空泵，如图2-28所示。

（1）水环真空泵的构造和工作原理：水环真空泵的外壳为圆形，壳内有一偏心安装的转子，转子上有叶片。泵内装有一定量的水，当转子旋转时形成水环，故称为水环真空泵。由于转子偏心安装而使叶片之间形成许多大小不等的小室。在转子的右半部，这些密封的小室体积扩大，气体便通过右边的进气口被吸入。当旋转到左半部，小室的体积逐渐缩小，气体便由左边的排气口被压出。这种泵的结构简单紧凑，没有阀门，经久耐用。适于抽吸含液体、固体的气体，属湿式真空泵，尤其适于抽吸腐蚀性爆炸性气体，真空度可达86kPa，但效率只有30%~50%。注意在运转时为了维持泵内液封以及冷却泵体，运转时需不断向泵内充水，所能产生的真空度受泵体内水的温度限制。当被抽吸的气体不宜与水接触时，可以换用其他液体，称为液环真空泵。

（2）水环真空泵操作、运转的注意事项：①启动前先给真空泵内充入工作液；②检查泵的润滑情况，压力表、温度表是否好用，各连接部件是否紧固，泵的工作液是否达到要求；③盘车，确保其盘车轻松自由；④启动泵时先打开入口阀及旁路阀、气液分离罐顶的放空阀；⑤真空泵在运转过程中要经常检查轴承、密封等运转情况及泵的紧固情况，要检查有无振动、噪音等异常情况，如发现有不正常的噪音和碰击声时，应立即停车检查；⑥停泵时先关闭泵的进口阀，然后再关闭补充液入口阀；⑦真空泵长期不用时要放掉工作液,防止冻坏设备和管路,同时要做好防腐保护,以免设备和管路发生锈蚀现象。

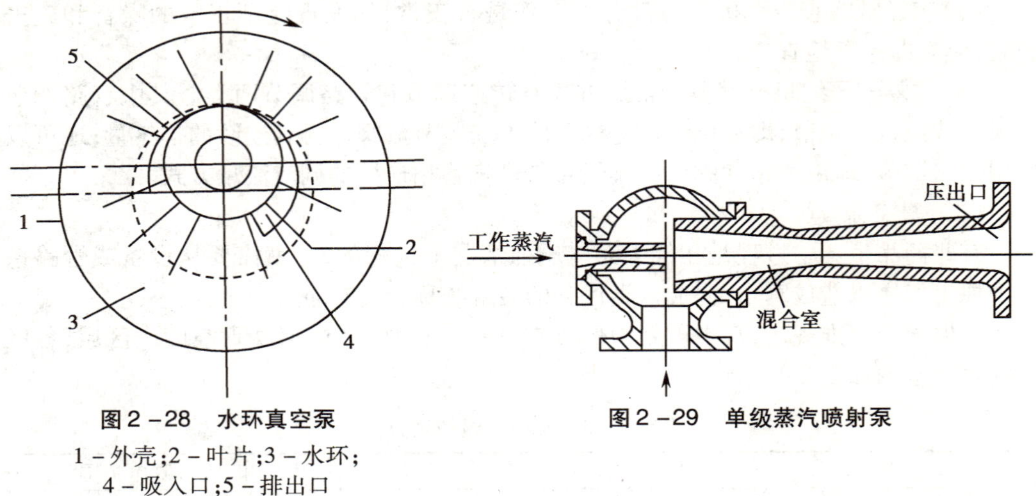

图2-28 水环真空泵

1-外壳;2-叶片;3-水环;
4-吸入口;5-排出口

图2-29 单级蒸汽喷射泵

2. 喷射泵 喷射泵是属于流体作用式的输送机械,它是利用流体流动时动能和静压能的相互转换来吸送流体。它既可用来吸送液体,又可用来吸送气体。在药品生产中,喷射泵用于抽真空时,称为喷射式真空泵。喷射泵的工作流体,一般为水蒸气或高压水。前者称为水蒸气喷射泵,后者称为水喷射泵,如图2-29所示,是单级蒸汽喷射泵。水蒸气在高压下以很高的速度从喷嘴喷出,在喷射过程中,水蒸气的静压能转变为动能而产生低压将气体吸入。吸入的气体与水蒸气混合后进入扩散管,速度逐渐降低,压力随之升高,然后从压出口排出。单级水蒸气喷射泵仅能达到90%的真空,为了达到更高的真空度,需采用多级水蒸气喷射泵。也可用高压空气及其他流体作为工作流体使用。

喷射泵的主要优点是结构简单,制造方便,可用各种耐腐蚀材料制造,抽气量大,工作压力范围广,无活动部件,适用周期长。这种泵很适合处理含有机械杂质气体、水蒸气、强腐蚀性及易燃易爆气体。主要缺点是效率低,一般只有10%~25%,工作液体消耗量较大。喷射泵除用于真空脱气、真空蒸发、真空干燥外,还常作为小型锅炉的注水器,这样既能利用锅炉本身的水蒸气来注水,又能回收水蒸气的热能。

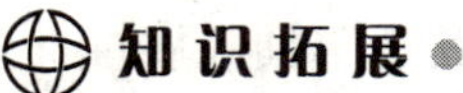

知识拓展

常用物料输送设备

1. 无轴螺旋输送机

主要特点和用途:该设备应用广泛,包括在污水处理、化工、造纸、建筑、能源、食品、渔业等领域有特殊环保、卫生要求的物料输送。物料:颗粒状和粉状物料;湿的和糊状物料;半液体和黏性物料;易缠绕和易堵塞物料;有特殊卫生要求的物料和袋装垃圾等。根据使用环境采用不同材质,分普通碳钢和不锈钢两种。不锈钢螺旋输送机可应用于输送高温、具有腐蚀性、卫生要求高等物料。

2. 螺旋输送机

主要特点和用途：适用于输送各种小块状、颗粒状、粉状等散体物料，温度小于200℃，倾角小于20℃。结构简单、横截面积小、密封性强、耐磨性好；可实现多点进料、卸料、操作简单。

3. 刮板输送机

主要特点和用途：适用于水平或倾斜输送各种小块状、小颗粒状、粉状等散体物料。物料温度分为两种，普通机型（≤120℃）、热料机型（100～450℃）。设备结构简单、体积小、密封性能好；可实现多点加料、多点卸料。对输送飞扬性、有毒、高温、易燃易爆物料，可改善工作条件、减少环境污染。

学习小结

一、学习内容

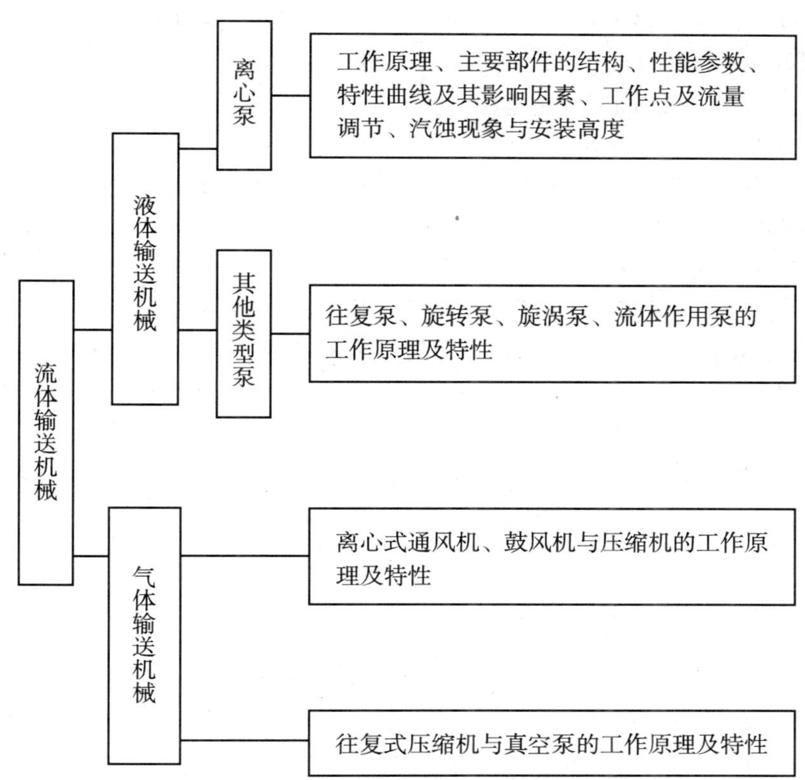

二、学习方法

本章主要讲授流体输送机械的工作原理、结构特点、主要特性及其操作与维护注意事项，故在掌握基本原理的基础上要借助教学模型、设备实物及实训操作等教学手段，掌握典型设备的结构特点、性能及操作与维护的相关知识，通过课堂学习与实训操作训练，将理论与生产实际相结合，以达到学习要求。

目 标 检 测

一、选择题

（一）单项选择题

1. 离心泵（　　）灌泵，是为了防止气缚现象发生。

A. 停泵前　　B. 停泵后　　C. 启动前　　D. 启动后

2. 离心泵装置中吸入管路的（　　）的作用是防止启动前灌入的液体从泵内流出。

A. 调节阀　　B. 底阀　　C. 出口阀　　D. 截止阀

3. 离心泵的实际安装高度（　　）允许安装高度，就可防止汽蚀现象发生。

A. 大于　　B. 小于　　C. 等于　　D. 近似于

4. 有人认为泵的扬程就是泵的升扬高度，有人认为泵的轴功率就是原动机的功率，我认为（　　）。

A. 这两种说法都不对　　B. 这两种说法都对

C. 前一种说法对　　D. 后一种说法对

5. 离心泵最常用的调节方法是（　　）。

A. 改变吸入管路中阀门开度　　B. 改变排出管路中阀门开度

C. 安置回流支路，改变循环量的大小　　D. 车削离心泵的叶轮

6. 离心泵的调节阀（　　）。

A. 只能安装在进口管路上　　B. 只能安装在出口管路上

C. 安装在进口管路或出口管路上均可　　D. 只能安装在旁路上

7. 在测定离心泵的特性曲线时，下面的安装是错误的（　　）。

A. 泵进口处安装真空表　　B. 进口管路上安装节流式流量计

C. 泵出口处安装压力表　　D. 出口管路上安装调节阀

8. 离心泵调节阀的开度改变时，（　　）。

A. 不会改变管路特性曲线　　B. 不会改变工作点

C. 不会改变泵的特性曲线　　D. 不会改变管路所需的压头

9. 离心泵停车时要（　　）。

A. 先关出口阀后断电　　B. 先断电后关出口阀

C. 先关出口阀或先断电均可　　D. 单级泵先断电，多级泵先关出口阀

10. 离心泵的工作点（　　）。

A. 由泵铭牌上的流量和扬程所决定

B. 即泵的最大效率所对应的点

C. 由泵的特性曲线所决定

D. 是泵的特性曲线与管路特性曲线的交点

11. 往复泵在操作中，（　　）。

A. 不开旁路阀时，流量与出口阀的开度无关

B. 允许的安装高度与流量有关

C. 流量与转速无关

D. 开启旁路阀后，输入设备中的液体流量与出口阀的开度无关

(二)多项选择题

1. 离心泵装置中吸入管路的(　　)的作用是防止启动前灌入的液体从泵内流出，排出管路安装(　　)的作用是改变流量，离心泵装置中(　　)的滤网可以阻拦液体中的固体颗粒被吸入而堵塞管道和泵壳。

A. 调节阀　　B. 底阀　　C. 截止阀　　D. 吸入管路　　E. 排出管路

2. 离心泵(　　)应做的工作有灌泵和(　　)。灌泵是为了防止(　　)发生。

A. 打开出口阀门　　B. 关闭出口阀门　　C. 启动前

D. 启动后　　E. 气缚

3. 离心泵的实际安装高度必须(　　)允许安装高度，否则在操作中会发生(　　)现象。

A. 小于　　B. 等于　　C. 大于　　D. 气缚　　E. 汽蚀

二、简答题

1. 简述离心泵的工作原理、主要构造及各部件的作用。
2. 何谓离心泵的气缚、汽蚀现象？产生此现象的主要原因是什么？如何防止？
3. 如何确定离心泵的工作点？试比较其流量调节的方法各有何优缺点。
4. 启动离心泵前及停泵前应做哪些工作？为什么？
5. 启动往复泵时能否关闭出口阀门？为什么？
6. 往复泵的流量调节能否采用出口阀门调节？为什么？
7. 齿轮泵、螺杆泵和旋涡泵的应用场合。
8. 简述离心通风机的构造和工作原理。
9. 简述离心通风机有哪些性能参数？包括哪几条特性曲线？
10. 离心通风机调节流量的方法有几种？各有什么局限性？

三、实例分析

1. 用水测定离心泵性能的实验中，当流量为 $26m^3/h$ 时，泵出口压强表读数为152kPa，泵入口处真空表读数为24.7kPa，轴功率为2.45kW，转速为2900r/min。真空表与压强表两侧压口间的垂直距离为0.4m，泵的进、出口管管径相等，两侧压口间管路的流动阻力可以忽略不计。实验用水的密度近似为 $1000kg/m^3$。试计算该泵的效率，并列出该效率下泵的性能。

2. 某台离心水泵，从样本上查得汽蚀余量 $\Delta h_{允}$ 为2.5m(水柱)。现用此泵输送敞口水槽中的40℃清水，若泵吸入口距水面以上5m高度处，吸入管路的压头损失为1m(水柱)，当地环境大气压力为0.1MPa。试求：(1)该泵的安装高度是否合适？(2)若水槽改为封闭，槽内水面上压力为30kPa，将水槽提高到距泵入口以上5m高处，是否可以用？

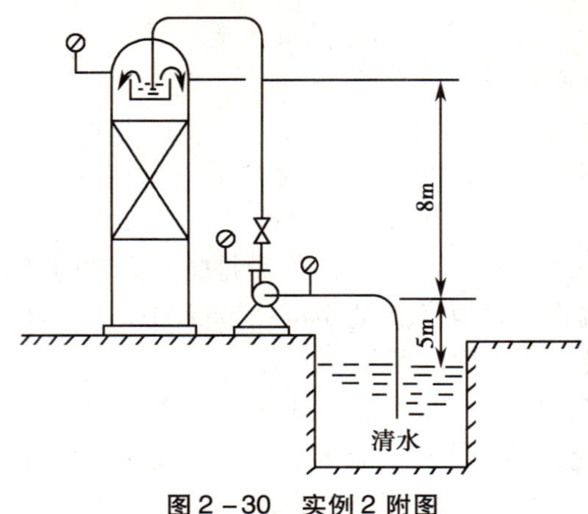

图 2-30 实例 2 附图

3. 用油泵将密闭容器内 30℃ 的丁烷抽出。容器内丁烷液面上方的绝压为 343kPa。输送到最后，液面将降低到泵的入口以下 2.8m，液体丁烷在 30℃ 的密度为 580kg/m^3，饱和蒸汽压 $p_{饱}$ 为 304kPa，吸入管路的压头损失估计为 1.5m。油泵的汽蚀余量为 3m，问这个泵能否正常工作？

4. 用一台 IS80-50-250 型离心泵从一敞口水池向外输送 35℃ 的水，水池水位恒定，流量为 50m^3/h，进水管路总阻力为 1mH$_2$O。已知 35℃ 水的饱和蒸汽压 $p_{饱}$ 为 5.8×10^3Pa，密度为 993.7kg/m^3，当地大气压为 9.82×10^4Pa。(1)求此泵可装于距液面多高处？(2)如果水温变为 80℃ 时，进口管的总阻力增至 3mH$_2$O 时，又怎样安装此泵？IS80-50-250 型离心泵的性能参数(2900r/min)查附录十九。

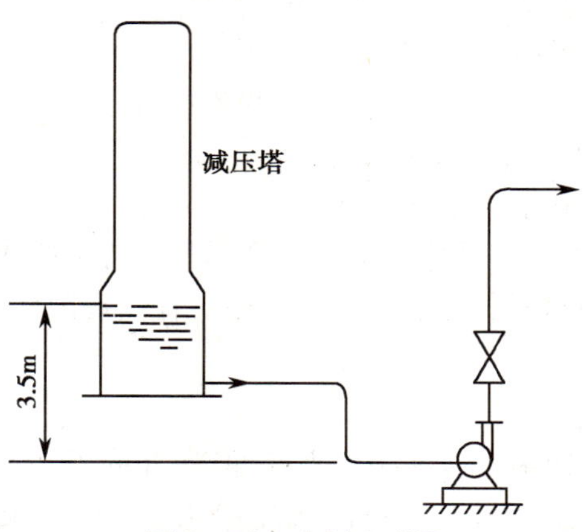

图 2-31 实例 4 附图

5. 常压贮槽内装有相对密度为 0.85 的某液体，其饱和蒸汽压为 600mmHg，现将该液体用泵以 20m^3/h 的流量送入某容器，输送管路为 $\phi57\times2.5$mm 的钢管，出口压强为 150kN/m^2(表压)，出口距液体贮槽的液面为 6m，吸入管路和压出管路的损失压头分别为 0.5m 和 5m，离心泵的汽蚀余量 $\Delta h_{允}=2.3$m。试求：(1)泵有效功率；(2)确定泵的安装高度。

(丁春燕)

第三章　非均相物系的分离

学习目标

学习目的

在化学药品生产中常常需要将一些混合物进行分离，包括均相物系和非均相物系的分离。本章学习的内容是非均相物系的分离，相与相之间物理性质的差异，在外界力的作用下进行的分离过程，属于混合物的机械分离方法。通过本章的学习，了解并掌握非均相物系的分离方法及常用设备的结构特点和工作原理。为化学制药工艺学等后续专业课程学习及制药单元操作实训、生产实习等实践性教学环节的训练打下基础，以适应化学药品生产中非均相物系分离岗位的操作要求。

知识要求

掌握重力沉降与离心沉降的基本公式；降尘室、连续沉降槽的结构；过滤操作的基本概念和所用设备的基本结构；

熟悉降尘室生产能力的计算；影响过滤操作的主要因素；离心分离器和旋风分离器的结构及工作原理；

了解其他分离设备的构造与操作特点。

能力要求

熟练应用所学的理论知识，解决实际生产操作问题。

自然界的大多数物质是混合物，例如空气、石油和岩石。化工生产过程中也经常遇到不同类型的混合物。混合物按相数可分为两类：均相混合物和非均相混合物。前者在物系内部不存在相界面，各处物料性质均匀一致，如溶液、气体混合物等；后者在物系内有相界面存在，且相界面两侧物料是截然不同的。

一般情况下，非均相混合物中有一相是连续相，另一相是分散相。如含雾气体，气相是连续相，而液相是呈液滴状分散在气相中。对悬浮在液体中的气泡群，液相是连续相而气相是分散相。非均相混合物中处于分散状态的物质，称为分散相或分散物质；以连续状态存在，包围在分散物质周围的物质，称为连续相或连续介质。

若按连续相和分散相的物质相态的不同，非均相物系分离主要有液－固分离、液－液分离、液－气分离、气－固分离、气－液分离等五种类型，如表3－1所示。

表 3-1 非均相物系分离过程的主要类型

类型	所分离的混合物			主要分离方法	备注
	连续相	分散相	状态		
液-固分离	液体	固体	悬浮液	过滤、沉降、离心分离	液体非均相混合物分离
液-液分离	液体 液体 不互溶		乳浊液	离心分离、沉降	
液-气分离	液体	气体	泡沫	除沫	
气-固分离	气体	固体	含尘气体,烟	过滤、沉降、湿法除尘、静电除尘	气体非均相混合物分离
气-液分离	气体	液体	雾	除雾	

本章限于讨论以流体为连续相的非均相混合物的分离。这类分离都是利用连续相和分散相之间物理性质的差异,在外界力的作用下进行的,因此属于混合物的机械分离。

非均相混合物的分离在工业生产中主要应用于以下几方面:

1. 回收有用的分散相 收集粉碎机、流化床干燥器、喷雾干燥器等设备出口气流中夹带的物料;收集蒸发设备出口气流中带出的药液雾滴;回收结晶器中晶浆中夹带的颗粒;回收催化反应器中气体夹带的催化剂以循环应用等。

2. 净化连续相 除去药液中无用的混悬颗粒以便得到澄清药液;将结晶产品与母液分开;除去空气中的尘粒以便得到洁净空气;除去催化反应原料气中的杂质以保证催化剂的活性等。

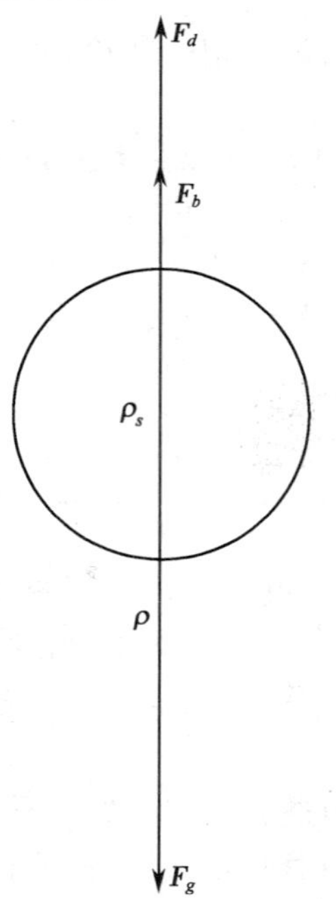

图 3-1 静止流体中颗粒受力示意图

3. 环境保护和安全生产 近年来,工业污染对环境的危害愈来愈明显,利用机械分离的方法处理工厂排出的废气、废液,使其浓度符合规定的排放标准以保护环境;去除容易构成危险隐患的漂浮粉尘以保证安全生产。

第一节 沉 降

沉降是在外力作用下使颗粒相对于流体(静止或运动)运动而实现分离的过程。根据外力的不同,沉降分为重力沉降和离心沉降。

一、重力沉降

重力沉降是粒子在重力作用下,沿重力方向沉积运动的过程。一般用于气-固相混合物及液-固混合物的分离。

(1)球形颗粒的自由沉降:颗粒不受其他颗粒的干扰及器壁的影响,在静止的流体中的沉降过程。

一个表面光滑的刚性球形颗粒置于静止流体中,当颗粒密度大于流体密度时,颗粒将下沉。若颗粒作自由沉降运动,在沉降过程中,颗粒受到三个力的作用:

即重力 F_g、浮力 F_b 和阻力 F_d 分别为

$$F_g = \frac{\pi}{6} d_s^3 \rho_s g \tag{3-1}$$

$$F_b = \frac{\pi}{6} d_s^3 \rho g \tag{3-2}$$

$$F_d = \zeta A \frac{\rho u^2}{2} \tag{3-3}$$

式中，A——沉降颗粒沿沉降方向的最大投影面积，对于球形粒子 $A = \frac{\pi}{4} d_s^2$；u——颗粒相对于流体的沉降速度，m/s；ζ——沉降阻力系数，无因次；ρ_s——球形粒子的密度，kg/m^3；ρ——流体的密度，kg/m^3。

重力与浮力的大小一定，而阻力随沉降速度而变。

讨论：1）沉降开始的瞬间，$u = 0$，$F_d = 0$

$\sum F = F_g - F_b = ma$ 即粒子做匀加速运动

2）速度逐渐增大，当重力、浮力、阻力三者达到平衡时

$$\sum F = F_g - F_b - F_d = 0$$

即粒子做匀速运动，此时颗粒做匀速运动的速度即为沉降速度 u_t，也是最大沉降速度。由：$F_g - F_b - F_d = 0$ 得：

$$u_t = \sqrt{\frac{4 d_s g (\rho_s - \rho)}{3 \rho \zeta}} \tag{3-4}$$

在实际生产中，小颗粒沉降最为常见，其中（$F_g - F_b$）较小，而阻力 F_d 增加较快，加速阶段短暂，常可忽略。在这种情况下，粒子的沉降过程可视为匀速沉降。

（2）阻力系数的确定：式（3-4）计算沉降速度 u_t 时，必须确定沉降阻力系数 ζ。ζ 是颗粒与流体相对运动时，以颗粒形状及尺寸为特征量的雷诺准数 $R_{et} = d_s u_t \rho / \mu$ 的函数，一般由实验测定。图 3-2 表达了球形粒子的 ζ 与 R_{et} 的函数关系。

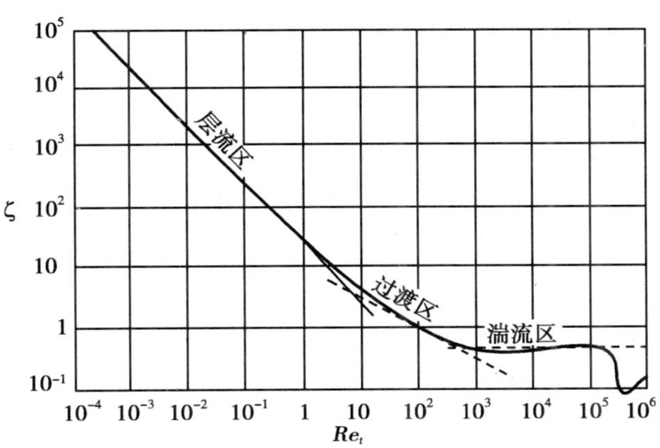

图 3-2　球形粒子自由沉降的 ζ 与 R_{et} 的关系

对于球形颗粒，图中曲线大致可分为三个区域，各区域中 ζ 与 R_{et} 的关系可分别表示为

层流区 $10^{-4} < R_{et} < 1$ $$\zeta = \frac{24}{R_{et}} \tag{3-5}$$

过渡区 $1 < R_{et} < 10^3$ $$\zeta = \frac{18.5}{R_{et}^{0.6}} \tag{3-6}$$

湍流区 $10^3 < R_{et} < 2 \times 10^5$ $$\zeta = 0.44 \tag{3-7}$$

(3)沉降速度的计算:若已知球形粒子沉降所处的区域,即可将该区域沉降阻力系数ζ的计算式代入式(3-4)中,解得沉降速度u_t。各沉降区域的沉降速度如下:

层流区 $$u_t = \frac{d^2(\rho_s - \rho)g}{18\mu} \tag{3-8}$$

此式称为斯托克斯公式。

过渡区 $$u_t = 0.27\sqrt{\frac{d_s(\rho_s - \rho)g}{\rho}R_{et}^{0.6}} \tag{3-9}$$

此式称为艾仑公式。

湍流区 $$u_t = 1.74\sqrt{\frac{d_s(\rho_s - \rho)g}{\rho}} \tag{3-10}$$

此式称为牛顿公式。

由此三式可看出,在整个区域内,d_s及$(\rho_s - \rho)$越大,则沉降速度u_t越大;在层流区,由于流体黏性引起的表面摩擦阻力占主要地位,因此层流区的沉降速度与流体黏度μ成反比。

实例分析

实例 3-1:试计算直径为 30μm 的球形石英颗粒(其密度为 2650kg/m³),在 20℃水中和 20℃常压空气中的自由沉降速度。

分析:已知 $d_s = 30\mu m$、$\rho_s = 2650kg/m^3$

(1)20℃水 $\mu = 1.01 \times 10^{-3} Pa \cdot s$ $\rho = 998kg/m^3$

设沉降在层流区,根据式(3-8)

$$u_t = \frac{d_s^2(\rho_s - \rho)g}{18\mu} = \frac{(30 \times 10^{-6})^2 \times (2650 - 998) \times 9.81}{18 \times 1.01 \times 10^{-3}} = 8.02 \times 10^{-4} m/s$$

校核流型:

$$Re_t = \frac{d_s u_t \rho}{\mu} = \frac{30 \times 10^{-6} \times 8.02 \times 10^{-4} \times 998}{1.01 \times 10^{-3}} = 2.38 \times 10^{-2}$$

在层流区,假设成立,$u_t = 8.02 \times 10^{-4} m/s$ 为所求。

(2)20℃常压空气 $\mu = 1.81 \times 10^{-5} Pa \cdot s$ $\rho = 1.21kg/m^3$

设沉降在层流区

$$u_t = \frac{d_s^2(\rho_s - \rho)g}{18\mu} = \frac{(30 \times 10^{-6})^2 \times (2650 - 1.21) \times 9.81}{18 \times 1.81 \times 10^{-5}} = 7.18 \times 10^{-2} m/s$$

校核流型:

$$Re_t = \frac{d_s u_t \rho}{\mu} = \frac{30 \times 10^{-6} \times 7.18 \times 10^{-2} \times 1.21}{1.81 \times 10^{-5}} = 0.144$$

在层流区,假设成立,$u_t = 7.18 \times 10^{-2} m/s$ 为所求。

二、离心沉降

细小颗粒在重力作用下的沉降非常缓慢，为提高生产能力可使用离心沉降，人为地使混合物高速旋转，在离心力的作用下颗粒沿着离心力的方向沉积运动实现分离的操作，称为离心沉降。

1. 离心沉降速度　由物理学已知，质量为 m 的物体在做圆周运动时，其离心力 F_c 和向心力 F_b 相等，即 $F_c = F_b = m_a = V\rho\omega^2 R$。离心沉降速度的推导方法和重力沉降速度相似。

在封闭的容器中随流体做等角速度旋转的固体颗粒，其受力为离心力 F_c、向心力 F_b 和阻力 F_d，其值分别为：

$$F_c = V_s\rho_s a = \frac{\pi}{6}d_s^3\rho_s g \tag{3-11}$$

$$F_b = V_s\rho a = \frac{\pi}{6}d_s^3\rho g \tag{3-12}$$

$$F_d = \zeta A\frac{\rho u_r^2}{2} = \frac{\pi}{4}d_s^2\zeta\frac{\rho u_r^2}{2} \tag{3-13}$$

其离心沉降速度 u_r 为

$$u_r = \sqrt{\frac{4d_s(\rho_s-\rho)}{3\rho\zeta}\left(\frac{u_T^2}{R}\right)} \tag{3-14}$$

离心沉降时，若颗粒处于层流区，则沉降阻力系数 ζ 也符合斯托克斯定律。将 $\zeta = 24/R_{et}$代入(3-14)得

$$u_r = \frac{d_s^2(\rho_s-\rho)u_T^2}{18\mu R} \tag{3-15}$$

式中，u_T——含尘气体的进口速度，m/s；R——颗粒的旋转半径，m。

2. 离心分离因数　在相同介质中的颗粒，其离心沉降速度与重力沉降速度之比仅取决于离心加速度和重力加速度之比，即惯性离心力和重力之比，称 $k_c = \alpha/g$ 为离心分离因数。离心分离因数是离心分离设备的重要指标。k_c 越高，其离心分离效率越高。离心分离因数的数值一般为几百到几万，同一颗粒在离心力场中的沉降速度远远大于其在重力场中的沉降速度，用离心沉降可将更小的粒子从流体中分离出来。

> **课堂互动**
>
> 当操作温度发生变化时，颗粒在气体和液体中的沉降速度将各有什么影响？

三、沉降设备

随分离对象和分离要求的不同，沉降分离设备的型式与构造也各异，但它们都必须满足一定的基本要求和性能指标。

（一）对沉降分离设备的要求

1. 基本要求　沉降分离操作是在一定的设备内进行的。要使颗粒同周围流体分开，一般都要求流体在离开设备前，颗粒已能沉降到设备底部或器壁；尽可能减少对沉

降过程的干扰；避免已沉降颗粒的再度扬起。

根据颗粒的沉降速度和设备内的沉降距离，可以计算出颗粒沉降到设备底部或器壁所需的时间，称为沉降时间，用 t_s 表示。

流体在设备内的停留时间 t_r 也是沉降设备的一个重要参数，它与操作方式、设备大小及处理量有关。连续操作的停留时间，可取为流体流过设备有效空间所需的平均时间；间歇操作的停留时间为一次操作时间（不包括装卸料）。

沉降分离要满足的基本条件为：流体在设备内的停留时间 t_r 必须大于等于颗粒沉降到设备底部或器壁所需的时间 t_s。

停留时间要足以达到预期的分离要求，即大于指定颗粒的沉降时间，但停留时间的选择也不可过大，否则将因沉降设备过于庞大而使设备投资增大。

2. 分离性能指标　混合物中的颗粒由于其大小及实际沉降距离的差异，所需沉降时间分布很宽。在有限的停留时间内，只能分离下来其中一部分，其与颗粒总量之比（用质量百分数表示）称为总效率。

相同粒径的颗粒虽有相同的自由沉降速度，但由于沉降距离不同、颗粒形状不同以及干扰沉降等因素，往往只能部分分离。在一定粒径颗粒的总量中，被分离部分所占的质量百分数称为该粒径颗粒的粒级分离效率。

粒径越大，沉降速度越快，所需沉降时间越短，当粒径达到某一临界值时，其粒级效率为100%，称为临界直径 d_{pc}。显然，临界直径愈小，总效率愈高，对应地，设备的分离性能愈好。

混合物的处理量越大，在同一设备内的停留时间越短，临界直径越大。若规定了临界直径，相当于规定了混合物最大可能的处理量，称为分离设备的最大生产能力。

分离效率、临界直径、最大生产能力是分离设备的重要分离性能指标。由于实际分离过程的复杂性，它们常需实验测定或利用经验数据进行估算。

（二）重力沉降设备

1. 重力沉降设备及其生产能力

（1）降尘室：是利用重力沉降的作用从含尘气体中除去固体颗粒的设备称为降尘室，其结构如图 3－3 所示。含尘气体进入降尘室后，流通截面积扩大，速率降低，使气体在降尘室内有一定的停留时间。保证尘粒从气体中分离出来的必要条件：气体通过降尘室的时间 t_r 必须大于等于颗粒沉降至底部所用时间 t_s。

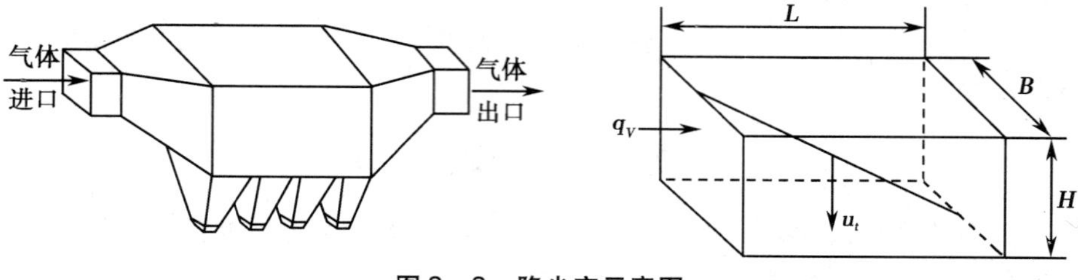

图 3－3　降尘室示意图

设：u 为气体在降尘室内的平均流速 m/s，L 为降尘室的长度，m；H 为降尘室的高度，m；B 为降尘室的宽度，m。

则：

$$t_r = \frac{L}{u} \qquad t_s = \frac{H}{u_t}$$

根据尘粒从气体中分离出来的必要条件，即：

$$\frac{L}{u} \geqslant \frac{H}{u_t} \tag{3-16}$$

设：V_s 为降尘室所处理的含尘气体的体积流量，即降尘室的生产能力。

则：

$$V_s = BHu \qquad u = \frac{V_s}{BH}$$

由式（3－16）可得

$$V_s \leqslant BLu_t \tag{3-17}$$

降尘室的最大生产能力：

$$V_{s\max} = BLu_t \tag{3-18}$$

式（3－18）表明，降尘室的生产能力只与降尘室的底面积 BL 及颗粒的沉降速度 u_t 有关，而与降尘室高度 H 无关，所以降尘室一般采用扁平的几何形状，或在室内加多层隔板形成多层降尘室，以提高其生产能力和除尘效率。

降尘室结构简单，气流阻力小，但设备庞大、分离效率低，适于分离在 75μm 以上的较大颗粒。

（2）沉降器：是利用微粒重力的差别使液体中的固体微粒沉降的设备。用此设备处理悬浮液通常是为了分离出清液而取得含液体量近 50% 的稠厚沉渣，因此，沉降器常称为增稠器或增浓器。①沉降槽是一种最简单的间歇式沉降器，通常是一个圆形、方形或矩形的敞口容器。悬浮液加入沉降器内后，在静止状态下沉降，其中的沉降情况与间歇沉降试验时的情况相同。需处理的悬浮液送入槽内，在静止状态下沉降。沉降终了时，排出清液，由底口排出稠厚的沉渣。随后重新将悬浮液加入沉降器内，进行沉降操作。②连续式沉降槽（或称增稠器）是一种应用最广泛的连续式沉降器，如图 3－4 所示。它是一个底部略具有圆锥形的大直径浅槽，槽内装设有转速为 0.1～1 转/分的耙集浆，浆上固定有短的钢耙 2。悬浮液连续地沿管 3 从上方中央进料口送到液面以下的 0.3～1.0m 处，分布到整个槽的横截面上，微粒下沉而清液上升。浓稠的沉渣降到器底，由一徐徐转动的耙缓慢地集拢到底部中央的卸渣口，经管 4 用泵 5 连续地排出。排出的沉淀呈稠浆状，称为底流。清液经上口边缘的溢流槽 6 连续地流出，称为溢流。

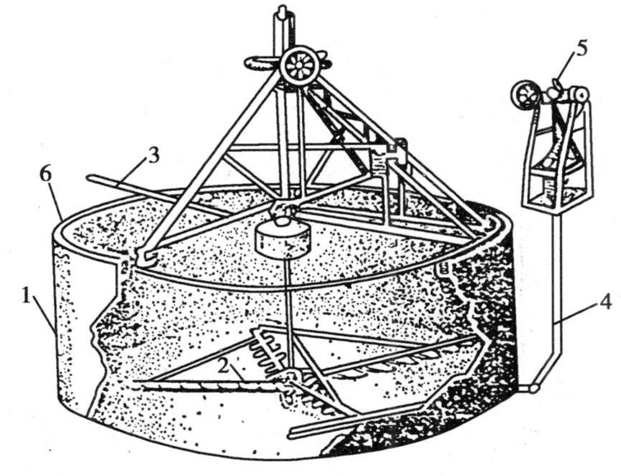

图 3－4　连续式沉降槽

1－槽；2－耙；3－悬浮液送液管；4－管；5－泵；6－溢流槽

沉降槽有澄清液体和增稠悬浮液的双重作用功能，与降尘室类似，沉降槽的生产能力与高度无关，只与底面积及颗粒的沉降速度有关，故沉降槽一般均制造成大截面、低高度。大的沉降槽直径可达 10～100m、深 2.5～4m。它一般用于大流量、低浓度悬浮液的处理。

2. 离心沉降设备 由于在离心场中颗粒可以获得比重力大得多的离心力，因此，对于两相密度相差较小或颗粒粒度较细的非均相物系，利用离心沉降分离要比重力沉降有效得多。

（1）旋风分离器：是利用惯性离心力分离气－固混合物的最常用设备。

图 3－5 是标准型旋风分离器的结构示意图。主体的上部为圆筒形，下部为圆锥形，中央有一升气管。含尘气体从侧面的矩形进气管切向进入器内，然后在圆筒内作自上而下的圆周运动。颗粒在随气流旋转过程中被抛向器壁，沿器壁落下，自锥底排出。由于操作时旋风分离器底部处于密封状态，所以，被净化的气体到达底部后折向上，沿中心轴旋转着从顶部的中央排气管排出。

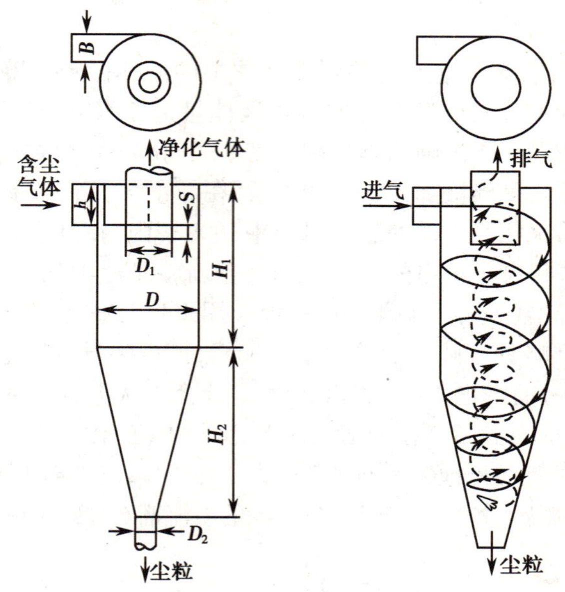

图 3－5 旋风分离器结构示意图

$h = D/2; B = D/4; D_1 = D/2; D_2 = D/4; H_1 = H_2 = 2D; S = D/8$

旋风分离器构造简单，分离效率较高，操作不受温度、压强的限制，分离因数约为 5～2500，一般可分离 5～75μm 的非纤维、非黏性干燥粉尘。对 5μm 以下的细微颗粒分离效率较低。旋风分离器结构简单紧凑，无运动部件，操作不受温度和压强的限制，价格低廉，性能稳定，可满足中等粉尘捕集要求，故广泛应用于多种工业部门。

（2）旋液分离器：旋液分离器又称水力旋流器，是利用离心沉降原理分离液－固混合物的设备。其结构和操作原理与旋风分离器类似。设备主体也是由圆筒体和圆锥体两部分组成，如图 3－6 所示。悬浮液由直径为 D_i 的进口管切向进入，并向下作螺旋运动，固体颗粒在惯性离心力作用下，被甩向器壁后随旋流降至锥底。由底部排出的稠浆称为底流；清液和含有微细颗粒的液体则形成内旋流螺旋上升，从顶部中心管排出，称为溢流。顶部排出清液的操作称为增浓，顶部排出含细小颗粒液体的操作称为分级。内层旋流中心有一个处于负压的气柱，气柱中的气体是由料浆中释放出来的，或者是由溢流管口暴露于大气中时将空气吸入器内的，但气柱有利于提高分离效果。

旋液分离器的结构特点是直径小而圆锥部分长。因为液固密度差比气固密度差小，在一定的切线进口速率下，较小的旋转半径可使颗粒受到较大的离心力而提高沉降速率；同时锥形部分加长可增大液流的行程，从而延长了悬浮液在器内的停留时间，有利于液固分离。

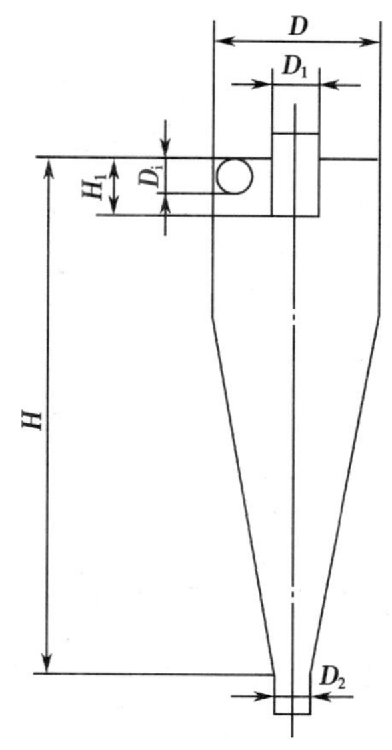

图 3－6　旋液分离器结构示意图

第二节　过　　滤

一、过滤基本概念

1. 过滤原理　过滤操作的基本原理是利用一种具多孔物质作为介质来处理悬浮液，悬浮在液体中的固体粒子被截留在介质一侧，液体由小孔中通过，从而使固液两相得以分离。

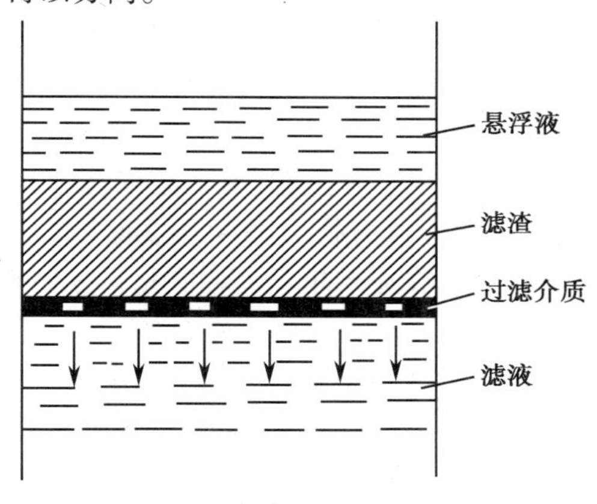

图 3－7　过滤操作示意图

如图 3－7 所示为过滤操作示意图。在过滤操作中，通常称原有的悬浮液为滤浆或料浆，被截留在多孔介质上的固体称为滤渣或滤饼，通过多孔介质的液体称为滤液。

由于滤浆中固体粒子的大小往往并不一致，而所用过滤介质的孔径往往比一部分颗粒要大，因而在过滤开始的时候，会有一部分细小的粒子从介质中通过，所得到的滤液往往是比较浑浊的，但随着操作的继续进行，细小的粒子便可能在孔道上及孔道中构成图 3－8 所示的“架桥”现象，使后来的颗粒不能通过，同时，由于滤饼中的孔道通常比过滤介质的孔道要小，滤饼本身更能起到截留粒子的作用，因此，只有在滤饼形成之后才能得到澄清的液体，这就是说只有在滤饼形成之后，过滤操作才真正有效，而且过程中逐渐增厚的滤饼才是真正起到了主要过滤介质的作用。

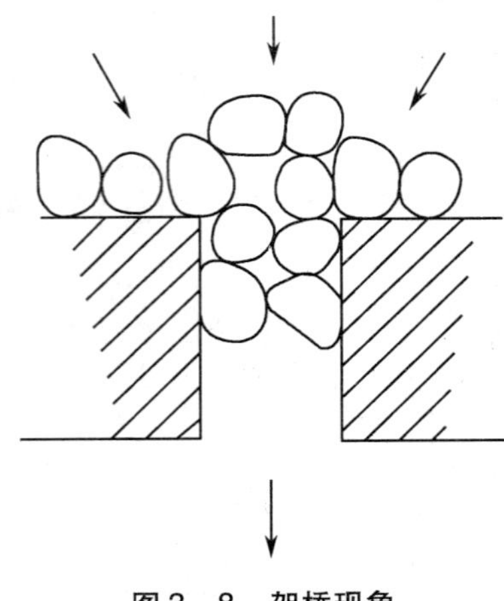

图3-8 架桥现象

用沉降法(重力、离心力)处理悬浮液,往往需要较长时间,而且沉渣中液体含量较多,而过滤操作可使悬浮液得到迅速分离,滤渣中液体含量也较低。当处理的、悬浮液含固体颗粒较多时,应先在增稠器中进行沉降,然后将滤渣送入过滤机。在某些场合,过滤是作为沉降的后续操作。

2. 过滤推动力和阻力　过滤推动力通常以作用在悬浮液上的压力表示。实际起推动力作用的是滤渣和过滤介质两侧的压力差。一般增大过滤推动力的方法有:

(1)增加悬浮液本身的液柱压力,一般不超过 $50kN/m^2$,称为重力过滤;

(2)增加悬浮液液面上的压力,一般可达 $500kN/m^2$,称为加压过滤;

(3)在过滤介质下面抽真空,通常不超过 $86.6kN/m^2$(真空度),称为真空过滤。

此外,过滤推动力还可以用离心力来增大,称为离心过滤。离心过滤将在离心分离一节中讨论。

至于过滤阻力,在过滤操作刚刚开始时,滤液流动所遇到的阻力只有过滤介质一项。但随着过滤过程的进行,在过滤介质上形成滤渣以后,滤液流动所遇到的阻力是滤渣阻力和过滤介质阻力之和。介质阻力仅在过滤开始时较为显著,至滤饼层沉积到相当厚度时,介质阻力便可忽略不计。

大多数情况下,过滤阻力主要决定于滤饼的厚度及其特性。滤渣愈厚,微粒愈细,则过滤阻力越大。当过滤进行到一定时间后,由于滤饼增厚使过滤阻力太大,过滤速度将变得很慢,再继续进行下去是不经济的,这时只有将滤饼除去重新开始过滤才是合理的。

在除去滤饼之前,滤饼空隙中还存有滤液,为了充分回收这部分滤液,或者是因为滤饼是有价值的产品不允许被滤液所玷污时,都必须将这部分滤液从滤饼中分离出来,因此常利用水或其他溶剂对滤饼进行洗涤。

洗涤时,水或其他洗涤剂均匀而平稳地流过滤饼中的毛细孔道,由于毛细孔道很小,所以开始时清水并不与滤液混合,而只是将孔道中的滤液置换出来。当滤液大部分被置换之后,滤液再逐渐被冲稀而排出。由此可见,要大致洗干净只消耗少量的水,如要求完全洗净则必须消耗大量的水。

洗涤之后往往还要进行滤饼的去湿,即用压缩空气吹干,或用减压吸干滤饼中的水分,使孔隙中存留的水分尽可能地减少,这样可以减少以后干燥滤饼时热能的消耗。最后将滤饼从滤布上卸下来,卸料应尽可能彻底干净,以最大限度地得到滤饼,并便于清洗滤布以减少下次过滤时的阻力。洗涤时要注意防止滤饼开裂而发生沟流现象,它会导致洗涤水短路,使滤饼的很多部分无法完全洗涤。

综合以上所述,过滤操作包括过滤、洗涤、去湿和卸料四个阶段,各个阶段依次地循环进行,因此,所有各种过滤设备都应该很好地实现这四个阶段的不同操作。

3. 过滤介质　过滤过程所用的多孔性介质称为过滤介质。性能优良的过滤介质除能够达到所需的分离要求外，还应具有足够的机械强度，尽可能小的流过阻力，较高的耐腐蚀性和一定的耐热性，最好表面光滑，滤饼剥离容易。

工业常用过滤介质主要有织物介质、多孔性固体介质、粒状介质和微孔滤膜等。

(1)织物介质：是由天然或合成纤维、金属丝等编织而成的筛网、滤布，适于滤饼过滤，一般可截留粒径 5μm 以上的固体微粒。

(2)多孔性固体介质：是由素瓷、金属或玻璃的烧结物、塑料细粉黏结而成的多孔性塑料管等，适用于含黏软性絮状悬浮颗粒或腐蚀性混悬液的过滤，一般可截留粒径 1～3μm的微细粒子。

(3)粒状介质：是由各种固体颗粒(砂石、木炭、石棉)或非编织纤维(玻璃棉等)堆积而成，适用于深层过滤，如制剂用水的预处理。

(4)微孔滤膜：是由高分子材料制成的薄膜状多孔介质，适用于精滤，可截留粒径 0. 01μm 以上的微粒，尤其适用于滤除 0. 02～10μm 的悬浮微粒。

4. 助滤剂　滤渣可分成不可压缩的和可压缩的两种。不可压缩的滤渣由不变形的颗粒组成，因而在过滤操作中，其粒子的大小和形状，以及滤渣中孔道的大小均保持不变，许多晶体物料都属于这一种。可压缩滤渣则不同，其颗粒的大小、形状和滤渣孔道的大小，均因压力的增加而变化。胶体粒子都是可压缩的滤渣。

过滤中，由于可压缩滤渣大小、形状的变化，孔道将变得越来越小，以至堵塞，过程无法继续进行。为了避免发生这种情况，可以在滤布上预涂一层颗粒均匀、性质坚硬、不可压缩的粒状物料，如硅藻土、活性炭等物质，以防止滤孔的堵塞。有时也可以将这种物质按一定比例加入到滤浆中，然后一起过滤，由于它构成了滤饼的骨架，形成比较疏松的滤饼，使滤液得以畅快地通过。这种物质称之为助滤剂。由于助滤剂混在滤饼中不易分离，所以当滤饼是产品时一般不使用助滤剂。

在某些情况下，也可以将滤浆加以稀释再进行过滤，这样可以减小滤液的黏度，加快过滤的速率。但这样会使过滤容积增加，只有在稀释不影响滤液的价值时采用。

5. 过滤速率及影响因素　过滤速率是单位时间内得到的滤液体积量。过滤的操作原理虽然比较简单，但影响过滤的因素却是很多的，主要表现在如下几个方面：

(1)悬浮液的性质：悬浮液的黏度会影响到过滤的速率，悬浮液的温度增高，黏度减小，对过滤有利，因此热料不应在冷却以后再过滤。但真空过滤时，提高温度会使真空度下降，可能反而会降低过滤的速率。

(2)过滤的推动力：以重力作为推动力的操作，设备最为简单，但过滤速率慢，一般仅用来处理含固量少而且容易过滤的悬浮液。真空过滤的速率比较高，但它受溶液沸点和大气压强的限制。加压过滤可以在较高的压强差下操作，过滤的速率加大，但对设备的紧密性要求也高，此外在设备强度允许的范围内，还受滤布强度，滤饼的可压缩性以及滤液澄清程度等限制。

(3)过滤介质与滤饼的性质：过滤介质的影响主要表现在对过程的阻力和过滤效率上，例如金属筛网与棉毛织品的空隙大小相差很大，滤液的澄清度和生产能力的差别也就很大，因此，要根据悬浮液中颗粒的大小来选择合适的过滤介质。一般说来，当处理不可压缩性滤渣时，提高过程的推动力可以加大过程的速率；而对可压缩性滤渣而言，加压却不能有效地提高过滤的速率。另外，滤渣颗粒的形状、大小、结构紧密与否等,对过程也有明显的影响。

此外,生产工艺与经济要求,例如是否要最大限度地回收滤渣或滤液,对滤饼中含液量的多少以及对滤饼层厚度的限制,对过滤设备的结构等也都有着明显的影响。

二、过滤设备

工业上应用的过滤设备称为过滤机。过滤机的类型很多,按操作方式可分为间歇过滤机和连续过滤机;按过滤推动力产生的方式可分为压滤机、真空过滤机和离心过滤机,生产上常用的过滤机有以下几种:

(一)板框压滤机

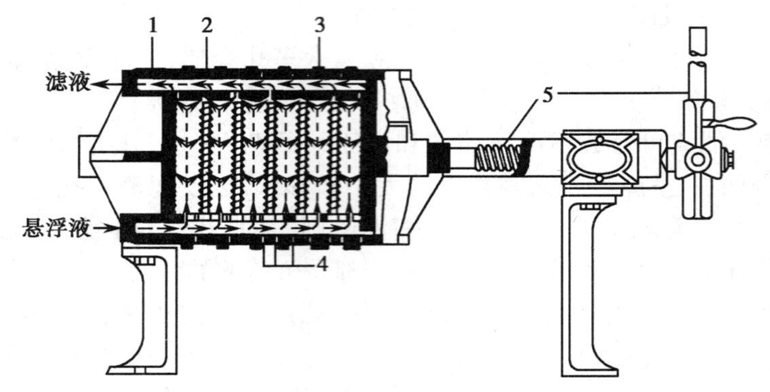

图3-9 板框压滤机

1-固定头;2-滤板;3-滤框;4-滤布;5-压紧装置

板框压滤机是广泛应用的一种间歇式操作的加压过滤设备。由若干块滤板和滤框间隔排列,靠滤板和滤框两侧的支耳架在机架的横梁上,用一端的压紧装置压紧组装而成,如图3-9所示。滤板和滤框是板框压滤机的主要工作部件,滤板和滤框的个数在机座长度范围内可自行调节,一般为10~60块不等,过滤面积为2~80m^2。

滤板和滤框一般制成正方形,其构造如图3-10所示。板和框的角端均开有圆孔,装合、压紧后即构成供滤浆、滤液和洗涤液流动的通道。滤框两侧覆以滤布,空框和滤布围成了容纳滤浆及滤饼的空间。滤板又分为洗涤板和过滤板两种,为便于区别,常在板、框外侧铸有小钮或其他标志。通常,过滤板为一钮,框为二钮,洗涤板为三钮(图3-10)。装合时即按钮数1-2-3-2-1-2-3-2-1……的顺序排列板和框。

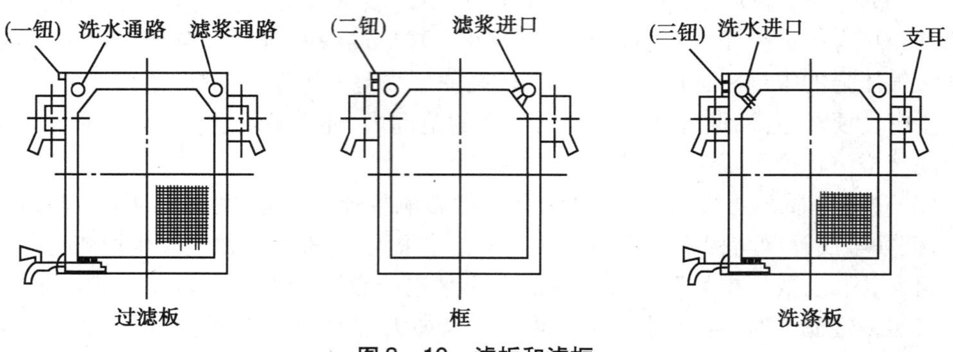

图3-10 滤板和滤框

压紧装置的驱动可用手动、电动或液压传动等方式。

板框压滤机为间歇操作，每个操作周期由装配、压紧、过滤、洗涤、拆开、卸料、处理等操作组成。板框装合完毕，开始过滤。过滤时，悬浮液在指定的压力下经滤浆通道，由滤框角端的暗孔进入框内，滤液分别穿过两侧滤布，再经邻板板面流到滤液出口排走，固体则被截留于框内，待滤饼充满滤框后，即停止过滤。

若滤饼需要洗涤，可将洗水压入洗水通道，经洗涤板角端的暗孔进入板面与滤布之间。此时，应关闭洗涤板下部的滤液出口，洗水便在压力差的推动下穿过一层滤布及整个厚度的滤饼，然后再横穿另一层滤布，最后由过滤板下部的滤液出口排出，这种操作方式称为横穿洗涤法，其作用在于提高洗涤效果。洗涤结束后，旋开压紧装置并将板框拉开，卸出滤饼，清洗滤布，重新组合，进入下一个操作循环。

优点：结构简单，制造容易，设备紧凑，过滤面积大而占地小，操作压强高，滤饼含水少，对各种物料的适应能力强。

缺点：间歇手工操作，劳动强度大，生产效率低。但随着各种自动操作的板框压滤机的出现，这一缺点会得到一定程度的改进。

板框压滤机的开停车与正常操作程序：

(1)检查准备将滤框、滤板用清水冲洗干净，洗净滤布，检查设备各零部件是否完好。

(2)装合按规定顺序安装滤板和滤框，铺好滤布，注意保持平整，切勿折叠。进料孔必须在一直线上，滤布不能挡进料口。压紧活动端扳手轮，使所有滤板、滤框、滤布相互接触，松紧程度以不跑料液为准。

如需加助滤剂，此时把调好的助滤剂浆液用泵打入压滤机，持续5min以形成助滤层。同时检查有无泄漏。

(3)循环调整将滤浆用泵打入压滤机，循环流动，在出口取样，测滤液的澄清度。待澄清度符合规定指标，则停止循环，开始压滤。

(4)压滤打开进料阀，向滤框进料；同时打开各出口旋塞。待所有板框腔内充满滤饼时，停止进料，并缓慢转动压紧活动端扳手轮，进行加压过滤。此期间要做到：

1)观察压力表是否正常，做好记录；

2)观察滤液，如发现浑浊或带滤渣，要停下来及时检查滤布。如有破损，立即更换；

3)检查滤板滤框是否变形，有无裂纹，管路有无泄漏。

(5)洗涤压滤若干小时后，如板框内阻力加大，过滤速度减慢，就需要洗涤。先关闭进料阀和洗涤板的出口旋塞，再打开洗涤水进口阀，洗涤滤饼。洗涤符合要求后，松开活动端扳手轮，将板、框拉开，卸出滤饼，清洗滤布和滤板、滤框，然后重新装合，准备进行下一个循环。

(二)转鼓(筒)真空过滤机

转鼓真空过滤机为连续式真空过滤设备，如图3-11所示。主机由滤浆槽、篮式转鼓、分配头、刮刀等部件构成。篮式转鼓是一个转轴呈水平放置的圆筒，圆筒一周为金属网上覆以滤布构成的过滤面，转鼓在旋转过程中，过滤面可依次浸入滤浆中。转筒的过滤面积一般为5~40m^2，浸没部分占总面积的30%~40%，转速约为0.1~3转/分。转鼓内沿径向分隔成若干独立的扇形格，每格都有单独的孔道通至分配头上。转鼓转动时，借分配头的作用使这些孔道依次与真空管及压缩空气管相通，因而，转鼓每旋转一周，每个扇形格可依次完成过滤、洗涤、吸干、吹松、卸饼等操作。

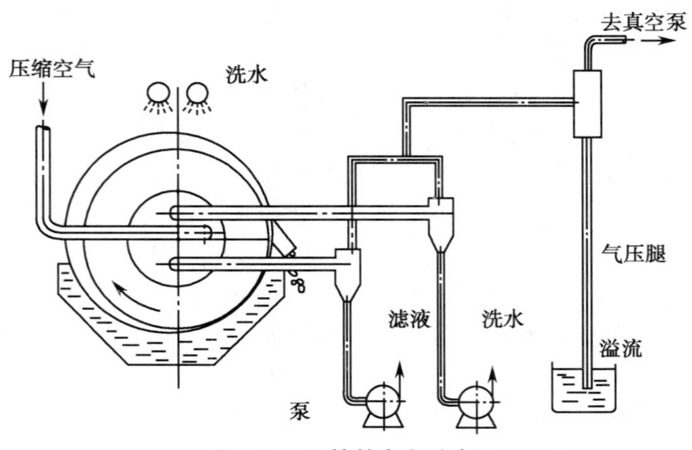

图 3-11 转鼓真空过滤机

转鼓真空过滤机操作及分配头的结构如图 3-12 所示，分配头由紧密贴合的转动盘和固定盘构成。转动盘装配在转鼓上一起旋转，固定盘内侧开有若干长度不等的凹槽与各种不同作用的管路相通。操作时转动盘与固定盘相对滑动旋转，由固定盘上相连的不同作用的管路实现滤液吸出、洗涤水吸出及空气压入的操作。即当转鼓上某些扇形格浸入料浆中时，恰与滤液吸出系统相通，进行真空吸滤，该部分扇形格离开液面时，继续吸滤，吸走滤饼中残余液体；当转到洗涤水喷淋处，恰与洗涤水吸出系统相通，在洗涤过程中将洗涤水吸走并脱水；当转到与空气压入系统连接处，滤饼被压入的空气吹并由刮刀刮下。在再生区空气将残余滤渣从过滤介质上吹除。转鼓旋转一周，完成一个操作周期，连续旋转便构成连续的过滤操作。

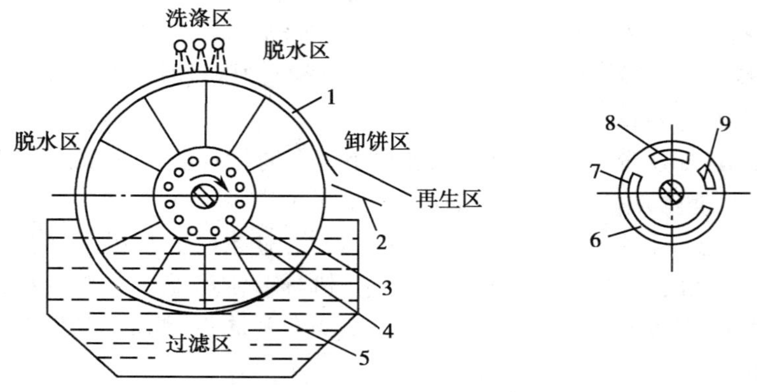

图 3-12 转鼓真空过滤机操作及分配头的结构

1-滤饼；2-刮刀；3-转鼓；4-转动盘；5-滤浆槽；6-固定盘；
7-滤液出口凹槽；8-洗涤水出口凹槽；9-压缩空气出口凹槽

优点：能连续自动操作，省人力，生产能力大，适用于处理易含过滤颗粒的浓悬浮液。对于难过滤的细、黏物料，采用助滤剂预涂的方式也比较方便，此时可将卸料刮刀稍微离开转鼓表面一固定距离，可使助滤剂涂层不被刮下，而在较长时间内发挥助滤作用。

缺点：附属设备较多，投资费用高，过滤面积不大，滤饼含液量高（常达30%）。由于是真空操作，料浆温度不能过高。

转鼓真空过滤机的开停车与正常操作程序：

（1）开车前检查准备

1）检查滤布是否完好、整洁，滤浆槽内有无沉淀物、杂物；

2）检查转鼓与刮刀之间的距离，一般调节到1～2mm；

3）检查真空系统和压缩空气系统，真空度和压力是否符合工艺要求；

4）检查各管道是否严密，不得漏气；

5）检查分配头、主轴瓦、轴承等部位是否加足润滑油。

（2）开车

1）点车启动，试空车15min，观察各传动装置运转是否正常；

2）开启滤浆阀门，向滤槽注入滤浆；

3）当滤浆液面上升到滤槽的1/2时即可开车，打开真空、洗涤、压缩空气等阀门启动转鼓，开始正常运转。

（3）正常运行操作要点

1）经常观察转鼓转向是否正常，是否沿着五个区域有序地运行，如发现区域紊乱，应立即处理；

2）转鼓正常运转时，滤浆液面应控制在滤槽的3/4～3/5；转鼓浸没部分应占其总截面积的30%～40%；

3）按时检查各管路、阀门有无漏液和堵塞，分配头是否严密，搅拌、变速器的运转是否正常，滤布有无破损，真空度是否达到规定要求，洗涤液是否分布均匀，洗涤后的水是否合格；

4）定时分析过滤效果，如不符合指标，应及时采取措施；

5）经常保持滤浆液面正常，真空度和压缩空气压力正常；转鼓转速一般为0.1～0.3转/分；滤饼厚度为40mm以内，难过滤物料滤饼厚度以10mm为宜。

（4）停车程序：不同型号的设备停车程序有所不同。按照所实习设备的操作规程停车。

 **知识链接**

转鼓真空过滤机操作常见异常现象的处理

序号	异常现象	原　因	处理方法
1	操作区域紊乱	分配头不严密，漏气	调整，解决漏气问题，分配头注足油
2	料槽内液面下降	滤布破损	停车更换滤布
3	滤饼吸不厚，抽不干	真空度达不到要求	检查真空管路有无漏气，解决漏气

（三）袋滤器

使含尘气体穿过做成袋状而支撑在适当骨架上的滤布，以滤除气体中尘粒的设备称为袋滤器。

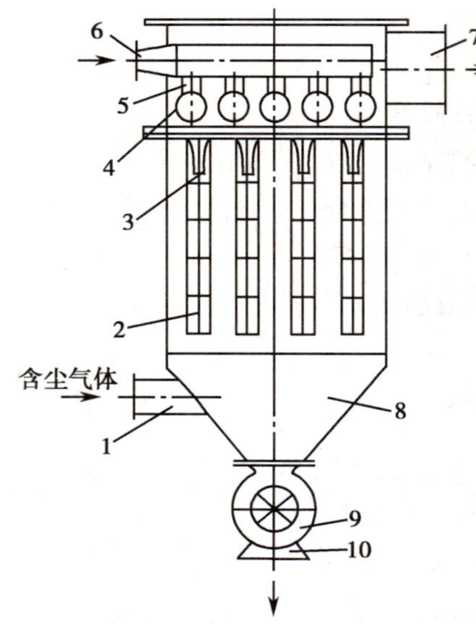

图3－13　脉冲式袋滤器

1－进风管；2－滤袋骨架；3－文丘里管；4－喷嘴；5－电磁阀；6－连接压缩空气；7－净化气体出口；8－灰斗；9－排尘阀；10－出尘口

袋滤器主要由滤袋及其骨架、壳体、清灰装置、灰斗和排灰阀等部分组成。图3－13所示为一脉冲式袋滤器，含尘气体自下部进入袋滤器，气体由外向内穿过支撑于骨架上的滤袋，微粒被截留在滤袋外表面上，而净制气体则汇集于顶部排出。过滤一段时间之后，则利用压缩空气的反吹系统进行清灰，脉冲气流从袋内向外吹出，使尘粒落入灰斗。每次清灰时间很短，随后则转入过滤阶段，如此自动地进行循环操作。

袋滤器中每滤袋的长度一般为2～3.5m，直径为120～300mm。多数情况下气体的过滤速度为0.6～0.8m/min。滤袋布的材料选择十分重要，须依最小捕集粒径、风量、含尘量、气体温度及允许压力损失等要求而定。这种分离方法比较可靠，很早就获得应用。近年来由于化学纤维滤布的发展和应用，越来越能捕集到更细的粒子，往往能除去小至1μm以下的微粒，效率可达99.9%以上。其缺点为滤布磨损或堵塞较快，不适用于热的与湿的气体的净制。

第三节　离心分离

一、离心分离的概念

利用离心力分离液态非均相物系中两种密度不同物质的操作称为离心分离。适于离心分离的液态非均相物系包括液－固混合物系（悬浮液）和液－液混合物系（乳浊液）。

用于离心分离的设备称为离心机。它与旋液分离器的主要区别在于离心力是由设备（转鼓）本身旋转产生的，由于离心机可产生很大的离心力，故可用来分离用一般方法难以分离的悬浮液或乳浊液。

离心机按设备结构和分离工艺过程可分为离心过滤式和离心沉降式两种类型。

（1）离心过滤式离心机：转鼓上有小孔，并衬以金属网和滤布，混悬液在转鼓带动下高速旋转，液体和其中的悬浮颗粒在离心力作用下快速甩向转鼓而使转鼓两侧产生压力差，在此压力差的作用下，液体穿过滤布排出转鼓，而固体颗粒被滤布截留形成滤饼。

(2)离心沉降式离心机：转鼓上无孔，混悬液或乳浊液被转鼓带动高速旋转时，密度较大的物相向转鼓内壁沉降，密度较小的物相趋向旋转中心而使两相分离。在沉降式离心机中的离心分离原理与第一节所述的离心沉降原理相同，不同的是在旋风分离器或旋液分离器中的离心力场是靠高速流体自身旋转产生的，而离心机中的离心力场是由离心机的转鼓高速旋转带动液体旋转产生的。

如前所述，离心分离因数 k_c 是离心分离设备的重要性能参数，设备的离心分离因数越大，则分离性能越好。离心机的 k_c 计算式与第一节所述相同，即

$$k_c = \frac{u_T^2}{Rg} \tag{3-19}$$

式中，u_T—离心机转鼓的切向速率，m/s；R—离心机转鼓内壁半径，m。

根据离心分离因数的大小，又可将离心机分为以下三类：常速离心机 $k_c < 3000$（一般为 600～1200）；高速离心机 $k_c = 3000 \sim 50\ 000$；超速离心机 $k_c > 50\ 000$。分离因数的上限值取决于主轴和转鼓等部件的材料长度及机器结构的稳定性等。目前可生产分离因数 500 000 以上的离心机，可以用来分离胶体颗粒及破坏乳浊液等。

离心机还可按操作方式分为间歇式和连续式，或根据转鼓轴线的方向分为立式和卧式。

二、离　心　机

(一)三足式离心机

三足式离心机是一台间歇操作、人工卸料的立式离心机。在工业上采用较早，目前仍是国内应用最广、制造数目最多的一种离心机，图 3－14 为其结构示意图。离心机的主要部件是篮式转鼓，壁面钻有许多小孔，内壁衬有金属丝网及滤布。整个机座和外罩借三根拉杆弹簧悬挂于三足支柱上，以减轻运转时的振动。料液加入转鼓后，滤液穿过转鼓于机座下部排出，滤渣沉积于转鼓内壁，待一批料液过滤完毕，或转鼓内的滤渣量达到设备允许的最大值时，可停止加料并继续运转一段时间以沥干滤液。必要时，也可

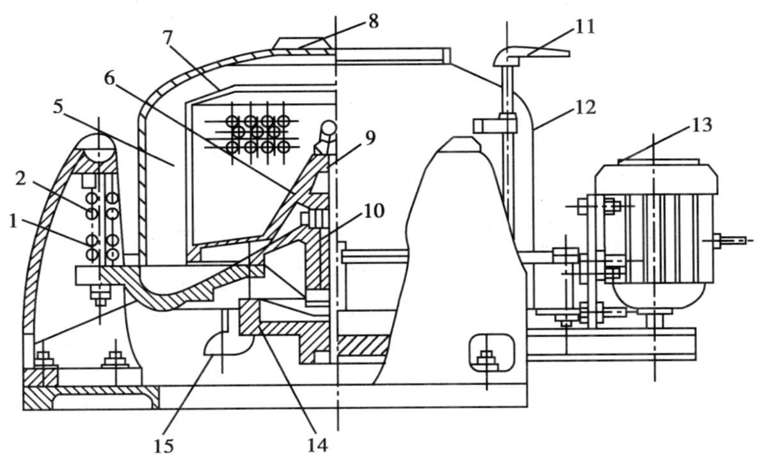

图 3－14　三足式离心机示意图

1－底盘；2－支柱；3－缓冲弹簧；4－拉杆；5－鼓壁；6－转鼓底；7－拦液板；8－机盖；9－主轴；10－轴承座；11－制动手柄；12－外壳；13－电动机；14－制动轮；15－滤液出口

于滤饼表面洒以清水进行洗涤，然后停车卸料，清洗设备。

三足式离心机的转鼓直径一般较大，转速不高（ <2000 转/分），过滤面积约 0.6 ~ 2.7m^2。它与其他类型的离心机相比，具有构造简单、运转周期可灵活掌握等优点，一般可用于间歇生产过程中的小批量物料的处理，尤其适用于各种盐类结晶的过滤和脱水，晶体较少受到破损。它的缺点是卸料时的劳动条件较差，转动部件位于机座下部，检修不方便。

常用三足式离心机的型号

按卸料方式分为人工上部卸料的 SS 型，人工下部卸料的 SX 型，刮刀下部卸料的 SG 型三种。常用机型有：

SS300－N 型，SS450－N 型，SS600 型，SS800 型，SS800 型，SS1000 型；

SX800－N 型，SX1000－N 型，SGZ1000－N 型，SGZ1200－N 型；

SG800－N 型，SG1000－N 型，SG1200－N 型等。

符号含义：第一个 S——三足式；第二个 S——上部卸料；X——下部卸料；G——刮刀卸料；N——耐腐蚀；字母后面的数字，表示转鼓直径，mm。

（二）卧式刮刀卸料式离心机

图 3－15 为卧式刮刀卸料式离心机的示意图。悬浮液从加料管进入连续运转的卧式转鼓，机内设有耙齿以使沉积的滤渣均布于转鼓壁。待滤饼达到一定厚度时，停止加料，进行洗涤、沥干。然后，借液压传动的刮刀逐渐向上移动，将滤饼刮入卸料斗卸出机外，继而清洗转鼓。整个操作周期均在连续运转中完成，每一步骤均采用自动控制的液压操作。

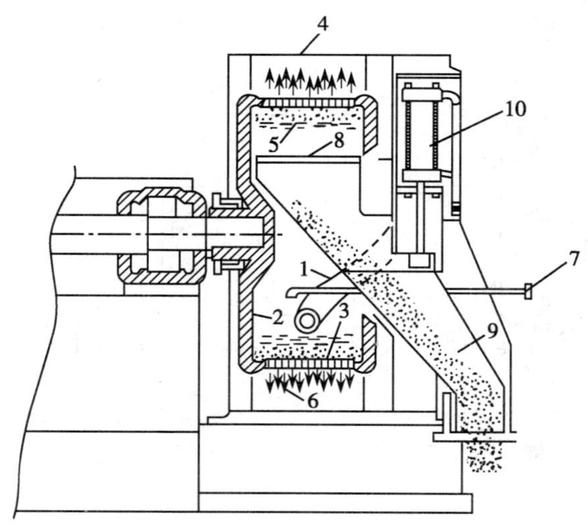

图 3－15　卧式刮刀卸料式离心机示意图

1－进料管；2－转鼓；3－滤网；4－外壳；5－滤饼；6－滤液；7－冲洗管；8－刮刀；9－溜槽；10－液压缸

刮刀卸料式离心机每一操作周期约 35～90s，连续运转，生产能力较大，劳动条件好，适宜于过滤连续生产过程中 >0.1mm 的颗粒。但对于细、黏颗粒的过滤往往需要较长的操作周期，采用此种离心机不够经济，而且刮刀卸渣也不够彻底，颗粒破碎严重，对于必须保持晶粒完整的物料不宜采用。

（三）碟片式高速离心机

如图 3－16 所示，机壳内装有许多倒锥形碟片叠置成层，由一垂直轴带动而高速旋转。碟片直径一般为 0.2～0.6m，碟片数从几十片到百片以上。各碟片在几个相同位置上都开有小孔，于是各片迭起时，可形成几个通道。这种离心机转速为 4700～6500 转/分，离心分离因数可达 4000～10 000，可用作澄清悬浮液中少量细小的微粒以获得清净的液体，也可用作乳浊液中轻、重两相的分离，故又称碟式分离机。

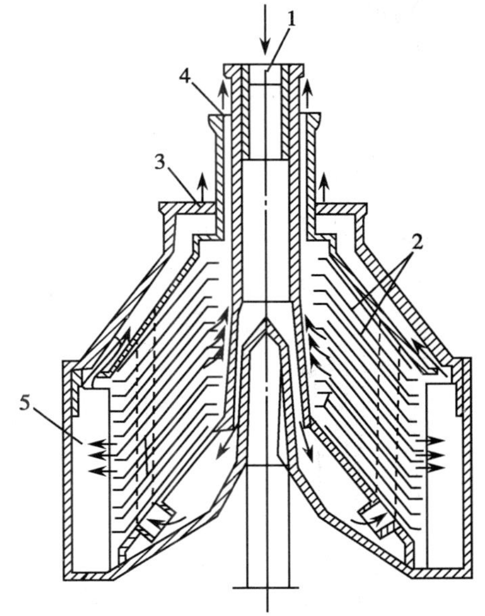

图 3－16 碟片式高速离心机

1－悬浮液入口；2－倒锥体盘；3－重液出口
4－轻液出口；5－隔板

用作乳浊液分离时，则将要分离的液体混合物从顶部垂直管送入后，流到碟片组的底部。在其经碟片上的孔上升之时，受离心力作用而分布于两碟片之间的窄缝中，重液逐渐趋向外周，到达机壳内壁上升到上方的重液出口排出，轻液则趋向中心而自上方轻液出口排出。各碟片的作用在于将液体分成许多薄层，缩短液滴沉降距离。

若用作澄清悬浮中细小微粒固体时，这些微粒亦趋向外周而达机壳内壁附近沉积下来，可间歇地加以清除。

这种离心机广泛用于润滑油脱水、牛乳脱脂、饮料澄清、催化剂分离等。

知识拓展

膜分离技术简介

膜分离技术是用半透膜作为选择障碍层，在膜的两侧存在一定的能量差作为动力，允许某些组分透过而保留混合物中其他组分，各组分透过膜的迁移率不同，从而达到分离目的的技术。

它与传统过滤的不同在于，膜可以在分子范围内进行分离，并且这过程是一种物理过程，不需发生相的变化和添加助滤剂。膜的孔径一般为微米级，依据其孔径的不同，可将膜分为微滤膜、超滤膜、纳滤膜和反渗透膜。根据材料的不同，可分为无机膜和有机膜，无机膜主要还只有微滤级别的膜，主要是陶瓷膜和金属膜。有机膜是由高分子材料做成的，如醋酸纤维素、芳香族聚酰胺、聚醚砜、聚氟聚合物等等。

膜分离技术由于兼有分离、浓缩、纯化和精制的功能，又有高效、节能、环保、分子级过滤及过滤过程简单、易于控制等特征，因此，目前已广泛应用于食品、医药、生物、环保、化工、冶金、能源、石油、水处理、电子、仿生等领域，产生了巨大的经济效益和社会效益，已成为当今分离科学中最重要的手段之一。

学习小结

一、学习内容

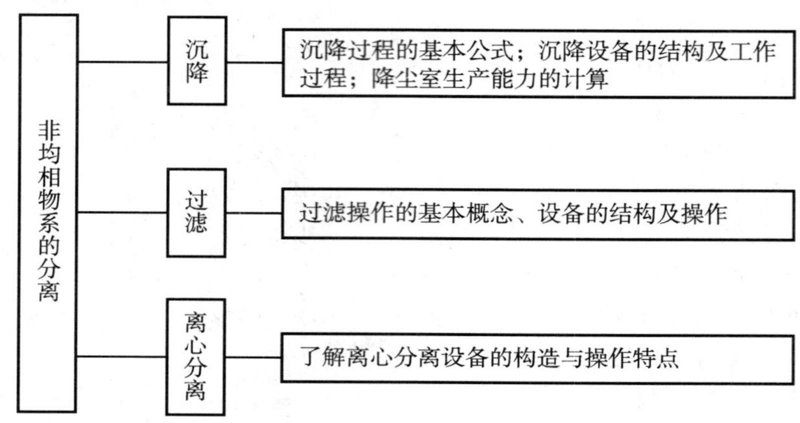

二、学习方法

本章主要讲授非均相物系的分离方法及相应分离设备与操作技术，故在掌握基本原理的基础上要借助教学模型、设备实物及实训操作等教学手段，掌握典型设备的结构特点、性能及操作与维护的相关知识，通过课堂学习与实训操作训练，将理论与生产实际相结合，以达到学习要求。

目 标 检 测

一、选择题

（一）单项选择题

1. 降尘室没有以下优点（　　）。

A. 分离效率高　　B. 阻力小　　C. 结构简单　　D. 易于操作

2. 降尘室的生产能力（　　）。

A. 只与沉降面积 A 和颗粒沉降速度 u_t 有关

B. 与 A、u_t 及降尘室高度 H 有关

C. 只与沉降面积 A 有关

D. 只与 u_t 和 H 有关

3. 过滤推动力一般是指(　　)。

A. 过滤介质两边的压差

B. 过滤介质与滤饼构成的过滤层两边的压差

C. 滤饼两面的压差

D. 液体进出过滤机的压差

4. 板框压滤机中(　　)。

A. 框有两种不同的构造

B. 板有两种不同的构造

C. 框和板都有两种不同的构造

D. 板和框都只有一种构造

5. “在一般过滤操作中,实际上起到主要介质作用的是滤饼层而不是过滤介质身”,“滤渣就是滤饼”,则(　　)。

A. 这两种说法都对

B. 两种说法都不对

C. 只有第一种说法正确

D. 只有第二种说法正确

6. 助滤剂应具有以下性质(　　)。

A. 颗粒均匀、柔软、可压缩

B. 颗粒均匀、坚硬、不可压缩

C. 粒度分布广、坚硬、不可压缩

D. 颗粒均匀、可压缩、易变形

(二)多项选择题

1. 板框压滤机的优点是(　　)。

A. 结构简单

B. 设备紧凑

C. 滤饼含水少

D. 劳动强度低

E. 生产效率高

2. 转鼓真空过滤机优点是(　　)。

A. 能连续自动操作

B. 生产能力大

C. 适用于处理易含过滤颗粒的浓悬浮液

D. 滤饼含水少

E. 过滤面积大

二、简答题

1. 沉降分离设备必须满足的条件是什么?

2. 说明旋风分离器的工作原理。

3. 过滤速率与哪些因素有关?

三、实例分析

1. 试求直径 70μm,相对密度为 2.65 的球形石英粒子,分别在 20℃水中和在 20℃空气中的沉降速度。

2. 已算出直径为 40μm 的某小颗粒在 20℃空气中沉降速度为 0.08m/s、另一种直径为 1.5mm 的较大颗粒的沉降速度为 12m/s,试计算:

(1)颗粒密度与小颗粒相同,直径减半,沉降速度为多大?

(2)颗粒密度与大颗粒相同,直径加半,沉降速度为多大?

3. 密度为 $2150kg/m^3$ 的烟灰球形颗粒在 20℃空气中在滞流沉降的最大颗粒直径是多少?

第四章　传　　热

学习目标

学习目的

通过本章学习掌握制药生产中的传热基本原理、传热过程分析计算、传热设备的使用维护和常见故障进行排除。通过本章学习还可以寻找强化和削弱传热的途径,提供生产常见单元操作过程中能量的合理利用、节省能源的理论指导,为本课程后续章节蒸发、蒸馏等奠定理论基础,也为化学制药工艺学等后续专业课程学习及制药单元操作实训、制药过程原理及设备课程设计、生产实习等实践性教学环节的训练打下基础,以适应化学药品生产中传热岗位的操作要求。

知识要求

掌握传热的基本原理、工业传热的基本方法、传热过程的计算以及换热器的运行规律;

熟悉换热器的结构、工作原理及制药具体过程进行强化传热的方法;

了解影响对流传热的因素。

能力要求

熟练掌握换热器的操作和简单维护方法;

学会为具体传热岗位选择合适的换热器。

第一节　概　　述

根据热力学第二定律,热量总是自动地从高温处传向低温处,这是典型的自发过程,传热的快慢用传热速率表示。在制药生产中,涉及传热的情况大致可分成两种,一是以加快传热速率为目的,如化学反应通常要控制在一定的温度下进行,为了达到和保持所要求的温度,就需要对流体进行加热或冷却以及液体气化或蒸气冷凝等,这就需要通过传热设备向流体传入或者向外移出一定的热量;二是以降低传热速率为目的,如制药设备及管路的保温,生产中热能的合理利用以及废热的回收等。由此可见,传热不但普遍存在于制药生产中,同时炼油、动力、食品、轻工、机械及其他许多工业生产中都涉及传热的基础知识,对于制药及相关生产的人员掌握传热的基础知识是非常必要的。

一、工业生产中的换热方法

制药生产中的传热是通过冷热两种流体的热交换来完成的，而冷热流体的热交换是通过一定的设备来完成的，根据使用的设备不同，换热方式大体可以分为以下几种。

1. 直接接触式换热 直接接触式换热方式是通过直接接触式换热器完成的，它最大特点是冷热流体直接接触，在相互混合过程中实现传热。如目前工业上广泛使用的凉水塔、喷淋式冷却塔。如图4-1。它具有结构简单，传热效果好等特点，但只适用于冷热流体允许相互混合的场合。

2. 蓄热式换热 蓄热式换热是通过蓄热式换热器完成的，它的主要特点是器内装有如耐火砖之类的固体填充物。操作时冷、热流体交替通过蓄热室，首先通入热流体，使填充物温度升高而贮存了热量，然后改通冷流体，吸收热流体贮存下来的能量，这种过程交替进行从而实现了冷热流体之间换热的目的，蓄热式换热器如图4-2所示。这种换热器适用于两种流体有少量接触而不发生危险的情况。

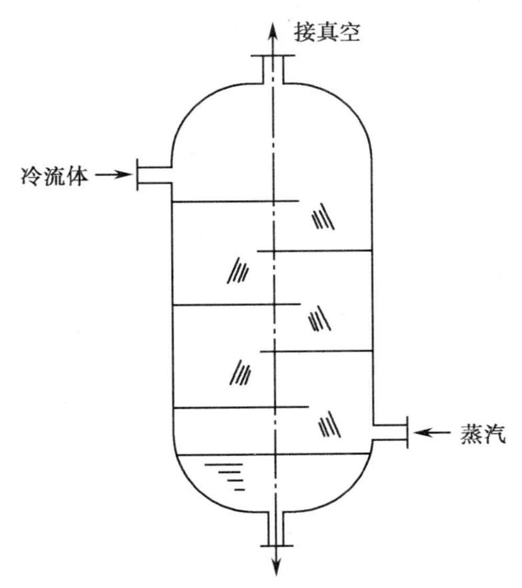

图4-1 直接接触式换热器

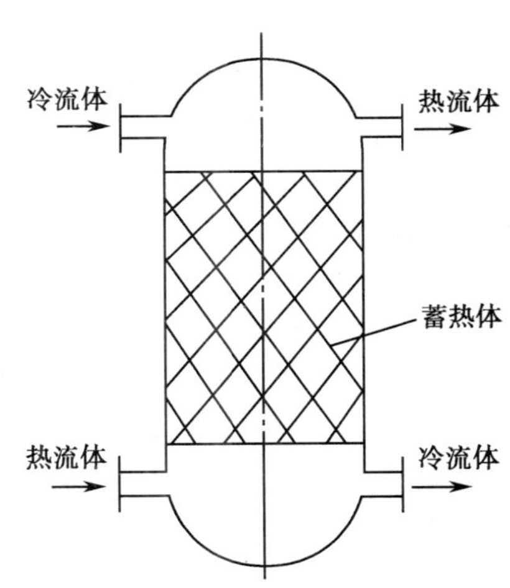

图4-2 蓄热式换热器

3. 间壁式换热 间壁式换热是通过间壁式换热器完成的，它是制药生产中应用最多的一种结构形式。间壁式换热器的特点是冷热两种流体被一个固体壁面隔开，热流体将热量传给固体壁面，热量由壁面一侧传给另一侧，最后由壁面的另一侧再传给冷流体，常见的间壁式换热器如图4-3，它适用于冷、热流体不允许直接混合的场合。本章在第四节中将详细介绍间壁式换热器。

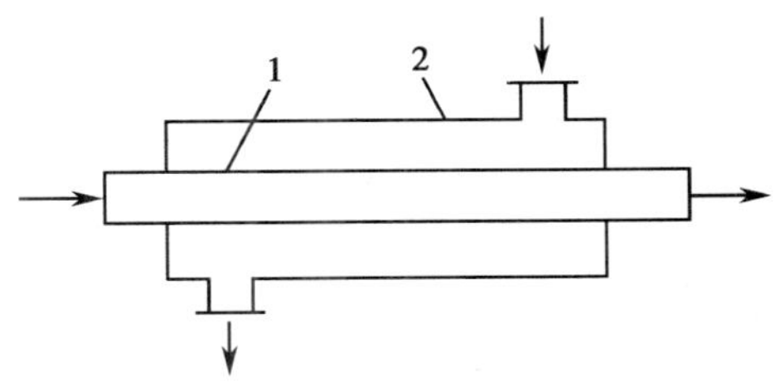

图4-3 间壁式换热器

1-内管;2-外管

二、稳定传热和不稳定传热

> 课堂互动
>
> 请同学们想一想生活中有哪些例子涉及不同的换热方式?

根据传热系统的温度分布情况,传热过程分为稳定传热和不稳定传热。

传热系统中各点的温度仅随位置变化,不随时间而变化的传热过程称为稳定传热,在稳定传热过程中,对于冷、热流体在间壁式传热设备中通过管壁进行的传热过程,沿径向各点的传热速率必相等。

如果传热系统中各点的温度不仅随位置变化,而且还随时间而变化的传热过程称为不稳定传热。

一般连续生产涉及的是稳定传热,间歇生产涉及的是不稳定传热,本章所讨论的传热过程为间壁式传热设备进行的稳定传热。

第二节 传热的基本方式

根据传热机制的不同,将传热的基本方式划分为三种:热传导、对流传热和辐射传热。

一、热 传 导

如果物体内部或系统内两个直接接触的物体之间存在温度差,物体中温度较高部分的分子或自由电子等微粒的热运动,通过碰撞或振动将热能传给相邻温度较低部分的分子,这种物体内分子不发生宏观位移的传热方式称为热传导。

热传导也称为导热。导热一般发生在固体内部温度不同之处或固体与固体之间,静止的流体或在层流流体中,当传热方向和流体流向垂直时亦为导热。

1. 傅立叶定律 傅立叶定律是热传导的基本定律,它表示的是热传导的传热速率与温度的变化 dt 和垂直于热流方向传热面积 A 成正比,与传热间壁的厚度 dx 成反比。如果传热面是平壁,且平壁材料均匀,则

$$Q \propto A\frac{dt}{dx} \tag{4-1}$$

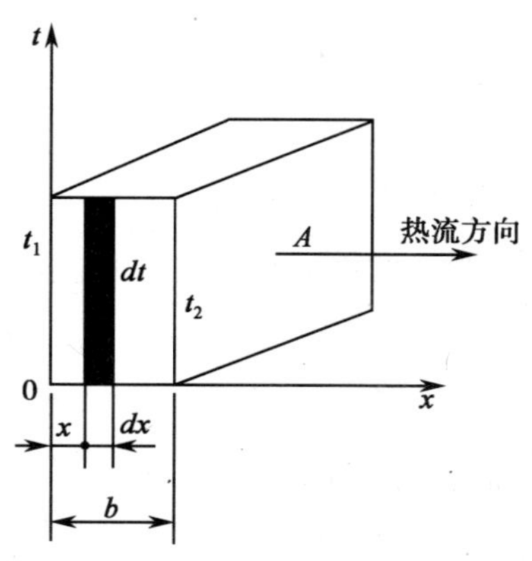

图 4-4 傅立叶导热公式示意图

引入比例系数 λ,把比例式写成等式,则得

$$Q = -\lambda A\frac{dt}{dx} \tag{4-2}$$

式中,Q——导热速率,W 或 J/s;A——导热面积,即垂直于热流方向的截面积,m^2,如图 4-4;λ——导热系数,W/(m·K) 或 W/(m·℃);dx——传热面的厚度,m;dt——厚度为 dx 传热面的温度差,℃;负号表示热量传递的方向与温度增加的方向相反。

式(4-2)即为傅立叶定律的数学表达式。

导热系数 λ 是物质的物性参数,是衡量物质导热能力的一个物理量。导热系数数值越大,则物质的导

热能力越强。其物理意义是传热壁面积为 $1m^2$，厚度为 1m，两壁面温度差为 1K 时，单位时间内通过传热面的导热量。

工程计算中所用的各种物质的导热系数都是经实验测定出来的。常见物质的导热系数可由有关手册中查到。本教材附录列出了常用材料的导热系数，在计算时可以选用，一般说来，金属的导热系数最大，这是因为金属中的自由电子在热传导中起了主要作用所致；固体非金属的导热系数次之；液体的导热系数较小而气体的导热系数最小。

通常，需要提高导热速率时可选用导热系数大的材料，如间壁式传热设备，宜选用钢、铜、铝等导热系数较大的金属材料；反之，要降低导热速率时，应选用导热系数小的材料，如塔设备的保温材料、蒸气管道的保温材料宜选用石棉、软木等导热系数较小的非金属材料。

> **课堂互动**
>
> 讨论：在北方的建筑中为什么在背阴面墙壁中都加一层泡沫板类的材料？生活中还有哪些方面用到了类似的方法？

2. 平壁的稳定热传导

（1）单层平壁稳定热传导：根据傅立叶定律的表达式（4-2），如果导热面平壁的面积 A 很大，构成平壁的材料均匀，且忽略温度对导热系数的影响，假设 $t_1 > t_2$ 则推出平壁的稳定导热速率公式

$$Q = \lambda A \frac{(t_1 - t_2)}{b} \tag{4-3}$$

式中，b——传热面的厚度，m；t_1——高温传热面的温度，℃；t_2——低温传热面的温度，℃。

将式（4-3）改写成

$$Q = \lambda A \frac{(t_1 - t_2)}{b} = \frac{\Delta t}{\frac{b}{\lambda A}} = \frac{\Delta t}{R_\lambda} \tag{4-3a}$$

式中，$\Delta t = t_1 - t_2$——平壁两侧温度之差即热传导的推动力，$R_\lambda = \frac{b}{\lambda A}$——热传导的阻力，简称热阻，可以看出传热面的导热系数越大，热阻越小，而导热面的厚度越厚热阻越大。

（2）多层平壁稳定热传导：以三层平壁为例，假设各层平壁之间接触良好，故相邻接触面的温度相等，根据单层平壁的导热速率公式可以看出通过平壁的导热速率与热传导的推动力及温度差成正比，与热传导的阻力成反比，而三层平壁相当于三个单层平壁串联，如图 4-5，因为是稳定传热，所以通过各层平壁的导热速率相等

$$Q_1 = Q_2 = Q_3 = Q \tag{4-4}$$

即

$$Q = \frac{\Delta t_1}{R_{\lambda 1}} = \frac{\Delta t_2}{R_{\lambda 2}} = \frac{\Delta t_3}{R_{\lambda 3}} \tag{4-5}$$

其中

$$\Delta t_1 = t_1 - t_2 = QR_{\lambda 1} = Q\frac{b_1}{\lambda_1 A} \tag{4-6}$$

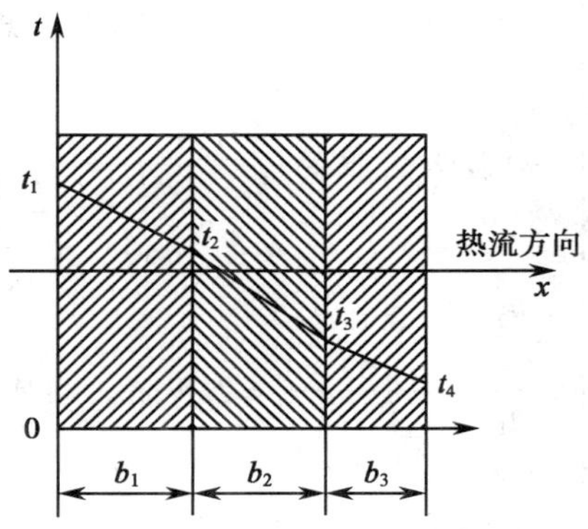

图 4-5 三层平壁的热传导

$$\Delta t_2 = t_2 - t_3 = QR_{\lambda 2} = Q\frac{b_2}{\lambda_2 A} \tag{4-7}$$

$$\Delta t_3 = t_3 - t_4 = QR_{\lambda 3} = Q\frac{b_3}{\lambda_3 A} \tag{4-8}$$

将式(4－6)与式(4－8)相加并整理得：

$$Q = \frac{t_1 - t_4}{\dfrac{b_1}{\lambda_1 A} + \dfrac{b_2}{\lambda_2 A} + \dfrac{b_3}{\lambda_3 A}} = \frac{\Delta t}{R_{\lambda 1} + R_{\lambda 2} + R_{\lambda 3}} \tag{4-9}$$

此式即为三层平壁的导热速率方程式，依此类推得出 n 层平壁的稳定导热速率方程式：

$$Q = \frac{\Delta t}{R_{\lambda 1} + R_{\lambda 2} + \mathrm{K} + R_{\lambda n}} = \frac{t_1 - t_{n+1}}{\sum\limits_{i=1}^{n} \dfrac{b_i}{\lambda_i A}} \tag{4-10}$$

实例分析

实例 4－1：锅炉钢板壁厚 $b_1 = 20\text{mm}$，其导热系数 $\lambda_1 = 58.2\text{W/(m·K)}$。若黏附在锅炉内壁的水垢层厚度 $b_2 = 1\text{mm}$，其导热系数 $\lambda_2 = 1.162\text{W/(m·K)}$。已知锅炉钢板外表面温度 $t_1 = 523\text{K}$，水垢内表面温度 $t_3 = 473\text{K}$。怎样算出锅炉每 m^2 表面积的导热速率以及钢板内表面（与水垢相接触的一面）温度 t_2？

分析：根据双层平壁导热速率方程式可算出锅炉每 m^2 表面积的导热速率：

$$Q = \frac{t_1 - t_3}{\dfrac{b_1}{\lambda_1 A} + \dfrac{b_2}{\lambda_2 A}} = \frac{523 - 473}{\dfrac{0.02}{58.2 \times 1} + \dfrac{0.001}{1.162 \times 1}} = 41\ 520\text{W}$$

钢板内表面温度：

$$t_2 = t_1 - Q\frac{b_1}{\lambda_1 A} = 523 - 41\ 520 \times \frac{0.02}{58.2} = 508.7\text{K}$$

由此题计算可知，虽然水垢厚度很薄，但因其导热系数很小，它所产生的热阻却占总热阻的 $\dfrac{\dfrac{b_2}{\lambda_2 A}}{\dfrac{b_1}{\lambda_1 A} + \dfrac{b_2}{\lambda_2 A}} = \dfrac{\dfrac{0.001}{1.162 \times 1}}{\dfrac{0.02}{58.2 \times 1} + \dfrac{0.001}{1.162 \times 1}} \times 100\% = 71\%$，而为炉壁热阻的 $\dfrac{\dfrac{b_2}{\lambda_2 A}}{\dfrac{b_1}{\lambda_1 A}} = \dfrac{\dfrac{0.001}{1.162 \times 1}}{\dfrac{0.02}{58.2 \times 1}} = 2.5$ 倍。在实际生产中要设法清除水垢，以降低传热阻力，增强传热效果。

实例分析

实例4－2：某平壁燃烧炉是由一层耐火砖与一层普通砖砌成，两层的厚度均为100mm，其导热系数分别为0.9W/(m·℃)及0.7W/(m·℃)。待操作稳定后，测得炉膛的内表面温度为700℃，外表面温度为130℃。为了减少燃烧炉的热损失，在普通砖外表面增加一层厚度为40mm、导热系数为0.06W/(m·℃)的保温材料。操作稳定后，又测得炉内表面温度为740℃，外表面温度为90℃。设两层砖的导热系数不变，试计算加保温层后炉壁的热损失比原来的减少百分之几？

分析：加保温层前单位面积炉壁的热损失为$\left(\frac{Q}{A}\right)_1$

此时为双层平壁的热传导，其导热速率方程为：

$$\left(\frac{Q}{A}\right)_1=\frac{t_1-t_3}{\frac{b_1}{\lambda_1}+\frac{b_2}{\lambda_2}}=\frac{700-130}{\frac{0.1}{0.9}+\frac{0.1}{0.7}}=2244\text{W/m}^2$$

加保温层后单位面积炉壁的热损失为$\left(\frac{Q}{A}\right)_2$

此时为三层平壁的热传导，其导热速率方程为：

$$\left(\frac{Q}{A}\right)_2=\frac{t_1-t_4}{\frac{b_1}{\lambda_1}+\frac{b_2}{\lambda_2}+\frac{b_3}{\lambda_3}}=\frac{740-90}{\frac{0.1}{0.9}+\frac{0.1}{0.7}+\frac{0.04}{0.06}}=706\text{W/m}^2$$

故加保温层后热损失比原来减少的百分数为：

$$\frac{\left(\frac{Q}{A}\right)_1-\left(\frac{Q}{A}\right)_2}{\left(\frac{Q}{A}\right)_1}\times100\%=\frac{2244-706}{2244}\times100\%=68.5\%$$

3. 圆筒壁的稳定热传导

(1)单层圆筒壁的稳定热传导：在化工制药生产所用传热设备中，传热间壁大多是圆筒形管道，与平壁导热速率方程式的区别在于导热面积不再是常量，而导热面积A沿着管道半径r的方向逐渐变化，如图4－6，但在稳定传热时，传热速率依然是常量。

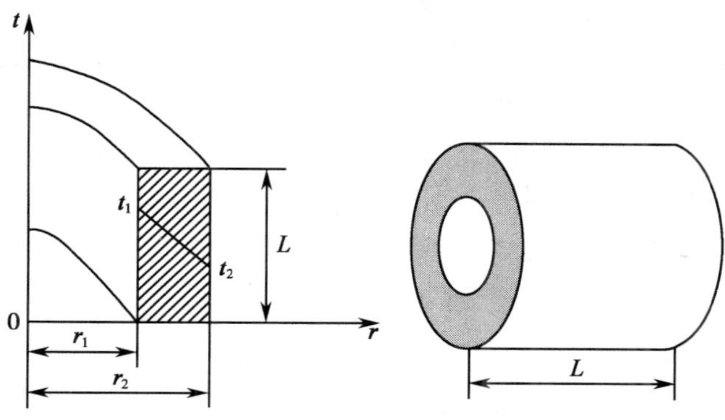

图4－6 单层圆筒壁的热传导

根据傅立叶定律，圆筒壁的导热速率方程式仿照平壁的导热速率方程推出：

$$Q=\lambda\frac{A_m}{b}(t_1-t_2) \tag{4-11}$$

式中，A_m——与平均半径 r_m 对应的圆筒壁的平均导热面积，m^2。

若圆筒壁的长度为 L，m，管的内、外半径分别为 r_1 和 r_2，则上式可写成：

$$Q=\lambda\frac{2\pi r_m L}{r_2-r_1}(t_1-t_2) \tag{4-12}$$

其中平均半径 r_m 为内、外半径 r_1 和 r_2 的对数平均值。

$$r_m=\frac{r_2-r_1}{\ln\frac{r_2}{r_1}} \tag{4-13}$$

工程计算中，当大小两个半径的比值小于 2 时，可以用算术平均值代替对数平均值来计算。

$$Q=2\pi L\lambda\frac{t_1-t_2}{\ln\frac{r_2}{r_1}} \tag{4-14}$$

则式(4-14)为单层圆筒壁的导热速率方程式。

(2)多层圆筒壁的稳定热传导：以三层圆筒壁的稳定热传导为例，如图 4-7 所示，假设层与层之间接触良好，故接触面处的温度相等，已知各层的厚度分别为 $b_1=r_2-r_1$，$b_2=r_3-r_2$，$b_3=r_4-r_3$，导热系数分别为 $\lambda_1,\lambda_2,\lambda_3$，假设 $t_1>t_2>t_3>t_4$，由于是稳定传热，单位时间内通过各层传热面的导热量相等即

$$Q_1=Q_2=Q_3=Q$$

根据单层圆筒壁的导热速率方程式(4-14)则：

$$Q=2\pi L\lambda_1\frac{t_1-t_2}{\ln\frac{r_2}{r_1}}=2\pi L\lambda_2\frac{t_2-t_3}{\ln\frac{r_3}{r_2}}=2\pi L\lambda_3\frac{t_4-t_3}{\ln\frac{r_4}{r_3}} \tag{4-15}$$

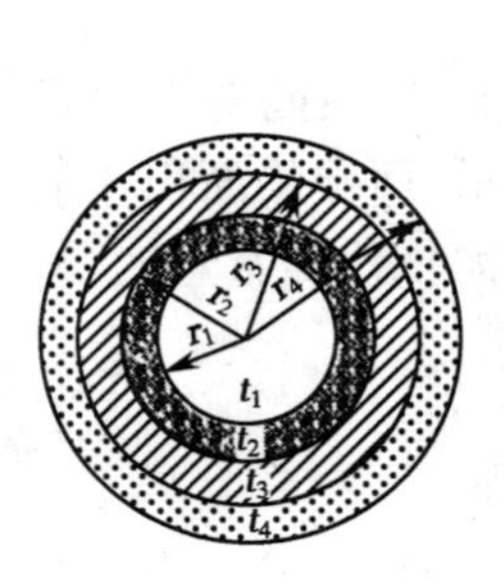

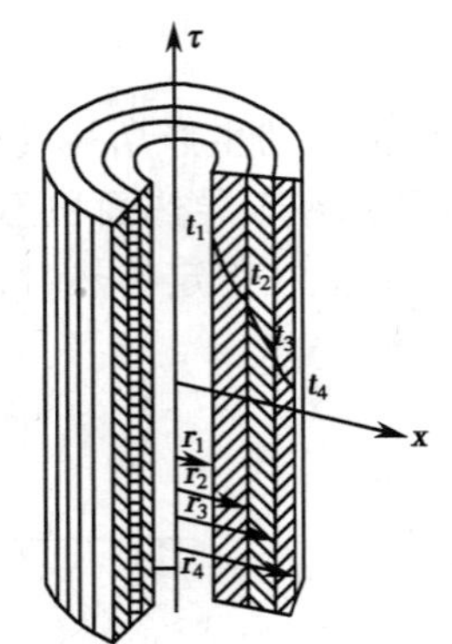

图 4-7 三层圆筒壁的热传导

课堂互动

请同学们讨论保温瓶的保温原理，如果从传热的角度看，保温瓶需要经常除垢吗？

与式(4-9)推导方法类似由式(4-15)得出三层圆筒壁的导热速率方程式：

$$Q=\frac{2\pi L(t_1-t_4)}{\frac{1}{\lambda_1}\ln\frac{r_2}{r_1}+\frac{1}{\lambda_2}\ln\frac{r_3}{r_2}+\frac{1}{\lambda_3}\ln\frac{r_4}{r_3}} \tag{4-16}$$

实例分析

实例 4－3：在外径为 140mm 的蒸气管道外包扎保温材料，以减少热损失。蒸气管外壁温度为 390℃，保温层外表面温度不大于 40℃。保温材料的 λ 与 t 的关系为 $\lambda = 0.1 + 0.0002t$（t 的单位为℃，λ 的单位为 W/(m·℃)）。若要求每米管长的热损失 Q/L 不大于 450W/m，试分析保温层的厚度。假设蒸气管外壁与保温层之间接触良好。

分析：此题为圆筒壁热传导问题，已知：$r_2 = 0.07\text{m}$　$t_2 = 390℃$　$t_3 = 40℃$

先求保温层在平均温度下的导热系数，即

$$\lambda = 0.1 + 0.0002 \times \left(\frac{390 + 40}{2}\right) = 0.143\text{W/(m·℃)}$$

保温层厚度：根据圆筒壁的导热速率方程式将式（4－14）改写为

$$\frac{Q}{L} = \frac{2\pi\lambda(t_2 - t_3)}{\ln\frac{r_3}{r}}$$

$$\ln r_3 = \frac{2\pi \times 0.143 \times (390 - 40)}{450} + \ln 0.07$$

得

$$r_3 = 0.141\text{m}$$

故保温层厚度为　$b = r_3 - r_2 = 0.141 - 0.07 = 0.071 = 71\text{mm}$

实例分析

实例 4－4：外径为 426mm 的蒸气管道，其外包扎一层厚度为 426mm 的保温层，保温材料的导热系数可取为 0.615W/(m·℃)。若蒸气管道的外表面温度为 177℃，保温层的外表面温度为 38℃，确定每米管长的热损失。假设蒸气管外壁与保温层之间接触良好。

分析：已知 $r_2 = 0.426/2 = 0.213\text{m}$，　$r_3 = 0.213 + 0.426 = 0.639\text{m}$

$$t_2 = 177℃ \qquad t_3 = 38℃$$

对于保温层应用（4－14）式 $Q = 2\pi L\lambda \dfrac{t_1 - t_2}{\ln\frac{r_2}{r_1}}$ 得

每米管长的热损失为：

$$Q/L = 2\pi \times 0.615 \times \frac{(177 - 38)}{\ln\frac{0.639}{0.213}} = 489\text{W/m}$$

二、对流传热

在流动的流体中，由于各处的温度不同，流体微团发生相对位移，将热量从一处带到另一处的传热称为对流传热。这类现象常发生在流体内部、流体和固体壁面之间。对流分为两种，如果由于流体各处温度的不同引起密度差异导致流体质点相对位移称为自然对流，如果流体质点的相对位移是由于受外力作用，则称为强制对流。

1. 对流传热过程分析 在工业生产中，冷热两种流体通过固体壁面进行热量交换时，是热流体将热量传给固体壁面，再由固体壁面将热量传给冷流体，这种流体与固体壁面间的传热过程，称为对流传热，工程上也称为给热。

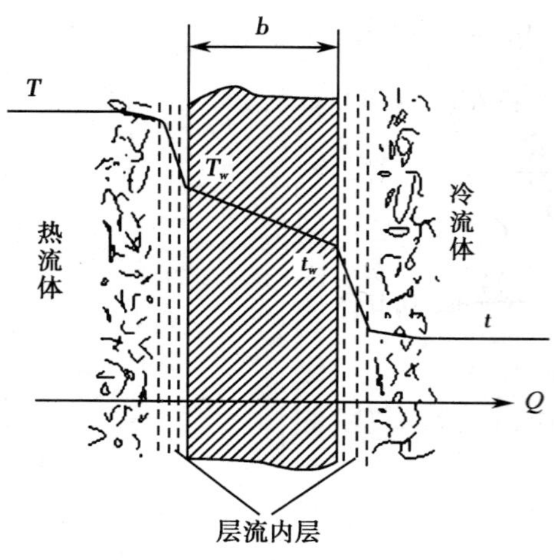

图 4-8 对流传热的分析

对流传热主要依靠流体的微团或质点的移动与混合来完成，在流体流动章节已经学过，流体在管路中的流动，即使是呈湍流时，在仅靠固体壁面处都存在着一层流体呈层流状态，即层流内层。可见对流传热是指固体壁面与紧靠壁面的流体质点间，以及流体层流内层的热传导和流体内湍流主体的对流等传热过程，如图 4-8 所示，温度降低主要集中在层流内层，也就是说对流传热的热阻绝大部分集中在层流内层，所以对流传热除受热传导的规律影响外，还要受流体流动规律的支配，增大流体的湍动程度，减薄层流内层的厚度，是强化对流传热的重要途径。

影响对流传热的因素很多，通过大量实践证明：在单位时间内，对流传热过程传递的热量 Q 与固体壁面的传热面积 A 成正比，与流体主体平均温度和固体壁面两者的温度之差成正比。以图 4-8 为例，可用下式表示：

$$Q \propto A\Delta T$$

引入比例系数 α 则有：

$$Q = \alpha A\Delta T \tag{4-17}$$

式中，Q——单位时间内以对流传热方式传递的热量，W；A——与流体接触的固体壁面面积，m^2；ΔT——流体与固体壁面之间的温度差，℃。热流体一侧：$\Delta T = T - T_W$，冷流体一侧：$\Delta T = t_w - t$；α——称为对流传热膜系数（或称给热系数），其单位是 $W/(m^2 \cdot ℃)$。其物理意义是：当流体与固体壁面间的温度差为 1℃时，通过每 m^2 固体壁面在单位时间内以对流传热方式传递的热量。

式(4-17)改写成对流传热速率与推动力和传热阻力的关系式

$$Q = \frac{\Delta T}{\dfrac{1}{\alpha A}} = \frac{\Delta T}{R_\alpha} \tag{4-18}$$

式中，$R_\alpha = \dfrac{1}{\alpha A}$称为对流传热热阻。

式(4－17)称为对流传热速率方程,也称为牛顿冷却定律。牛顿冷却定律将复杂的对流传热过程以简单的形式表达出来,为工业生产中的传热计算提供了理论依据,其中的对流传热系数 α 包括了所有影响对流传热过程的因素。

2. 对流传热系数

(1)影响对流传热系数因素:对流传热系数 α 不同于导热系数 λ,它不是流体的物性参数,影响它的因素很多,实验证明,主要因素有:

1)流体种类:对流传热系数 α 与流体的种类有关,液体的对流传热系数要大于气体的对流传热系数。

2)流体物理性质:流体的密度、黏度、导热系数、比热容及体积膨胀系数对传热系数有较大的影响。

3)流体流动状态:对流传热热阻主要集中在层流内层,流体流动湍动程度较大,层流内层的厚度减薄,湍流的对流传热系数比层流大。

4)流体对流:一般情况下,强制对流要比自然对流的传热系数大。

5)流体相变:对流传热过程中,有相变流体的对流传热系数远大于无相变流体的对流传热系数。

6)传热面几何形状:传热面的形状、大小以及与流体流动的相对位置都会影响对流传热系数。

课堂互动

联系所学的对流传热知识讨论在冬季有风的日子里,气温并不太低,为什么人会感到特别冷?而在夏天有风的日子里会感到凉爽?

(2)对流传热系数经验公式:由于对流传热系数受以上多方面因素的影响,要想推导出一个统一计算对流传热系数公式是十分困难的,目前工程计算中使用的对流传热系数计算式,大多是通过实验得出的经验公式,它是将影响对流传热系数的因素进行分类整理成相应的无因次准数关联式,再根据具体的传热情况进行分析得出适当的计算公式。

如:表示对流传热系数的努塞尔特准数 $Nu=\dfrac{\alpha l}{\lambda}$ 无因次;

反映流体流动状况对对流传热系数影响的雷诺准数 $Re=\dfrac{lu\rho}{\mu}$ 无因次;

反映流体物理性质对对流传热系数影响的普兰特准数 $Pr=\dfrac{c_p\mu}{\lambda}$ 无因次。

在使用以上关联式求解对流传热系数 α 时要注意它的适用条件。关于计算各种情况的对流传热系数的经验公式有很多,每一种对流传热系数经验公式都有特定的应用条件,如对于气体或低黏度(小于2倍常温水黏度)液体在圆形直管内作强制湍流流动且无相变发生时,

$$Nu=0.023Re^{0.8}Pr^{n} \tag{4-19}$$

或

$$\alpha=0.023\frac{\lambda}{l}\left(\frac{lu\rho}{\mu}\right)^{0.8}\left(\frac{c_p\mu}{\lambda}\right)^{n} \tag{4-20}$$

式中,α——对流传热系数,W/(m^2·℃);λ——流体的导热系数,W/(m^2·℃);l——传热面的特征尺寸,对于圆形管路取管内径 d,m;u——流体的流速,m/s;ρ——流体的密

度，kg/m³；μ——流体的黏度，Pa·s 或 kg/(m·s)；c_p——流体的比热容，J/(kg·℃)。

此经验公式的应用范围：$Re>10\ 000$；$0.7<Pr<120$；管长 L 与管内径 d 之比 $L/d>60$；

定性温度取流体进、出口温度的算术平均值。

式(4－19)中的普兰特准数 Pr 的指数 n，当流体被加热时，$n=0.4$；被冷却时，$n=0.3$。

实例分析

实例 4－5：某列管式换热器，由 38 根长 2m，内直径为 20mm 无缝钢管组成。苯在管内流动，由 20℃被加热到 80℃，苯的流量为 8.32kg/s，外壳中通入水蒸气进行加热。确定管壁对苯的对流传热系数。

如果当苯的流量提高为原来的两倍，仍维持原有的加热温度，对流传热系数有何变化？

分析：苯的定性温度 $t_m=\dfrac{20+80}{2}=50℃$

在定性温度下苯的物理性质可由附录查得：

$$\rho=860\text{kg/m}^3;c_p=1.80\text{kJ/(kg·℃)}$$

$$\mu=0.45\text{cp};\lambda=0.14\text{W/(m·℃)}。$$

加热管内流速为：

$$u=\frac{V_s}{\frac{\pi}{4}d^2n}=\frac{8.32/860}{0.785\times0.02^2\times38}=0.82\text{m/s}$$

特性尺寸 $l=d=0.02\text{m}$

又 $$Re=\frac{du\rho}{\mu}=\frac{0.02\times0.82\times860}{0.45\times10^{-3}}=31\ 000>10^4$$

$$Pr=\frac{c_P\mu}{\lambda}=\frac{1.8\times10^3\times0.45\times10^{-3}}{0.14}=5.79\qquad(0.7<Pr<120)$$

$$L/d=\frac{2}{0.02}=100>60$$

由上计算可知，本题属于流体在圆形直管内强制湍流的情况。所以此题可用(4—20)式计算 α 值。因苯被加热，取 $n=0.4$。

$$\begin{aligned}\alpha&=0.023\frac{\lambda}{d}Re^{0.8}Pr^{0.4}\\&=0.023\times\frac{0.14}{0.02}\times31\ 000^{0.8}\times5.79^{0.4}\\&=1273\text{W/(m}^2\text{·℃)}\end{aligned}$$

当苯的流量增加一倍时，对流传热系数 α'

$$\alpha'=\alpha\left(\frac{u'}{u}\right)^{0.8}=1273\times2^{0.8}=2217\text{W/(m}^2\text{·℃)}$$

从此问题可以看出当流体的流量增加时，对流传热系数提高，对流传热系数 α 与流体流速 $u^{0.8}$ 成正比。

（3）流体有相变化时的对流传热系数简介：流体在换热器内发生相变化的情况有蒸气冷凝和液体沸腾两种。

1）蒸气冷凝：当饱和蒸气与温度较低的固体壁面接触时，蒸气将放出大量的潜热，并在固体壁面上冷凝成液体，当冷凝过程达到稳定时，由于压力视为恒定，所以气相中不存在温差，蒸气冷凝的热阻主要集中于壁面上的冷凝液中，蒸气冷凝分为膜状冷凝和滴状冷凝两种方式。

膜状冷凝时冷凝液能在固体壁面上形成一层完整的液膜，滴状冷凝时冷凝液不能润湿固体壁面，由于表面张力的作用，在固体壁面上形成许多液滴，并沿壁面落下，不能形成完整的液膜。实际生产中所遇到的冷凝过程多为膜状冷凝过程，即使开始时为滴状冷凝，随着冷凝过程的进行，液滴也逐渐由小液滴连成大液滴，很难维持滴状冷凝。工业生产中的冷凝器的设计及计算均按膜状冷凝处理。膜状冷凝由于壁面与蒸气之间的对流传热必须通过液膜才能实现，则增大了对流传热热阻，所以对流传热系数较滴状冷凝要小，但要比无相变的流体的对流传热系数大得多，如水蒸气进行膜状冷凝时的对流传热系数 α 通常为 5000～15 000W/(m^2·℃)，当水蒸气与其他流体换热时主要热阻都集中在无相变的流体一侧。

影响冷凝传热的因素主要有流体物性、温度差、不凝性气体的存在及蒸气流速与流向，其中影响最大的因素是不凝性气体的存在，不凝性气体会在壁面上形成一层气膜，由于气体的导热系数较小，会使传热系数明显下降，例如，当水蒸气中的不凝性气体的含量为 1% 时，α 可降低 60% 左右。所以冷凝器应装有放空阀，及时排除不凝性气体。

2）液体的沸腾：当高温加热面加热液体时，液体吸收热量并伴有液相转化为气相，即液体内部发生气泡或气膜的过程称为液体的沸腾。工业上液体沸腾方式有两种，一种是加热壁面浸在大容器的液体中，液体在壁面上的沸腾过程称为大容器沸腾，另一种是液体在管壁处受热沸腾称为管内沸腾，此种情况较复杂，主要讨论大容器沸腾。

液体沸腾的对流传热过程是一个复杂的过程，影响它的因素很多，如流体的物性、温度差、操作压力、加热壁面等，最重要的是传热壁面与液体的温度差 Δt，下面以水的沸腾说明对流传热的情况。

如图 4－9 所示为水的沸腾曲线，即常压水在大容器中沸腾时，传热系数 α 随沸腾温度差 $\Delta t = t_w - t_s$ 的关系曲线。根据 Δt 的大小，可将水的沸腾过程大体分成三个阶段。

这三个阶段分别是：①自然对流阶段：图 4－9 中的 AB 段，当 Δt 很小时（$\Delta t <$ 5℃），热量传递方式主要是自然对流，因为温差较小，产生的气化核心较少，气泡长大速度较慢，对层流边界层的搅动较小，对流传热系数 α 较小；②核状沸腾阶段：图 4－9 中的 BC 段，当 Δt 逐渐增大时（Δt = 5～25℃）气泡生成的速度随温差的增大而迅速增大，所以气泡对液体产生剧烈的搅动作用，对流传热系数 α 随 Δt 的增大而迅速增大；③膜状沸腾阶段：图 4－9 中的 CDE 段，当 Δt 更大时（$\Delta t >$ 25℃），气泡的增长速度过快，气泡脱离壁面的速度低于气泡的生成速度，气泡破裂连成一片，会在壁面处形成一层蒸气膜，由于蒸气的导热系数较小，所以对流传热系数 α 随着 Δt 的增加而急剧降低，但到达

D 点以后，Δt 的进一步增大，壁温越来越高，辐射传热的影响越来越显著，对流传热系数 α 又随 Δt 的增加而增加。图 4－9 中的 C 点是核状沸腾和膜状沸腾的转折点，称为临界点。工业生产中液体沸腾一般都控制在核状沸腾阶段，否则进入膜状沸腾阶段，不但传热系数急剧下降，还会造成壁温过高，致使换热管寿命缩短。

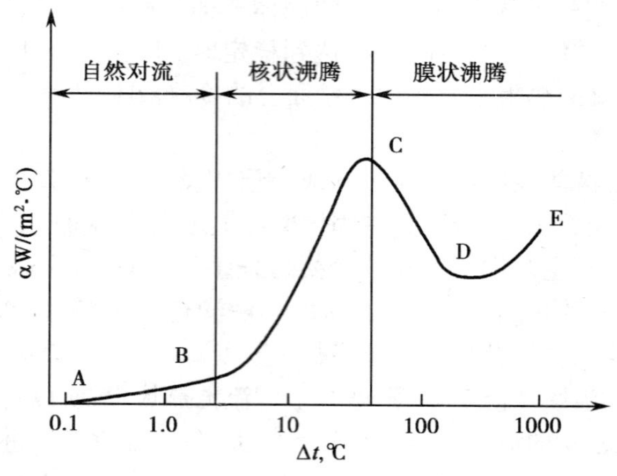

图 4－9 水的沸腾曲线

沸腾传热过程极其复杂，沸腾传热系数一般可根据经验数据选取，如水沸腾时的对流传热系数为 580～52 000W/（m^2·℃）。可见在间壁式传热设备中，沸腾一侧的热阻较小，不是关键热阻。工业生产用换热器的对流传热系数 α 值的大致范围可参见表 4－1。

表 4－1 对流传热系数 α 值的大致范围

对流传热的类型	α/W/（m^2·℃）	对流传热的类型	α/W/（m^2·℃）
气体的加热或冷却	5～100	水蒸气的滴状冷凝	46 000～140 000
水的加热或冷却	200～15 000	水蒸气的膜状冷凝	4600～17 000
过热蒸气的加热或冷却	23～110	水的沸腾	580～52 000
油加热或冷却	60～1700	有机蒸气冷凝	580～2300

三、辐射传热

辐射传热是一种以电磁波传递热量的方式。物体温度越高，辐射形式传递的热量就越多。电磁波的传递不需要任何介质，因此热辐射和热传导及和热对流传递热量是有根本区别的。

无论是固体或流体，都能把热能以电磁波的形式辐射出去，也能吸收别的物体辐射出的电磁波而转变成热能。实际在传热过程中一般都存在着热辐射、热对流和热传导三种传热方式。但在温度很高时，辐射传热成为主要的传热方式。当传热实际的温度低于 300℃时，在一般换热器内，辐射传热量相对很小，往往可以忽略不计，只需考虑热传导和热对流两种传热方式。

第三节　间壁两侧流体间的总传热过程

一、总传热方程式

根据传递过程的规律，传热过程的传热速率可以表示成推动力与阻力之间的关系即：

$$传热速率=\frac{传热推动力(温度差)}{传热阻力(热阻)}=\frac{\Delta t}{R}$$

对于间壁式换热器，根据实验与经验总结可知在总的传热过程中，单位时间内通过换热器传递的热量与传热面积成正比，与冷热流体间的温度差亦成正比，引入比例系数，则有：

$$Q=KA\Delta t_{\mathrm{m}} \tag{4-21}$$

式(4－21)称为总传热速率方程式。

式中，Q——单位时间内通过换热器传递的热量，即传热速率，W；A——换热器的传热面积，m^2；Δt_{m}——冷、热流体间平均传热温度差，℃，它是传热的推动力。平均温度差的计算将在后面讨论。

K——比例系数，或称总传热系数，W/(m^2·℃)是表示传热强弱程度的数值。其物理意义：当传热面积为 $1m^2$，平均传热温差为 1K 时单位时间内通过传热面的总传热量。即：

$$K=\frac{Q}{A\Delta t_{\mathrm{m}}} \tag{4-22}$$

式(4－21)可以改写成：

$$Q=\frac{\Delta t_{\mathrm{m}}}{\frac{1}{KA}}=\frac{\Delta t_{\mathrm{m}}}{R} \tag{4-23}$$

$R=\frac{1}{KA}$称为传热总热阻，K/W。

二、总传热过程的分析

化工制药生产中遇到的传热过程大部分是间壁式换热，热流体经过间壁将热量传向冷流体。在热交换的过程中，包括了间壁两侧流体与固体壁面之间的对流传热和经过固体壁面的热传导，即是对流传热与热传导两种基本传热方式的联合。如图 4－10 所示。

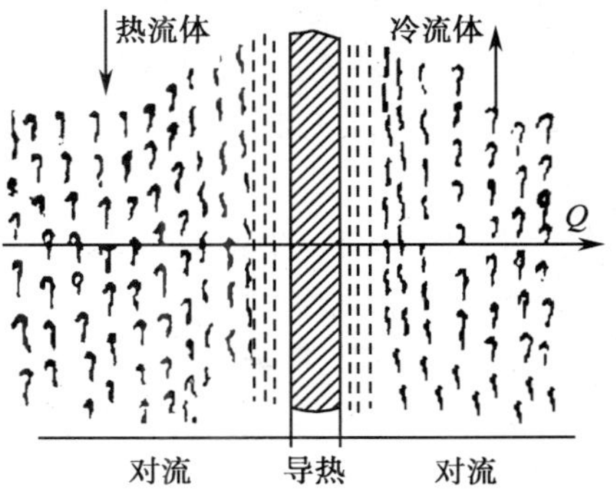

图 4－10　总传热过程分析

1. 热负荷的分析　传热过程中单位时间内冷、热流体间所交换的热量，称为换热器的热负荷，热负荷是根据生产中某个岗位换热任务的需要提出的，所以热负荷是要求换热器应具有的换热能力。在化工制药生产中，正常连续生产为稳定传热过程，故热负荷可通过热流体放出的热量 Q_h 进行计算，亦可通过冷流体吸收的热量 Q_c 来计算，当忽略操作过程中的热量损失时，根据能量守恒原理可知，热流体在单位时间内所放出的热量 Q_h 等于冷流体在单位时间内吸收的热量 Q_c，即 $Q_h = Q_c$。换热过程中冷热流体都不发生相变的情况下，可用下面公式计算热负荷：

$$Q_h = W_h c_{ph}(T_1 - T_2) \tag{4-24}$$

$$Q_c = W_c c_{pc}(t_2 - t_1) \tag{4-25}$$

式中，W_h、W_c——热流体和冷流体的质量流量，kg/s；c_{ph}、c_{pc}——热流体和冷流体在进出口温度范围内的平均比热，按流体进出口温度的算术平均值作为定性温度，J/kg·℃；T_1、T_2——热流体进口和出口温度，℃；t_1、t_2——冷流体进口和出口温度，℃。

如果冷热流体在热交换中仅发生相变化（冷凝或蒸发）的情况，热负荷可用下式计算：

$$Q_h = W_h r_h \tag{4-26}$$

$$Q_c = W_c r_c \tag{4-27}$$

式中，r_h、r_c——热流体的冷凝潜热和冷流体的气化潜热，J/kg。

如果已知冷热流体在不同温度下的焓值，也可以通过焓差来计算：

$$Q_h = W_h(H_{h1} - H_{h2}) \tag{4-28}$$

$$Q_c = W_c(\mathrm{h}_{c2} - h_{c1}) \tag{4-29}$$

式中，W_h、W_c——热流体和冷流体的质量流量，kg/s；H_{h1}、H_{h2}——热流体进口和出口的焓，J/kg；h_{c1}、h_{c2}——冷流体进口和出口的焓，J/kg。

本书附录中列有水蒸气焓的数据，其他物质的焓可查有关手册。

衡量一个换热器的换热能力常用传热速率，生产中一个能满足传热要求的换热器，必须使其传热速率等于（或略大于）热负荷。通常将传热速率与热负荷在数值上视为相等，所以通过热负荷的计算，便可确定换热器所具有的传热速率，依此传热速率便可计算换热器在一定操作条件下所应具有的传热面积。应该注意的是传热速率是换热器本身在一定操作条件下的换热能力，是换热器本身的特性，可见传热速率与热负荷的意义是不相同的。

实例分析

实例 4-6：试计算压力为 147.1kPa（绝对），流量为 1200kg/h 的饱和水蒸气冷凝后，并降温至 50℃时所放出的热量。

分析：

（1）可用以下两步计算：一是饱和水蒸气冷凝成水，放出潜热；二是水温降至 50℃所放出之显热。

1）水蒸气冷凝成水所放出的热量为 Q_1

查水蒸气表得：$p = 147.1$kPa（绝对）下的水饱和温度 $t_1 = 110.7$℃，气化潜热 $r = 2243.6$/kg

则 $Q_1 = W_h \cdot r_h = \frac{1200}{3600} \times 2243.6 = 747.9\text{kJ/s} = 747.9\text{kW}$

2）水由110.7℃降温至50℃时放出热量 Q_2

$$平均温度 = \frac{110.7+50}{2} = 80.35℃$$

查80.35℃时水的比热容 $c_{ph} = 4.2\text{kJ/kg} \cdot \text{K}$

则
$$\begin{aligned} Q_2 &= W_h c_{ph}(T_1 - T_2) \\ &= \frac{1200}{3600} \times 4.2(110.7-50) = 85.0/\text{s} \\ &= 85.0 \end{aligned}$$

3）共放出热量 Q_h

$$\begin{aligned} Q_h &= Q_1 + Q_2 \\ &= 747.9 + 85.0 = 832.9\text{kW} \end{aligned}$$

（2）此题若用焓差法计算，则：

查水蒸气表得：$p = 147.1\text{kPa}$（绝对）时

饱和水蒸气的焓 $H_1 = 2694.43\text{kJ/kg}$

50℃水的焓 $H_2 = 209.3\text{kJ/kg}$

则饱和水蒸气冷凝后并降温至50℃放出的热量

$$\begin{aligned} Q_h &= W_h(H_1 - H_2) \\ &= \frac{1200}{3600} \times (2694.43 - 209.3) \\ &= 828.3\text{kW} \end{aligned}$$

2. 传热平均温度差的分析　在总传热速率方程式 $Q = KA\Delta t_m$ 中，Δt_m 一项为冷热两流体间的传热平均温度差，即为传热的总推动力。在间壁式换热器中，沿着间壁两侧流动的流体，与传热面各点温度变化的情况，可分为恒温传热和变温传热两种。下面分别讨论这两种传热平均温度差的计算方法。

（1）恒温传热时的平均温度差：恒温传热即两流体在进行热交换时，冷热流体在换热器的间壁两侧任一位置，任一时间的温度皆相等。例如换热器间壁一侧为液体沸腾，另一边为蒸气冷凝，或用恒压下的水蒸气加热沸腾的有机液体，则间壁两侧流体的温度都维持恒定。

由于恒温传热时，冷热两种流体的温度都维持不变，所以两流体间的传热温度差为定值，可表示如下：

$$\Delta t_m = T - t \tag{4-30}$$

式中，T——热流体的温度，℃；t——冷流体的温度，℃。

（2）变温传热时的平均温度差：在传热过程中，若间壁两侧流体的温度沿传热面变化，称为变温传热，在稳定变温传热过程中，两流体间的传热温度差，将沿传热面随流动距离而不同，在进行传热计算时，必须取其平均值，故存在着求取传热平均温度差 Δt_m 的问题，主要有以下两种情况：

1）间壁一侧流体变温而另一侧流体恒温时传热平均温度差计算：在热交换器中用饱和蒸气加热另一种低温流体或用热流体来加热另一种在较低温度下进行沸腾的液体时，则为间壁一侧流体变温而另一侧流体恒温时的传热。前者饱和蒸气冷凝放出潜热，冷凝温度 T 不变，而另一种流体被加热，由 t_1 升温到 t_2，如图 4－11(a)所示。后者热流体温度由 T_1 降到 T_2，而另一种沸腾的液体则保持较低的沸点 t 不变，如图 4－11(b)所示。

两种情况下的 Δt_m 可由对数平均温度差计算：

$$\Delta t_m = \frac{\Delta t_1 - \Delta t_2}{\ln \dfrac{\Delta t_1}{\Delta t_2}} \tag{4-31}$$

若 $\Delta t_1 / \Delta t_2 \leqslant 2$ 时，在工程计算中，可以用算术平均温度差$\left(\dfrac{\Delta t_1 + \Delta t_2}{2}\right)$代替对数平均温度差。

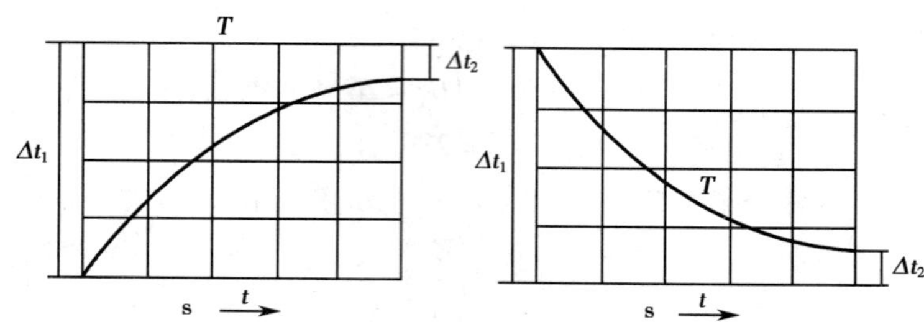

图 4－11 一侧流体为恒温另一侧流体为变温时的温度差变化

实例分析

实例 4－7：在某换热器内用 500.0kPa(绝压)的饱和水蒸气加热空气。空气由进口的 20℃升温至 120℃。分析此换热过程的传热温度差。

分析：恒压下用饱和水蒸气作热源加热空气时，蒸气这一侧的温度是恒定的。查附录中饱和水蒸气表可得 500.0kPa(绝压)的饱和水蒸气温度为 151.7℃。所以：

热流体温度 $T = 151.7$℃

冷流体进口温度 $t_1 = 20$℃，出口温度 $t_2 = 120$℃

则

$$\Delta t_1 = T - t_1 = 151.7 - 20 = 131.7℃$$

$$\Delta t_2 = T - t_2 = 151.7 - 120 = 31.7℃$$

所以对数平均温度差为：

$$\Delta t_m = \frac{\Delta t_1 - \Delta t_2}{\ln \dfrac{\Delta t_1}{\Delta t_2}} = \frac{131.7 - 31.7}{\ln \dfrac{131.7}{31.7}} = 70.4℃$$

2）间壁两侧流体都变温时传热平均温度差的计算：间壁两侧流体都变温的传热平均温度差与流体的流向有关，冷热两种流体在换热器内的流动方向大致可以分为以下四种情况，如图 4－12 所示。

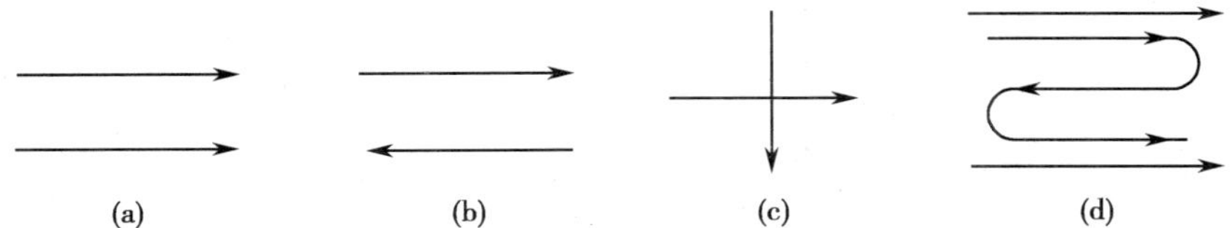

图 4－12　换热器中两种流体流向示意图

（a）并流；（b）逆流；（c）错流；（d）折流

A. 逆流和并流时的平均温度差：在这种换热器中，间壁一边为热流体，另一边为冷流体。两种流体的温度均沿传热面随流动距离而变化，热流体温度逐渐下降，冷流体温度逐渐增高。不论并流还是逆流，其平均温度差都按（4－31）式计算。其中换热器两端温度差 Δt_1，Δt_2 如图 4－13。即：

$$\Delta t_m = \frac{\Delta t_1 - \Delta t_2}{\ln \dfrac{\Delta t_1}{\Delta t_2}}$$

如遇$\dfrac{\Delta t_1}{\Delta t_2} \leqslant 2$ 时，仍可用算术平均值计算，即 $\Delta t_m = \dfrac{\Delta t_1 + \Delta t_2}{2}$。在计算时常取两端温度差中大者作为 Δt_1，小者作为 Δt_2。以使式中分子与分母都是正数，这样计算 Δt_m 时较为简便。

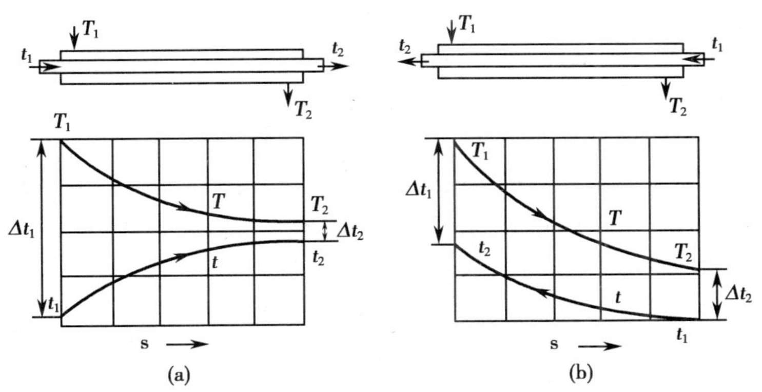

图 4－13　并流和逆流时的温度差变化

（a）并流；（b）逆流

实例分析

实例 4－8：在一套管换热器中，热流体温度由 250℃ 冷却到 180℃，冷流体温度由 100℃ 加热到 160℃，试分别计算两流体按并流和逆流流动时的传热平均温度差。

分析：并流时的传热平均温度差 Δt_m：

热流体温度 T: $T_1=250℃\longrightarrow T_2=180℃$

冷流体温度 t: $t_1=100℃\longrightarrow t_2=160℃$

则 $\Delta t_1=150℃$ $\Delta t_2=20℃$

所以
$$\Delta t_m=\frac{\Delta t_1-\Delta t_2}{\ln\frac{\Delta t_1}{\Delta t_2}}=\frac{150-20}{\ln\frac{150}{20}}=64.5℃$$

逆流时的传热平均温度差 Δt_m:

热流体温度 T: $T_1=250℃\longrightarrow T_2=180℃$

冷流体温度 t: $t_2=160℃\longleftarrow t_1=100℃$

则 $\Delta t_1=90℃$ $\Delta t_2=80℃$

所以
$$\Delta t_m=\frac{\Delta t_1-\Delta t_2}{\ln\frac{\Delta t_1}{\Delta t_2}}=\frac{90-80}{\ln\frac{90}{80}}=84.9℃$$

由于
$$\frac{\Delta t_1}{\Delta t_2}=\frac{90}{80}=1.125<2$$

所以用算术平均值也能满足工程上的要求

$$\Delta t_m=\frac{\Delta t_1+\Delta t_2}{2}=\frac{90+80}{2}=85℃$$

两者计算结果十分接近,但后者计算更简便。

从此例可以看出,虽然参加热交换的两种流体,其进出口温度分别相同,但逆流时的 Δt_m 要比并流时的 Δt_m 大,即逆流时的推动力要大。因此在换热器的热负荷和总传热系数分别相同时,采用逆流操作,可以节省传热面积,使换热器结构紧凑,降低设备费用,同理当传热面积一定时,可减少换热介质的流量,降低操作费用,在满足其他要求的情况下,工程上优先选用逆流操作。

B. 错流和折流时的平均温度差:错流和折流时的平均温度差可用下式进行计算:

$$\Delta t_m=\varphi_{\Delta t}\Delta t'_m \tag{4-32}$$

式中,Δt_m——错流或折流时的温度差,℃;$\Delta t'_m$——按纯逆流计算的平均温度差,℃;$\varphi_{\Delta t}$——校正系数,无因次。

校正系数 $\varphi_{\Delta t}$ 与两流体的温度变化有关,是由 P 和 R 两个参数决定的函数,即

$$\varphi_{\Delta t}=f(P,R) \tag{4-33}$$

其中
$$P=\frac{\text{冷流体的温升}}{\text{两流体的最初温度差}}=\frac{t_2-t_1}{T_1-t_1}$$

$$R=\frac{\text{热流体的温降}}{\text{冷流体的温升}}=\frac{T_1-T_2}{t_2-t_1}$$

折流或错流的 $\varphi_{\Delta t}$ 可以从图 4－14(a)、(b)、(c)中根据 P 和 R 查得。从图中看出 $\varphi_{\Delta t}$ 的值小于 1，所以折流和错流时的平均温度差总小于逆流时的平均温度差，这是由于在列管式换热器内增设了折流挡板及采用多管程，使得流体在流动过程中呈折流或错流，导致温度差小于纯逆流流动。采用折流或错流的目的是为了提高传热系数，但代价是使传热平均温差相应减小，综合考虑，一般在设计时最好使 $\varphi_{\Delta t}$ 不低于 0.8，否则在经济上不合理。

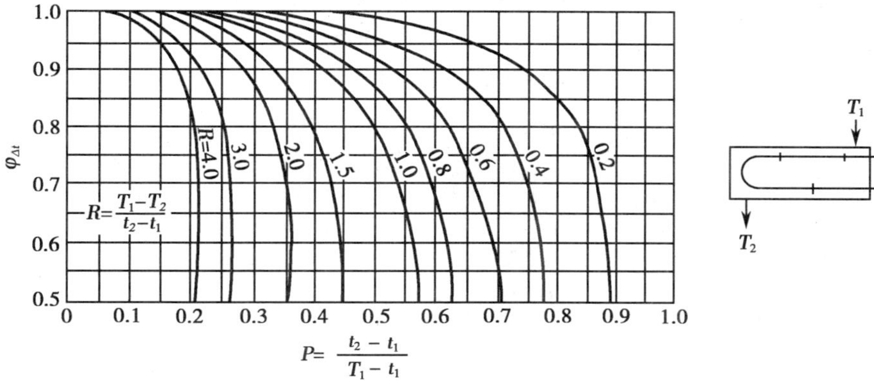

图 4－14(a) 折流时的平均温度差校正系数

单壳程，2. 4. 6. ……管程

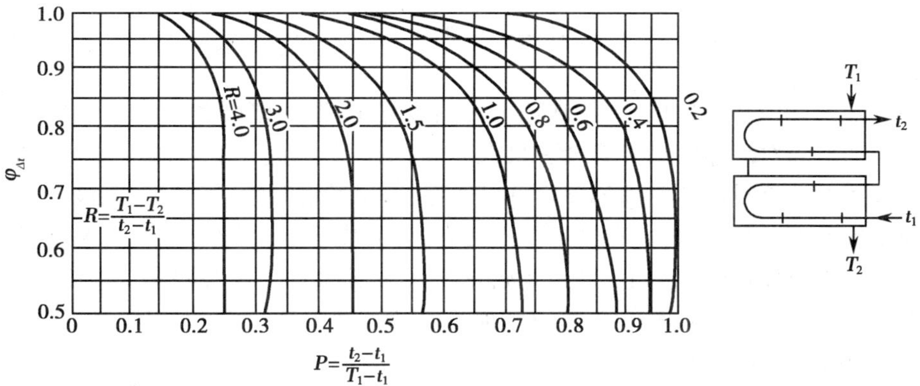

图 4－14(b) 折流时的平均温度差校正系数

双壳程，4. 8. ……管程

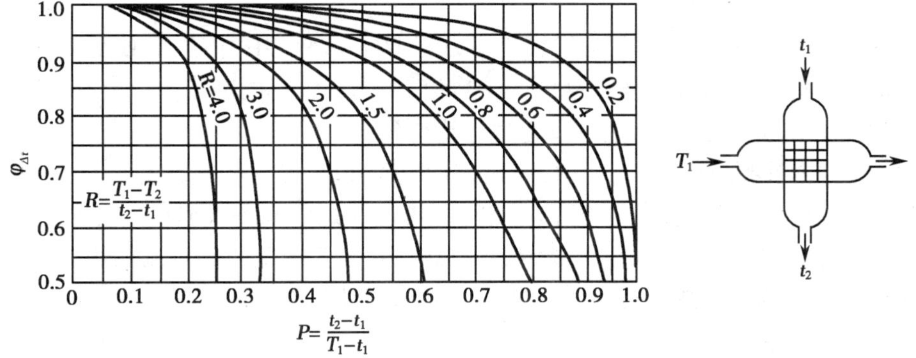

图 4－14(c) 错流时的平均温度差校正系数

实例分析

实例4-9：在一单壳程、四管程的列管式换热器中，用水冷却油，冷水在壳程流动，进口温度为20℃，出口温度为35℃。油走管程，进口温度为100℃，出口温度为50℃。试分析两流体的平均温度差。

分析：此题为折流时的平均温度差，先按逆流时计算，由

$$T_1=100℃\longrightarrow T_2=50℃$$

$$t_2=35℃\longleftarrow t_1=20℃$$

则 $\Delta t_1=65℃ \qquad \Delta t_2=30℃$

所以
$$\Delta t_m=\frac{\Delta t_1-\Delta t_2}{\ln\dfrac{\Delta t_1}{\Delta t_2}}=\frac{65-30}{\ln\dfrac{65}{30}}=45.3℃$$

$$P=\frac{t_2-t_1}{T_1-t_1}=\frac{35-20}{100-20}=0.19$$

$$R=\frac{T_1-T_2}{t_2-t_1}=\frac{100-50}{35-20}=3.33$$

查图4-14(a)得 $\varphi_{\Delta t}=0.94$，所以 $\Delta t_m=\varphi_{\Delta t}\Delta t'_m=0.94\times45.3=42.6℃$

3）变温时两流体流向的选择：在稳定传热过程中，若间壁两侧的流体都变温时，则流体的流动方向对流体的最终温度有很大影响，从而影响到两流体间的传热平均温度差和载热体的消耗量。从前面的分析可以知道，采用逆流时的平均温度差最大，并流流动时的平均温度差最小，折流和错流介于两者之间，在工业生产中优先选用逆流操作。对于一定的热流体进口温度下，采用并流操作时，冷流体的最高极限出口温度为热流体的出口温度 T_2，在特殊情况下，需要控制加热温度不高于某一定值时，如对于热敏性物料的加热，则采用并流操作。

至于错流和折流，与并流和逆流比较，其特点在于能使热交换器的结构比较紧凑合理，而在实际换热器内，纯粹的逆流和并流是不多见的，而是比较复杂的流动，即错流和折流。

3. 总传热系数的分析　在总传热速率方程 $Q=KA\Delta t_m$ 中，传热系数是表示换热器间壁两侧流体间传热过程强弱程度的一个数值，影响其大小的因素十分复杂，传热系数可以通过实测和选用经验值，也可以通过计算得到。

（1）总传热系数的计算：以间壁两侧流体传热为例，推导传热系数的计算式，如图4-10所示。因为冷热流体通过间壁两侧的传热过程是由间壁两侧的对流传热以及间壁的热传导三个过程串联而成，所以传热的总热阻，等于间壁两侧对流传热热阻与间壁本身导热热阻之和。若热流体和固体壁面之间的对流传热系数为 α_i，冷流体和固体壁面之间的对流传热系数为 α_o，间壁的导热系数为 λ。则：

$$R=R_{\alpha1}+R_{\lambda}+R_{\alpha2}$$

即
$$\frac{1}{KA}=\frac{1}{\alpha_i A_i}+\frac{b}{\lambda A_m}+\frac{1}{\alpha_o A_o} \tag{4-34}$$

1）传热面为平壁：当传热面为平壁时，$A=A_i=A_m=A_o$ 则式（4－34）变为

$$\frac{1}{K}=\frac{1}{\alpha_i}+\frac{b}{\lambda}+\frac{1}{\alpha_o} \tag{4-35}$$

或
$$K=\frac{1}{\frac{1}{\alpha_i}+\frac{b}{\lambda}+\frac{1}{\alpha_o}} \tag{4-36}$$

若是多层平壁则应写成
$$K=\frac{1}{\frac{1}{\alpha_i}+\sum\frac{b}{\lambda}+\frac{1}{\alpha_o}} \tag{4-37}$$

对以上公式进行讨论：

A. 当固体壁面为金属时，由于金属的导热系数很大，如果壁面很薄时，则导热热阻可忽略，此时
$$K=\frac{1}{\frac{1}{\alpha_i}+\frac{1}{\alpha_o}} \tag{4-38}$$

B. 如果 $\alpha_i \gg \alpha_o$ 则 $K \approx \alpha_o$ 说明 K 接近于小的 α 值，由此可知，总热阻是由热阻大的那一侧的对流传热所控制，即当两个对流传热系数相差较大时，要提高 K 值，关键在于提高对流传热系数小的一侧 α 值，亦即要尽量设法减小其中最大的分热阻。如用饱和蒸气加热空气时，由于饱和蒸气一侧对流传热系数较空气侧大很多，要想提高总传热系数，必须设法提高空气侧的对流传热系数，若两侧 α 值相差不大时，则应同时考虑提高两侧的 α 值，以达提高传热系数 K 值的目的。

C. 壁面的温度：稳定传热过程中，间壁两侧的对流传热速率应相等，即

$$\frac{Q}{\mathrm{A}}=\alpha_i(T-T_w)=\alpha_o(t-t_w)$$

由此看出，对流传热系数 α 值大的一侧，其流体温度与壁温之差就小，即壁温总是接近于 α 值大的那一侧流体的温度。

2）传热面为圆筒壁：传热面为圆筒壁时，$A_i \neq A_m \neq A_o$ 这时传热系数 K 则随着所取的传热面不同而异。若以管外表面积 A_o 为基准，则将式（4－34）分子、分母乘以管外表面积 A_o 得：

$$K_o=\frac{1}{\frac{A_o}{\alpha_i A_i}+\frac{bA_o}{\lambda A_m}+\frac{1}{\alpha_o}} \tag{4-39}$$

式中，K_o——基于管壁外表面积 A_o 的传热系数，W/（m^2·℃）。

同理可推出基于管内表面积 A_i 的传热系数计算式：

$$K_i=\frac{1}{\frac{1}{\alpha_i}+\frac{\delta A_i}{\lambda A_m}+\frac{A_i}{\alpha_o A_o}} \tag{4-40}$$

式中，K_i——基于管壁内表面积 A_i 的传热系数，W/（m^2·℃）。相应也可推出基于管壁平均面积 A_m 的传热系数计算式：

$$K_m = \frac{1}{\dfrac{A_m}{\alpha_i A_i} + \dfrac{b}{\lambda} + \dfrac{A_m}{\alpha_o A_o}} \tag{4-41}$$

式中，K_m——基于管壁平均面积 A_m 的传热系数，W/(m²·℃)。

从上面分析可知，计算圆筒壁的传热系数时应与所取的基准传热面积（$A_i = \pi d_i L$、$A_m = \pi d_m L$、$A_o = \pi d_o L$）相对应，因为所取的基准传热面不同，所得 K 值也不相同。

实际计算时，如管壁较薄或管径较大，即管内、外壁表面积大小很接近时，可近似取 $A_i \approx A_m \approx A_o$，则圆筒壁可近似当成平壁计算，从而使计算简化。

（2）污垢热阻：在计算传热系数 K 值时，尚需考虑污垢热阻。因为换热器在实际运转过程中，传热面上常有污垢积存，对传热产生附加热阻，由于垢层的导热系数很小，垢层虽薄，但对传热影响很大，使传热系数降低。所以在设计热交换器时，还必须根据流体的情况，对污垢的热阻加以考虑，以保证在一定的时间内运转时，有足够的传热面。由于污垢厚度及其导热系数不易估计，工程计算时，通常是选用污垢热阻的经验值，作为计算 K 值的依据。如传热面两侧表面上的污垢热阻分别用 R_{si} 及 R_{so} 表示，此时对传热面为单层平壁而言，则传热系数计算式为：

$$K = \frac{1}{\dfrac{1}{\alpha_i} + R_{si} + \dfrac{b}{\lambda} + \dfrac{1}{\alpha_o} + R_{so}} \tag{4-42}$$

工业生产中常遇到的污垢热阻经验值，可参考有关专业书籍中所载的数值范围。如见表 4－2。

对于易结垢的流体或换热器使用时间过长，污垢热阻往往会增加致使换热器的传热速率严重下降，所以换热器要根据具体操作、使用条件，定期进行清洗。

表 4－2 常见流体的污垢热阻

流 体	污垢热阻 R/(m²·℃/kW)	流 体	污垢热阻 R/(m²·℃/kW)
水（t>50℃）		水蒸气	
蒸馏水	0.09	优质——不含油	0.052
海水	0.09	劣质——不含油	0.09
清静的河水	0.21	往复机排除	0.176
未处理的凉水塔用水	0.58	液体	
已处理的凉水塔用水	0.26	处理过的盐水	0.264
已处理的锅炉用水	0.26	有机物	0.176
井水	0.58	燃料油	1.056
气体		焦油	1.76
空气	0.26～0.53		
溶剂蒸气	0.14		

（3）总传热系数的经验值：总传热系数 K 主要取决于流体的物性，传热过程的操作条件及换热器的类型等，因此 K 值变化范围很大。换热器总传热系数除了用前面的公

式计算外，还可以进行实测，为了获得传热系数 K 值，通过测定流体的流量、温度和传热面积后，即可运用总传热速率方程式，计算出传热系数 K 值。对运行的换热设备进行现场测定得 K 值，可作为其他类似物料，使用同类型热交换器时的参考；也可用来了解现场运行传热设备的性能现状，从而寻求提高设备生产能力的途径。在生产实践中工程技术人员总结积累了丰富的经验，如在列管式换热器中，某些情况下，传热系数 K 的经验值可参见表 4－3。

实际计算时由于实测值和经验值与理论值有一定的差异时，常将多个因素综合考虑以确定合适的传热系数值。

表 4－3　列管式换热器中的传热系数 K 经验值

冷流体	热流体	传热系数 W/(m^2·℃)	冷流体	热流体	传热系数 W/(m^2·℃)
水	水	850～1700	水	水蒸气冷凝	1420～4250
水	气体	17～280	气体	水蒸气冷凝	30～300
水	有机溶剂	280～850	水	低沸点烃类冷凝	455～1140
水	轻油	340～910	水沸腾	水蒸气冷凝	2000～4250
水	重油	60～280	轻油沸腾	水蒸气冷凝	455～1020
气体	气体	10～40	有机溶剂	有机溶剂	115～340

实例分析

实例 4－10：热空气在冷却管管外流过，$a_o = 90\text{W}/(\text{m}^2\cdot℃)$，冷却水在管内流过，$\alpha_i = 1000\text{W}/(\text{m}^2\cdot℃)$。冷却管外径 $d_o = 16\text{mm}$，管壁厚 $b = 1.5\text{mm}$，管壁的 $\lambda = 40\text{W}/(\text{m}\cdot℃)$。试求：

(1) 总传热系数 K_o。

(2) 管外对流传热系数 a_o 增加一倍，总传热系数有何变化？

(3) 管内对流传热系数 a_i 增加一倍，总传热系数有何变化？

分析：

(1) 由于 $A = \pi dL$，由式(4－39)可得：

$$K_o = \frac{1}{\frac{1}{\alpha_i}\cdot\frac{d_o}{d_i} + \frac{b}{\lambda}\frac{d_o}{d_m} + \frac{1}{\alpha_o}}$$

$$= \frac{1}{\frac{1}{1000}\times\frac{16}{13} + \frac{0.0015}{40}\times\frac{16}{14.5} + \frac{1}{90}}$$

$$= \frac{1}{0.00123 + 0.00004 + 0.01111} = 80.8\text{W}/(\text{m}^2\cdot℃)$$

可见管壁热阻很小，通常可以忽略不计。

(2) $K_o = \dfrac{1}{0.00123 + \dfrac{1}{2\times 90}} = 147.4\text{W/(m}^2\cdot℃)$

传热系数增加了 $\dfrac{147.4 - 80.8}{80.8} \times 100\% = 82.4\%$

(3) $K_o = \dfrac{1}{\dfrac{1}{2\times 1000}\times\dfrac{16}{13} + 0.01111} = 85.3\text{W/(m}^2\cdot℃)$

传热系数只增加了 $\dfrac{85.3 - 80.8}{80.8} \times 100\% = 6\%$

说明要提高 K 值，应提高较小的 α_o 值。

实例分析

实例 4－11：有一个列管式换热器，由若干根 $\phi25\times2\text{mm}$ 的无缝钢管制成，管内通冷却水，$a_i = 1330\text{W/(m}^2\cdot℃)$；管外通饱和水蒸气，$a_o = 4600\text{W/(m}^2\cdot℃)$。管壁导热系数 λ 为 46.5W/(m·℃)，试分别按平壁及圆筒壁计算其总传热系数并比较其误差率。

分析：(1) 先按圆筒壁公式计算

由于 $A = \pi dL$，故式(4－39)可以写成：

$$K_o = \frac{1}{\dfrac{d_o}{\alpha_i d_i} + \dfrac{\delta d_o}{\lambda d_m} + \dfrac{1}{\alpha_o}}$$

已知 $d_o = 0.025\text{m}$ $b = 0.002\text{m}$ $d_i = 0.021\text{m}$ $d_m = 0.023\text{m}$

将数据代入上式，则：

$$K_o = \frac{1}{\dfrac{0.025}{1330\times0.021} + \dfrac{0.002\times0.025}{46.5\times0.023} + \dfrac{1}{4600}} = 863\text{W/(m}\cdot℃)$$

(2) 若按平壁公式(4－35)计算

由于 $\dfrac{d_o}{d_i} = \dfrac{0.025}{0.021} = 1.19 < 2$，可按平壁处理，则：

$$K' = \frac{1}{\dfrac{1}{1330} + \dfrac{0.002}{46.5} + \dfrac{1}{4600}} = 987.87\text{W/(m}^2\cdot℃)$$

两者进行比较，其误差 $\dfrac{K' - K}{K'} = \dfrac{987.87 - 863}{987.87} \times 100\% = 12.6\%$

通过这个例题说明，把圆筒壁按平壁计算有一定误差，对于小管径换热器误差更大一些。但由于对流传热系数的计算都是采用一些并不很准确的经验公式，所以计算得出的 K 值与实际 K 值相差 10% ~20% 是常见的，这在工程上是允许的。

4. 传热面积的分析　传热计算中涉及的传热面积计算主要有以下两种情况：一是根据各单元操作生产任务要求的热负荷，确定换热器的传热面积，属于设计计算；二是校核计算，即对现有的换热器计算它的传热量，流体的流量或温度等，校核此换热器能否用于特定的岗位。

由总传热速率方程式 $Q=KA\Delta t_m$ 可知，当传热速率（或热负荷）Q、传热平均温度差 Δt_m 及传热系数 K 确定后，传热面积 A 则很容易算出：

$$A=\frac{Q}{K\Delta t_m} \tag{4-43}$$

5. 强化传热的途径　提高换热器间壁两侧流体的传热速率即是对换热器传热过程的强化，根据总传热速率方程式 $Q=KA\Delta t_m$ 可知，要想提高 Q，需要从传热系数 K、传热面积 A、平均温度差 Δt_m 三方面来考虑。

（1）增大平均温度差 Δt_m：平均温度差的大小取决于冷热流体的温度及两流体在换热器中的流向。冷热流体的温度由生产工艺条件决定，可变动范围不大，可以增大加热介质的温度或降低冷却介质的温度，但需要考虑经济上的合理性和技术上的可行性。当间壁两侧流体都是变温情况时，采用逆流操作可得到较大平均温度差。

（2）增大传热面积 A：增大单位体积的传热面积，即在传热设备基本尺寸不变的情况下提高传热面积，可以提高传热速率，可通过采用改进传热面的形状或结构来完成。如将换热管做成翅片状、波纹状、用螺纹管代替光滑管，或采用小直径管等，这样不仅可增大传热面积，还可以增强流体的扰动程度，使换热过程强化。

（3）增大传热系数 K：增大传热系数可以提高传热速率。增大传热系数可以通过影响传热系数的因素入手，即需要减小管壁两侧的对流热阻、污垢热阻和管壁本身的热阻，由于各项热阻所占比例不同，所以要降低关键热阻，由于管子金属壁面较薄而导热系数较大，一般不会成为主要热阻，在新换热器使用初期，污垢热阻也不会成为主要热阻，所以要控制对流热阻，如提高流体的流速，增强流体的扰动等，当换热器运行一段时间后，为防止污垢层热阻增大，应定期进行清理除垢。

强化传热过程要综合考虑，权衡得失，如要提高流速就会增大阻力，增强流体的扰动可能会使换热器的结构复杂，所以既要考虑到设备结构、制造费用，又要考虑到经常性操作费用，找到经济合理的强化方法。

实例分析

实例 4-12：一单程列管式换热器，由直径为 $\phi25\times2.5$mm 的钢管管束组成。苯在换热器的管内流动，流量为 1.25kg/s，由 80℃冷却到 40℃。冷却水在管间和苯作逆流流动，进口温度为 20℃，出口温度不超过 40℃。若已知水侧和苯侧的对流传热系数分别为 1700 和 850W/(m^2·℃)，污垢热阻和换热器的热损失可以忽略，试分析换热器的传热面积。苯的平均比热为 1.9(kJ/kg·℃)，管壁材料的导热系数为 45W/(m·℃)。

分析：依传热速率方程式求传热面积，即

$$Q=K_oA_o\Delta t_m$$

其中

$$Q=Q'=Q_h=W_hC_{ph}(T_1-T_2)$$
$$=1.25\times1.9\times10^3\times(80-40)=95\text{kW}$$

$$T_1=80℃\longrightarrow T_2=40℃$$
$$t_2=40℃\longleftarrow t_1=20℃$$

则

$$\Delta t_1=40℃\qquad\Delta t_2=20℃$$

$$\Delta t_m=\frac{\Delta t_1-\Delta t_2}{\ln\frac{\Delta t_1}{\Delta t_2}}=\frac{40-20}{\ln\frac{40}{20}}=28.9℃$$

$$K_o=\frac{1}{\frac{d_o}{\alpha_i d_i}+\frac{bd_o}{\lambda d_m}+\frac{1}{\alpha_o}}$$
$$=\frac{1}{\frac{0.025}{850\times0.02}+\frac{0.0025\times0.025}{45\times0.0225}+\frac{1}{1700}}=472\text{W}/(\text{m}^2\cdot\text{K})$$

故

$$A_o=\frac{Q}{K_o\Delta t_m}=\frac{95\times10^3}{472\times28.9}=6.96\text{m}^2$$

第四节 传热设备

传热设备的种类很多，由于用途、工作条件和物料特性的不同，出现了各种不同形式的传热设备，但一台比较完善的传热设备，首先应满足工艺条件所规定的要求，如传热效果好，传热面积足够，流体阻力小等。此外还应满足机械强度和刚度的要求，结构要可靠，材料要节省，另外还要便于制造、安装和维修，成本要低。

由于生产中参与换热的冷、热流体绝大部分是不允许互相混合的，因此间壁式换热器是制药及化工生产中应用最多的一种结构形式。

一、间壁式换热器

根据构成间壁式换热器的换热面不同特点，又可以将其归纳为两大类：管式换热器和板面式换热器。

1. 管式换热器　管式换热器通过管子壁面进行传热，目前管式换热器的设计制造都比较成熟，管式换热器按传热管的结构不同又分为蛇管式、套管式和列管式，就其数量和使用场合来看，管式换热器中应用最广的是列管式换热器，它具有可靠性高、适应性广等优点，是制药工业中应用最广泛的换热器。

（1）蛇管式换热器：蛇管式换热器是最早出现的一种传热设备，蛇管式换热器一般由金属或非金属管子，将直管按需要加工成各种曲线形状的连续叠加状态，如螺旋状或盘管状态，其圈数多少可根据需要而定。

按使用状态不同，蛇管式换热器又可分为沉浸式蛇管和喷淋式蛇管两种。

1）沉浸式蛇管换热器：该换热器是把蛇管沉浸在盛有液体的壳体内进行传热的设备。沉浸式蛇管换热器及蛇管的形状如图 4－15（a）、（b）所示。此类设备可作为预热器、蒸发器、冷却器或冷凝器。

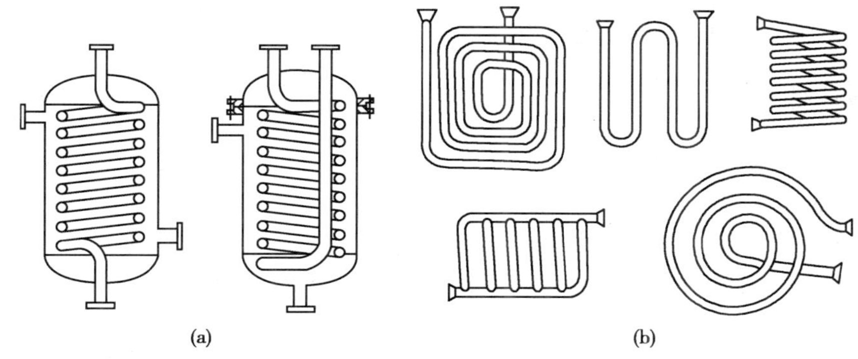

图 4－15　蛇管式换热器及蛇管形状

（a）蛇管式换热器；（b）各种蛇管

2）喷淋式蛇管换热器：如图 4－16 所示，将蛇管成排地固定在钢架上，被冷却的流体在管内流动，冷却水由管排上方的喷淋装置均匀淋下，喷洒在下层蛇管的表面，依次流过各层蛇管，最后汇集在下面的接收器中。与沉浸式相比较，喷淋式蛇管换热器主要优点是管外流体的传热系数大，且便于检修和清洗，这类设备结构简单，安装方便，其缺点是体积庞大，冷却水用量较大，有时喷淋效果不够理想。常安装在室外操作，生产上常用来实现热流体的冷却或冷凝。

蛇管换热器的特点是：结构简单，造价低廉，操作敏感性较小，外壳可制作成受压容器，管子也可承受较大的流体介质压力。但是，由于管外容器体积较大，流体的流速很小，致使管外对流传热系数小，传热效率低，需要的传热面积大，设备显得笨重。为克服这些缺点，可以在壳体内安装搅拌和尽量缩小管外的空间。

（2）套管式换热器：套管式换热器是由两种不同大小直径的管子组装成同心管，两端用 U 形弯管将它们连接成排，如图 4－17 所示。换热时，一种流体走内管，另一种流体走内管与外管构成的环形空间内，内管的壁面为传热面，两种流体都可以在较高的温度、压力、流速下换热。

套管式换热器的优点是，结构简单，安装方便，工作适应范围大，增减套管根数即可改变传热面积的大小，两侧流体均可提高流速，使传热面的两侧都可有较高的传热系数，从传热的角度看，可以做到严格的逆流或并流。缺点是单位传热面的金属消耗量大，检修、清洗和拆卸都较麻烦，在可拆连接处容易造成泄漏。

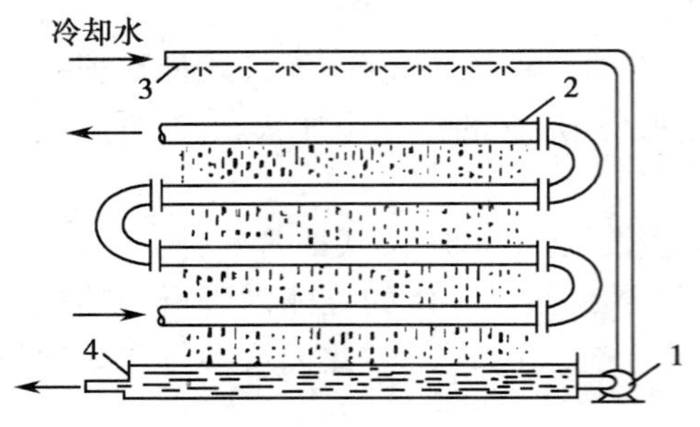

图 4-16 喷淋式蛇管换热器

1-冷却水泵;2-蛇管;3-淋水管;4-水箱

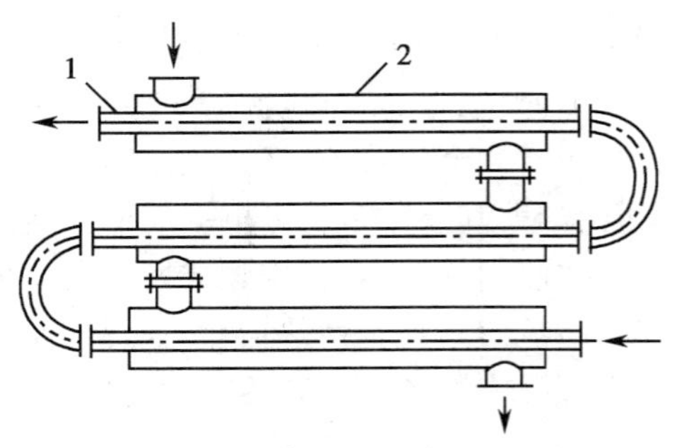

图 4-17 套管式换热器

1-内管;2-外管

套管式换热器一般适用于高温、高压、小流量流体和所需要的传热面积较小的场合。生产过程中有些物料输送管道距离很长,为防止料液结晶,常在料管外直接加套管焊接,套管的环形空间内通入蒸气或热水进行保温。

(3)列管式换热器:列管式换热器又称管壳式换热器,列管式换热器主要由壳体(又称筒体)、封头、管束、管板、法兰、支座等部件组成。管子的两端或一端固定在管板上,管子的轴线与壳体的轴线平行,管子是采用胀接或焊接固定在管板上,在外壳和封头上安装有接管,装有进口管或出口管的封头用螺栓与壳体两端法兰相连。封头与管板之间的空间构成流体的分配室,称为管箱。两种流体分别通过管内和管间两个空间流动,实现传热目的。由于管束、管板和壳体的结构和连接方式不同,管壳式换热器可分为固定管板式、浮头式、U 形管式等。

1)固定管板式换热器:固定管板式换热器的典型结构如图 4-18 所示,多根管子连接在管板上,组成管束,管板与壳体焊接,管板可以兼作法兰。其优点是结构简单、紧凑、能承受较高的压力,造价低,管程清洗方便,管子损坏时每根管子都能单独堵管或更换;缺点是当管束与壳体的壁温相差较大时,壳体和管束变形不协调时将产生较大的热应力,这种热应力可能会引起设备的变形,甚至弯曲和破裂,或管子从管板上松脱,因此必须采取适当的温差补偿措施,所以为减少热应力,通常在固定管板式换热器中设置柔性元件(如膨胀节、挠性管板等),来吸收热膨胀差。这种换热器适用于壳程介质清洁且不易结垢的流体,管、壳程两侧温差不大或温差较大但壳程压力不高的场合。

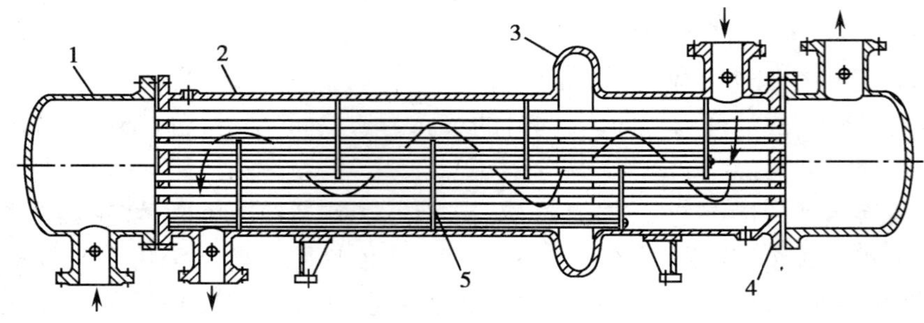

图 4-18 固定管板式换热器

1-封头;2-壳体;3-补偿圈;4-管板;5-折流板

2)浮头式换热器:浮头式换热器的管板中只有一端与壳体固定,另一端相对壳体自由移动,称为浮头。活动管板与壳体间的间隙取得很小,只以能抽出管束即可。典型结构见图4-19所示,当管子受热或冷却时,管束连同浮头可以自由伸缩,管束可从壳体内抽出,管束与壳体的热变形互不约束,不会产生热应力。

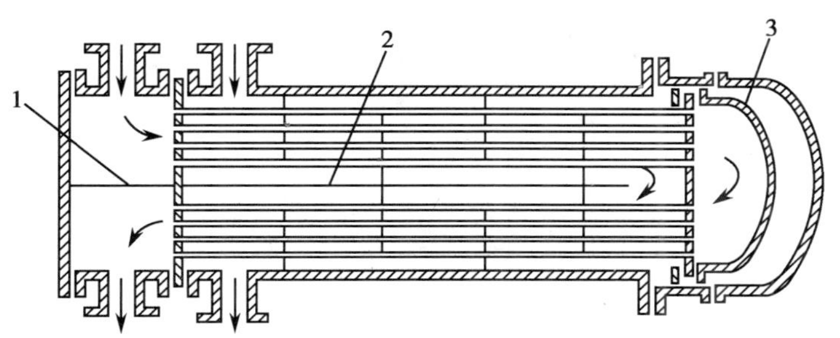

图4-19 浮头式换热器

1-管程隔板;2-壳程隔板;3-浮头

浮头式换热器的特点是管间和管内清洗方便,但其结构复杂,设备笨重,材料消耗量大,造价比固定管板式换热器高,且浮头端盖在操作中无法检查,若浮头垫片密封不严,可造成管内外流体互相混合,而且泄漏量不大时不易察觉,所以在制造时对密封要求较高。适用于壳体和管束之间壁温差较大或壳程介质易结垢的场合。

3)U形管式换热器:U形管式换热器只有一块管板,管束由多根弯成U形的管子组成,管子的两端固定在同一块管板上,管子受热时可以自由伸缩。当壳体与U形换热管有温差时,不会产生热应力。如图4-20所示。U形管式换热器结构比较简单,节省一块管板,价格便宜,承压能力强,管束可以抽出清洗,适用于管子和壳体壁温差较大或壳程介质易结垢需要清洗,又不适宜采用浮头式和固定管板式的场合,管内清洗较困难。

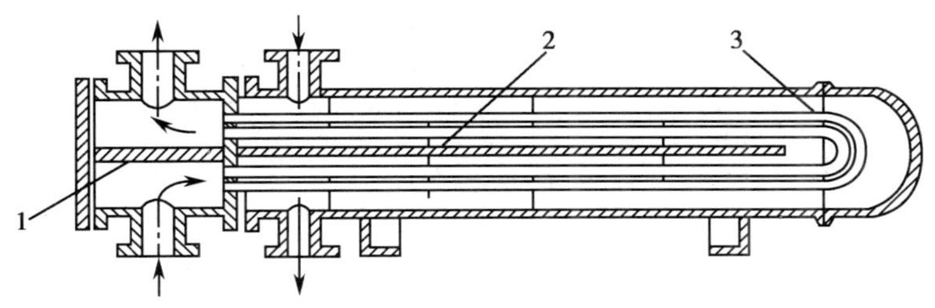

图4-20 U形管式换热器

1-管程隔板;2-壳程隔板;3-U形管

从以上几种典型的列管式换热器可知,列管式换热器的特点是结构坚固、可靠性高、适应性广、易于制造、处理能力大、生产成本较低、选用的材料范围广、换热表面的清洗比较方便、高温和高压下亦能应用,但从传热效率,结构的紧凑性以及单位换热面积所需金属的消耗量等方面均不如一些新型高效紧凑式换热器。

在列管式换热器中,换热管束在管板上的排列方式可以采用三角形排列和正方形排列两种方式,如图4－21所示。正三角形排列形式可以在同样的管板面积上排列最多的管数,故用得最为普遍,但管外不易清洗。为便于管外清洗,可以采用正方形或转角正方形排列的管束。

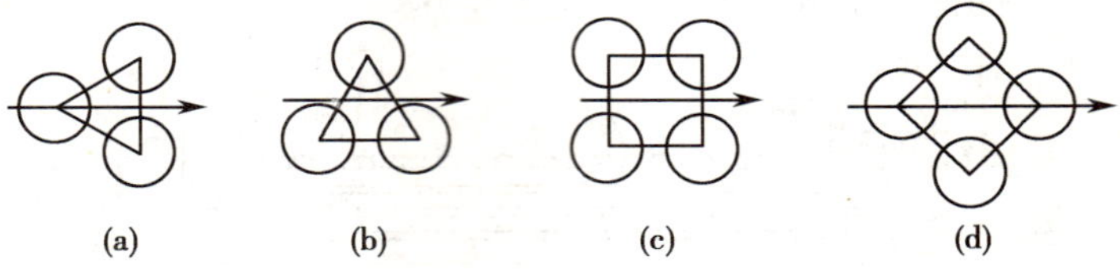

图4－21　列管的排列

(a)正三角形30°;(b)转角正三角形60°;(c)正方形90°;(d)转角正方形45°

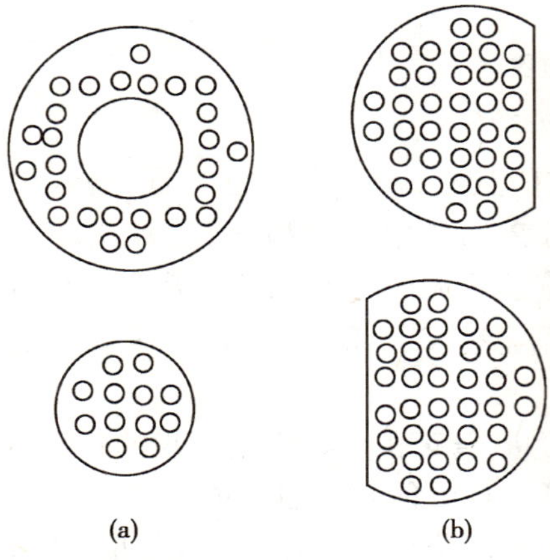

图4－22　换热器的折流板

(a)圆盘形;(b)圆缺形

换热管是换热器的主要传热面,它直接与两种流体接触,选择管子应考虑工艺条件、压力、温度和介质的腐蚀性。

为了提高传热效果,要使流体横向流过管束,常在壳体内管束之间设置折流板,他们之间用拉杆定距管固定。折流板的作用是为了提高壳程流体的流速,增加湍动程度,并使壳程流体垂直冲刷管束,以改善传热,增大壳程流体的传热系数,同时减少结垢。在卧式换热器中,折流板还起支承管束的作用。

常用的折流板形式有圆盘圆环形和圆缺形两种,如图4－22所示。一般卧式换热器都有折流板,既起折流作用,又起支持作用,流体在壳内的流动情况如图4－23所示。

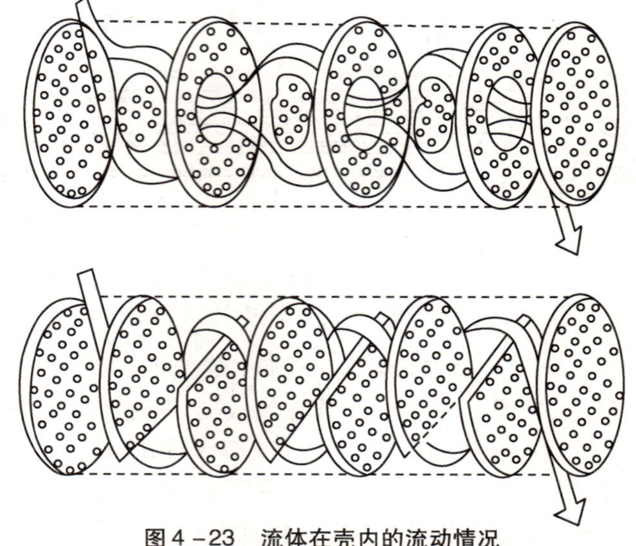

图4－23　流体在壳内的流动情况

在列管式换热器中,若两种流体都是一次流过换热器,这种热交换器称为单程列管式换热器,如图 4 - 18 即为单程列管式换热器。

如果流体每次流过一组管子,然后回流而进入另一组管子,最后由封头的出口管流出。这种热交换器称为多程列管式热交换器。如图 4 - 24 即为双程列管式热交换器。

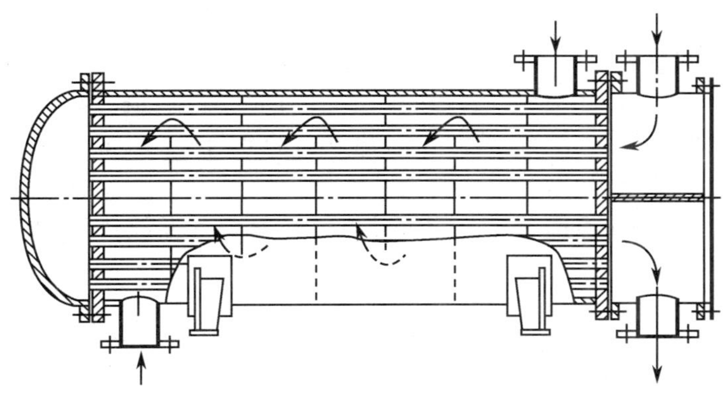

图 4 - 24 双程列管式热交换器

2. 板面式换热器 板面式换热器是冷热流体通过板面进行传热的换热设备,也是间壁式换热器的另一种形式。由于金属板容易加工成不同的形状,板面式换热器又分为以下几种类型:

1)螺旋板式换热器:螺旋板式换热器是由两张厚约 2 ~ 6mm 钢板卷制成两个同心的螺旋通道的螺旋体构成,中央设有隔板,将两个螺旋通道隔开,螺旋通道的间距靠焊在钢板上的定距柱来保证。流体分别在两个流道内流动并通过螺旋板进行热量交换。参与换热的某一种流体由螺旋通道外层的连接管进入,沿着螺旋通道向中心流动,最后由中心室的连接管流出;另一流体则由中心室另一端的接管进入,顺螺旋通道相反方向向外流动,最后由外层连接管流出。两种流体在换热器中作逆流方式流动,常见的螺旋板式换热器如图 4 - 25 所示。

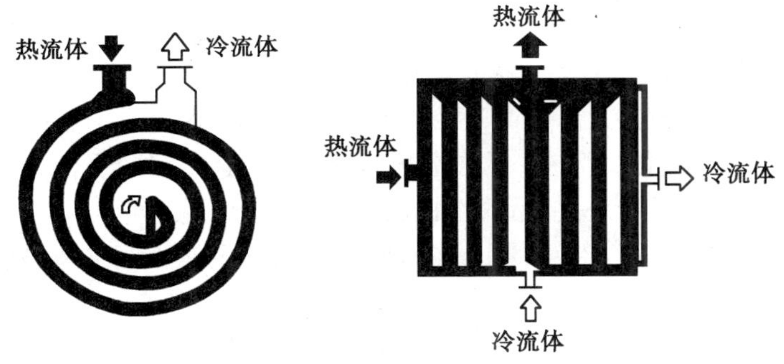

图 4 - 25 螺旋板式换热器

螺旋板式换热器的主要优点是结构紧凑,单位体积所能提供的传热面积大,传热效率比管壳式换热器高,流体单通道螺旋流动,有自冲刷作用,污垢不易沉积,而且流体在流道内的方向不断在变化,可以在流速较小时即可达到湍流,减少了形成层流内层的可能性，故传热系数较高，其总传热系数值大约为列管式换热器的 1 ~2 倍。缺点是制造和检修都比较困难，操作压强和温度也不能太高，流体的阻力损失也比较大。适用于液 - 液、气 - 液流体换热，特别适合高黏度流体及含有固体颗粒悬浮液的加热或冷却。

2）板式换热器：板式换热器主要由传热板片、垫片和压紧装置三部分组成，板式换热器是一种新型的高效换热器，其传热面是由 1 ~2mm 厚的金属薄板片组成，每块板片冲压成凸凹不平的规则波纹，两相邻板片的边缘用垫片夹紧，以防止流体泄漏，起到密封作用，同时也使板与板之间形成一定间隙，形成了流体的通道。每块板的四个角上各开一个通孔，借助于垫片的配合，使两个对角方向的孔与板面上的流道相通，而另外的两个孔与板面上的流道隔开，这样，使冷、热流体分别在同一块板的两侧流过。除了两端的两块板之外，每一块板面就是一个换热面。传热板片及流体流动方式如图 4 - 26 所示。

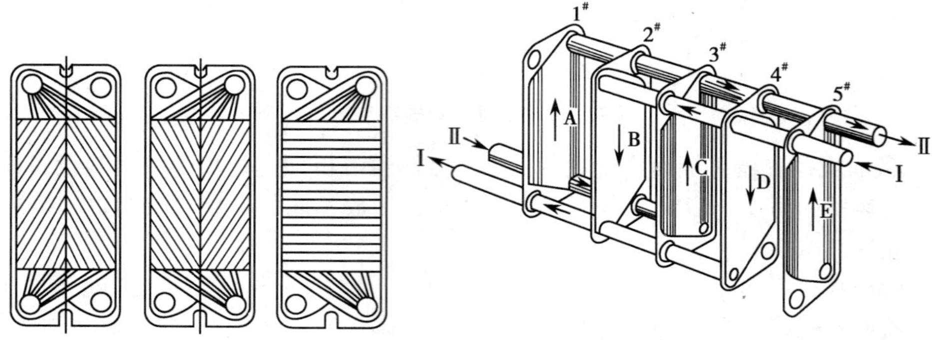

图 4 - 26 板式换热器板片及流体流动示意图

由于板面的特殊形状，既增大了传热面积，又促使流体的流向和流速不断变化，增大流体的湍流程度，从而使紧贴板面的滞流层受到破坏，在流速不大的情况下就呈湍流状，使传热效果大大提高，这是板式换热器最主要的优点之一。

板式换热器的结构十分紧凑，板面很薄，两块板面之间的流道空隙只有 4 ~6mm，因而单位体积设备的传热面积很大，此外，它的板面加工比较容易，清洗也都比较方便，因而在现代化生产中，它已成为一种重要的传热设备。

板式换热器的缺点是受板片刚度和垫片强度的限制，操作压强较低，一般低于 1.5MPa。受垫片耐热性能的限制，操作温度也不能太高。另外，受流道截面积大小的限制，处理量不大，对比较容易结垢的物料也不适宜。

3）板翅式换热器：板翅式换热器是在两块平行的薄金属板间夹入波纹状或其他形状的翅片，两边以侧封条密封并用钎焊焊牢，即构成一个传热单元体，将各传热单元体以不同的方式组合在一起，并用钎焊固定，可制成逆流、并流或错流型板束，再将带有进、出口的集流箱焊接到板束上，即成为板翅式换热器。

板翅式换热器的单元体的结构主要由隔板、翅片和封条三部分组成。相邻两隔板之间安装翅片和封条组成一个夹层，称为通道。如图 4 - 27 所示，冷热两种流体分别流过间隔排列的冷流层和热流层而实现热量交换。

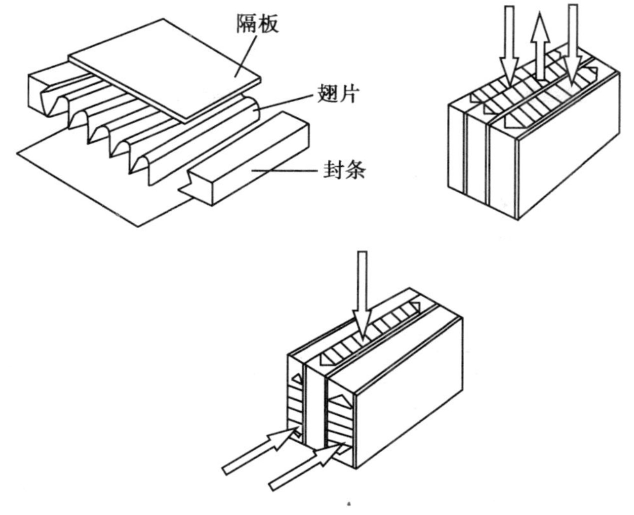

图 4-27 板翅式换热器

板翅式换热器一般用铝合金制造，轻巧紧凑。由于铝合金的导热系数高，翅片薄，导热热阻小，加上通过单元结构的适当排列，使流体在翅片中流动时的流向和流速不断变化，板翅式换热器是一种目前世界上传热效率较高的换热设备。其传热系数可以达到列管式换热器的 3～10 倍。板翅式换热器的主要缺点是流道小、容易堵塞、清洗不便、制造复杂、焊接质量要求高等等。

4）伞板式换热器：伞板式换热器是以伞形板片代替平板片构成的换热器，伞形板式结构稳定，板片间容易密封，制造工艺简单，成本降低，冷热流体的传递方向如图4-28 所示。伞板式换热器结构紧凑、便于拆洗，流道内增设了湍流花纹，加大了流体的扰动程度，提高了传热效率。由于设备的流道较小，容易堵塞，不宜处理含颗粒较多的介质。

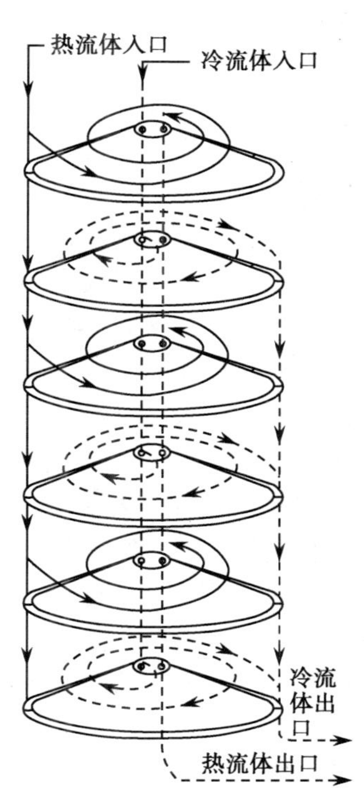

图 4-28 伞板式换热器

由于板面式换热器结构上的特点，板面式换热器传热性能要比管式换热器优越，使流体能在较低的速度下就达到湍流状态，强化了传热效果。板面式换热器采用板材制作，在大规模组织生产时，可降低设备成本，但其耐压性能比管式换热器差。

二、其他类型的换热器

1. 翅片管式换热器 翅片管式换热器的结构如图 4-29(a)所示，它的特点是在换热管外表面或管内表面装有许多金属翅片，常用的翅片有横向和纵向两类。常见的几种翅片管形式如图 4-29(b)、(c)所示。

在生产中常常遇到用水蒸气来加热空气的情况，由于空气侧的对流传热系数很小，因而成为整个传热过程的控制因素。为提高总传热系数，增强传热效果，就必须降低空气侧的热阻，即提高空气侧的对流传热系数，所以在换热管的空气侧增加翅片，既扩大了传热面积，又增强了气体流动时的湍动程度，使气体的膜系数得以提高。

一般说来，当冷热流体的膜系数相差较大时，采取翅片管式换热器在经济上是合理的。

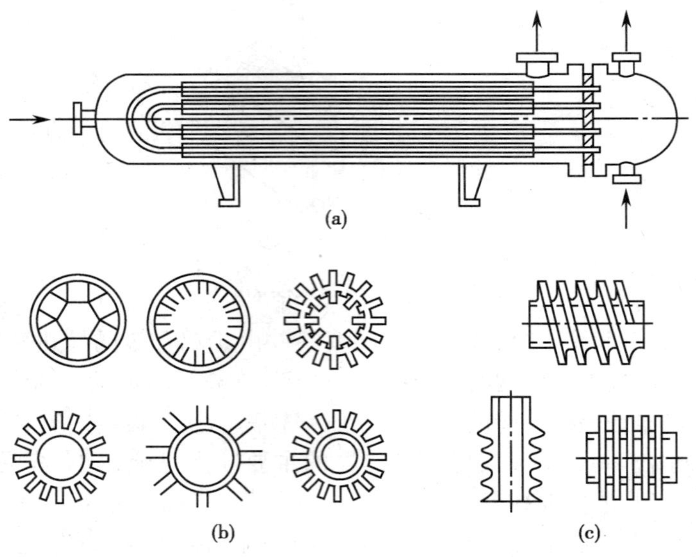

图 4-29 翅片管式换热器及常见翅片形状

(a)翅片管式换热器;(b)轴向翅片;(c)径向翅片

2. 石墨换热器 在化工制药生产中经常会遇到各种腐蚀性较强的介质，如有机酸、无机酸、盐类溶液等，因而出现了如石墨、陶瓷、聚四氟乙烯等耐腐蚀材料的换热器。其中石墨换热器应用较广泛，由于石墨具有渗透性，制作换热器时必须进行浸渍处理，浸渍剂常用酚醛树脂，构成不渗透性石墨。

石墨换热器的结构主要有列管式、平板式和孔块式三类。列管式换热器主要部件仍是列管和管板，平板式换热器是在石墨板的两面沿轴向布置筋片，当两板互相接合时便构成了流体的通道，常用于低温低压的场合。

孔块式石墨换热器是由带孔的石墨块组装而成，块的形状有圆柱体和立方体，分别在块状顶部和侧面钻孔形成流体通道，进行热交换。适用于温度和压力较高的场合，但加工较困难，流体阻力较大，易堵塞，不适用于黏度大或含杂质以及易结晶的物料。如图 4-30 是石墨换热器的各种孔块式元件孔向图。

3. 热管式换热器 以热管为传热单元的换热器由热管束组成，中间用隔板把冷热流体隔开(图 4-31)。热管是一种新型的换热元件，属于真空容器，其基本部件为壳体、吸液芯和工作液，最简单的热管是在抽空的金属管内充以某种工作液体，然后将两端封闭。常用的工作液有水、液氨、甲醇、丙酮、金属液体等，不同的工作液体适用于不同的温度，当加热段受热时，工作液体吸收热量而蒸发气化，蒸气流动至热管

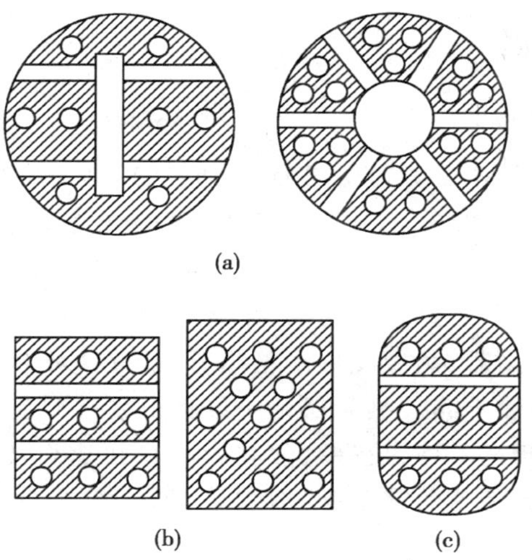

图 4－30　石墨换热器的各种孔块式元件孔向图

(a)圆柱形;(b)长方形;(c)圆缺形

的另一端,向冷源放出潜热而凝结,冷凝溶液沿着吸液芯回流至热端再次沸腾气化。过程如此反复循环,热量不断地从热端传至冷端。由于沸腾和冷凝都属于相变过程,所以对流传热系数很大,加之蒸气流动阻力又很小,特别适合于低温差传热。热管是一种高效传热元件,其导热能力比金属高几百倍至数千倍。用它组成热管换热器不仅具有热管固有的传热量大、温差小、重量轻体积小、热响应迅速等特点,而且热管换热器结构简单、使用寿命长、工作可靠、应用范围广。适用于气－气、气－液、液－液间的换热过程。

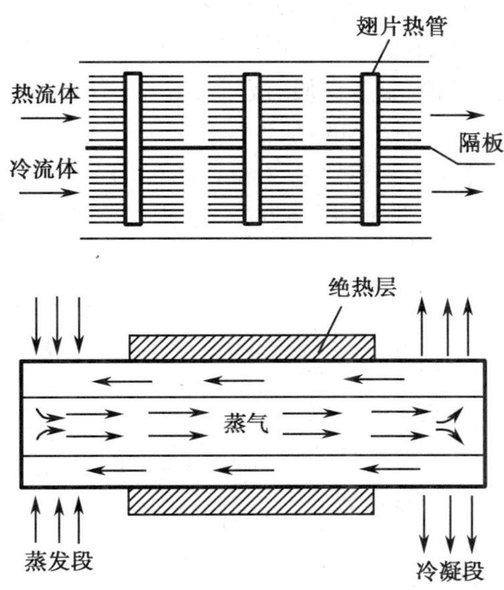

图 4－31　热管式换热器及热管示意图

知识拓展

热 管

新型传热设备热管是由美国发明的，起源于20世纪60年代，热管技术开始主要用于航天航空领域，最初被用于航天技术和核反应堆，以解决向阳面和背阴面受热不均匀的问题，1967年第一根不锈钢－水热管首次被送入地球卫星轨道并运行成功。我国自20世纪70年代开始对热管进行研究，自80年代以来相继开发了热管气－气换热器、热管气－水换热器、热管余热锅炉、热管蒸气发生器、热管热风炉等各类热管产品。热管理论一经提出就得到了各国科学家的高度重视，并展开了大量的研究工作，使得热管技术得以快速发展。20世纪90年代被用于民用空调，由于其优越的导热性，目前在计算机、雷达等高科技领域被广泛应用。

从上面的介绍可知换热设备的形式多种多样，每种结构形式都有其本身的特点和适用场合，只有掌握了这些特点，并根据生产工艺的具体情况，才能进行合理的选型。在换热设备的选用过程中需要考虑的因素较多，但主要有以下几点：

（1）考虑流体的性质：如流体的种类、热导率、黏度、流体的腐蚀性、热敏性等，例如处理物料为高温、腐蚀性较强的流体时，便可考虑用耐高温、耐腐蚀材料的换热器。对于易结垢的流体，应选用易清洗的换热器，如板式或列管式换热器。

（2）分析介质的工况：介质的工况主要指工艺条件所要求的工作压力、进出口温度和流量等参数。对于在高温工况下使用的换热器则首先考虑具有特殊结构的管壳式换热器。从流量考虑，小流量宜用套管式，大流量宜用列管式。螺旋板式和板式换热器的两侧流道基本相同，适用于两侧流体性质、流量接近的情况，但由于结构上的原因，不耐高压，仅适用于工作压力和压差较小的场合。

（3）考虑传热速率：从传热速率方程 $Q=KA\Delta t_m$ 可知，一台理想的换热设备应该满足传热速率高、传热面积大、流体阻力小，能实现各种工况规定的温度、压力、流量等要求。

（4）考虑投资和运行费用：在选用换热器时，还应考虑设备投资费和经常性操作费用，如原材料的价格、制造成本、动力消耗费、维修费用和使用寿命等因素，一般的原则是在能满足传热的要求时，力求使换热器结构简单，检修容易，并在整个使用寿命期内经济合理地运行。

课堂互动

甲、乙两人都是设备管理人员，需要为某个传热岗位配备一台换热器时出现矛盾，甲的方案强调可用、节省一次性投资费为主，乙的方案强调设备高档、节省经常性操作、维修费为主，乙投资预算费用是甲的3倍，如果你是企业领导，应该采用谁的方案？

下面以列管式换热器的选用为例，介绍换热设备选用的基本过程。

（1）根据生产任务确定换热器的传热

速率。

(2)按生产工艺要求确定加热剂或冷却剂,根据冷热流体的性质确定流体走壳程或管程以及流体的流向。

(3)确定冷热流体的流量、进出口温度、定性温度下的基本物性参数、操作压强,以及腐蚀性、悬浮物含量等,计算平均温度差,同时确定是否需要温差补偿。

(4)由工作介质初选传热系数,根据标准手册或生产经验选取合适的总传热系数 K,计算传热面积 A,根据计算的传热面积初选换热器的主要结构尺寸。其中包括换热面的选择,管子形状、管子布置、直径大小,折流板的形状、大小和间距等,也可以由传热面积选定标准型号。

(5)校核总传热系数 K,计算实际的传热面积与初选的换热器比较直到符合要求为止。

(6)校核换热器的压力降。

通常换热器的选型计算往往需要重复多次,得出一组结果。然后再按工程应用的基本原则,根据工艺要求、设备尺寸、经济性等多方面因素全面均衡,最后确定设备选用的最优方案。

三、换热器的操作

换热器在使用时由于介质中污垢、水垢以及入口介质的涡流磨损易使换热器产生腐蚀,同时换热介质常常具有一定的温度、压力,这些因素都会对换热器造成一定的危害,而换热器正确操作直接关系到安全生产过程的顺利进行,因此换热器操作使用、维护检修显得十分重要。换热器的种类很多,操作方法大同小异,它们的共同点是利用两种物料间大量的接触面积进行热交换,以完成冷却、冷凝,加热和蒸发等化工过程。现以广泛使用的列管式换热器为例,讨论其使用、维护管理方法。

1. 启动

(1)启动前应检查压力表,温度计、安全阀、液位计以及有关阀门是否齐全灵敏。首先利用壳体上附设的接管,将换热器内的气体和冷凝液(如果流体为蒸气时)彻底排净,以免产生水击作用,然后全部打开排气阀。

(2)先通入低温流体,即先打开冷态工作液体阀门和放空阀向其注液,当液体液面达到规定时,排除空气等不凝性气体,关闭排气阀。

(3)缓缓通入高温流体,即缓慢或分数次开启蒸气或热态的其他流体阀门,做到先预热后加热,以免由于温差大,流体急速通入而产生热冲击,换热器工作时要防止骤冷骤热。

(4)温度上升至正常操作温度期间,对外部的连接螺栓应重新紧固,以防可拆连接处垫片密封不严而泄漏。

2. 停车

(1)停车时先切断高温流体,待停车前再切断低温流体。当化工、制药生产需要先切断低温流体时,可采用旁路或其他方法,同时停止高温流体供给。如果较早地切断低温流体,则有可能因温度过高产生热膨胀而使设备遭到破坏。

(2)换热器停车后,必须将换热器内残留的液体彻底排出,以防冻结腐蚀。

(3)排放完液体后,可吹入压缩空气,使残留液体全部排净。

3. 运行监测

(1)温度:温度是换热器运行中的主要控制指标,从换热器进出口流体温度变化的情况可分析换热器的换热效果,判断换热器传热效率的高低,所以经常检查冷热两种工作介质的进出口温度,发现温度有超限度变化时,要立即查明原因,消除故障,由进出口的温度可决定对换热器是否进行检查和清洗。

(2)压力:换热器列管若结垢严重,则阻力增大,所以日常要对换热器的进出口压差进行测定和检验,特别对高压流体的换热器更要特别重视,如果列管泄漏,高压流体一定向低压侧泄漏,造成低压侧压力上升较快,甚至超压,导致必须解体检修或堵管。

4. 日常维护

(1)保持设备外部整洁,保温层和油漆完好。

(2)随时观察压力表、温度计、安全阀和液位计等附件是否灵敏和准确。

(3)发现法兰和阀门连接处渗漏时,应及时处理。特别是对于高温、高压和危险有毒的流体,对其泄漏要严格控制。

(4)尽可能减少换热器的开停次数,停止使用时应将内部的水和液体清洗放净,防止冻裂和腐蚀。

(5)定期测量换热器的壳体壁厚,一般两年一次。

5. 换热器常见故障排除

(1)传热效率下降:①可能是列管结疤和堵塞,需要清洗管子;②壳体内不凝性气体或冷凝液增多,需要定期打开排气阀或排液阀,排放不凝性气体或冷凝液;③管路或阀门有堵塞现象,需要检查清理堵塞处。

(2)发生振动:①壳程介质流速太快引起需调节进气量;②管路振动所引起需加固管路;③管束与折流板结构不合理引起需改进设计;④机座刚度较小则需要适当加固。

(3)管束和胀口渗漏:①管子被折流板磨破,用管堵堵死或换管;②壳体和管束温差过大,补胀或焊接;③管口腐蚀或胀接质量差,换新管或补胀。

6. 检修

(1)换热器运行中的检查清洗

1)检查:既能早期发现异常并采取相应的措施,又可保持管束表面清洁,保证传热效果和防止腐蚀,定期检查流量,压力和温度等操作记录。①如果发现压力损失增加,说明管束内外有结垢和堵塞现象发生;②如果换热器出口温度达不到设计工艺参数要求,说明管内外壁有污垢产生,致使传热系数下降,影响传热速率;③通过低温流体出口取样,分析其颜色、密度、黏度来检查管束的破坏,泄漏情况,如果冷却水的出口黏度高,可能是因管壁结垢,腐蚀速度加快和管束胀口泄漏所致。

2)清洗:操作中清洗主要是指管内侧的清洗,为了除去管内壁的污垢,对于易结垢的流体,可定期暂时地增加流量或进行逆流操作,也可根据流体种类注入适宜的化学药品,将污垢溶解去除。

(2)换热器停车时检查和清洗

1)检查:①换热器管内外表面结垢的情况、有无异物堵塞和污染的程度;②检查管壁腐蚀和减薄情况,必要时测定壁厚;③检查焊接部位的腐蚀和裂纹情况。

2）清洗：换热器解体后，可根据换热器的形状、污垢的种类和使用厂的现有设备情况，选用下述的清洗方法：①水力清洗：即利用高压泵输出压力（100～200）$\times 10^2$kPa 喷出高压水以除去换热器管外侧污垢；②化学清洗：即采用化学药液、油品在换热器内部循环，将污垢溶解除去。此方法的特点一是可不使换热器解体而除污，有利于大型换热设备的除垢；二是可以清洗其他方法难以清除的污垢；三是在清洗过程中，不损伤金属和有色金属衬里。常用的化学清洗是酸洗法，即用盐酸作为酸洗溶液。由于酸能腐蚀钢铁基体，在酸洗溶液中需加入一定量的缓蚀剂，以抑制基体的腐蚀，国内常用"02 缓蚀剂"。酸洗中要特别注意安全，应严格按操作规程进行操作，操作人员须戴口罩、穿防护服和橡胶手套，并防止酸液、碱液溅入眼中；③机械清洗：该法用于管子内部清洗，在一根圆棒或管子的前端装上与管子内径相同的刷子、钻头、刀具，插入到管子中，一边旋转一边向前（或向下）推进以除去污垢，此法不仅适用于直管也可用于弯管，对于不锈钢管则可用尼龙刷代替钢丝刷。

知识链接

02 缓蚀剂简介

02 缓蚀剂是我国研制生产的一种钢铁缓蚀剂，其用量一般为 0.8%。主要组成为盐酸溶液中加入定量的苯胺和甲醛。02 缓蚀剂可吸附在金属表面，形成防止腐蚀的一层薄膜，从而减轻盐酸对金属的腐蚀。另外，它不能吸附于氧化的金属表面上，对铁锈具有溶解作用，所以还可起到清除铁锈的作用。使用 02 缓蚀剂时，由于苯胺和甲醛都是有毒物质，必须制定极严格的操作规程和废液处理措施，以使对操作人员和环境的危害最小，缓蚀剂若受高温将降低其保护作用，故添加缓蚀剂的盐酸溶液加热温度不应超过 75℃。应注意的是，热的酸溶液与水垢产生作用时会发生飞溅现象，并排出有害气体，操作人员须作好安全防护工作。

学习小结

一、学习内容

本章主要介绍了传热基本原理及在工业生产中的应用，要求掌握用工程观点分析和解决传热实际问题、对实际传热过程应找到强化或削弱的具体途径，对具体的换热生产任务应能正确选用换热器的类型及工艺尺寸、对列管式换热器应能正确使用、维护和保养，主要知识点见方框图。

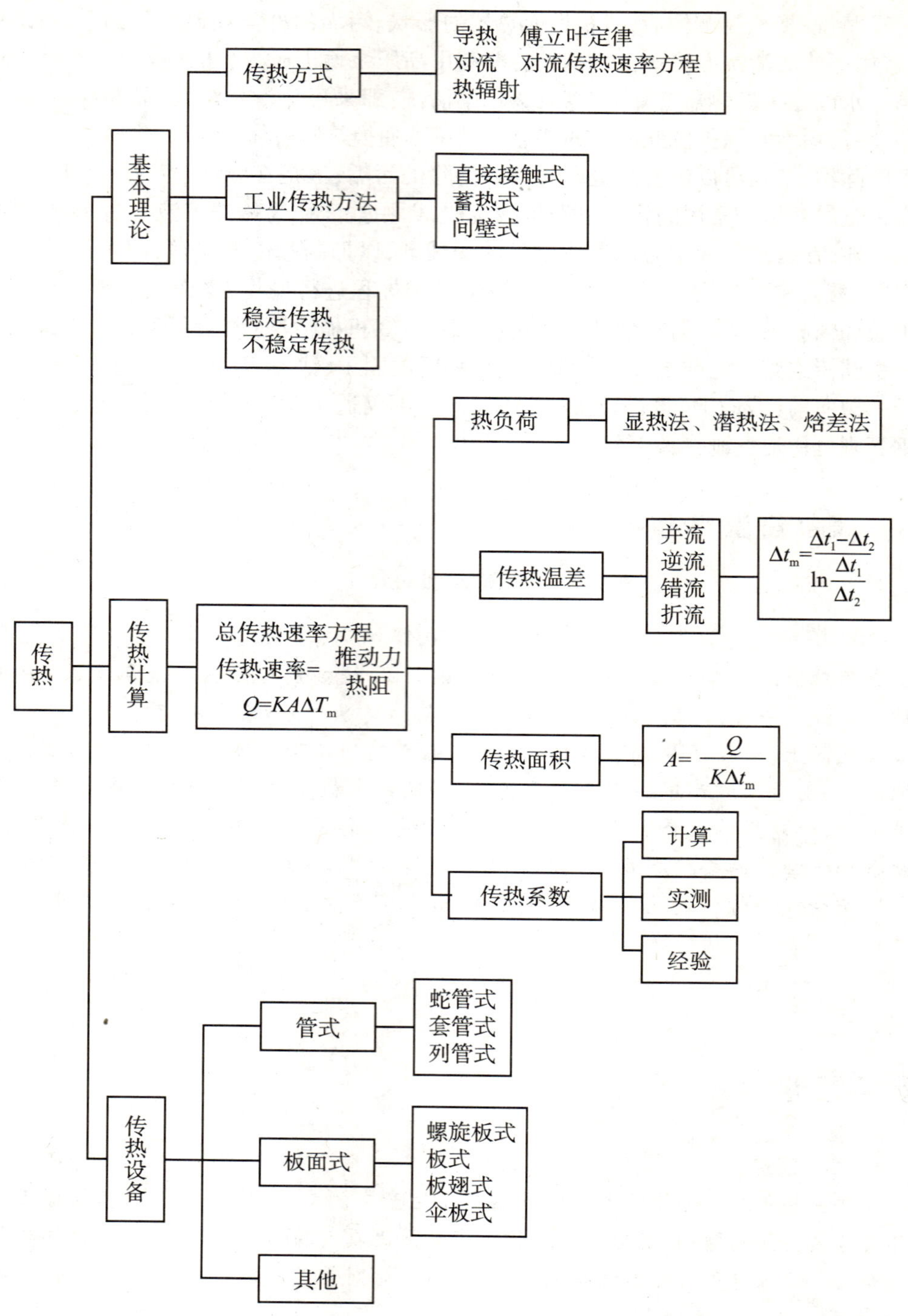

二、学习方法

1. 传热是化工制药生产中常见的单元操作，是用传热基本理论来解决生产中实际的传热问题，工程性很强，课前要预习，课后要复习，学习时要注意理论与实际的结合。

2. 学习传热计算时，要注意区分热平衡方程、对流传热速率方程和总传热速率方程中的传热温差，热平衡方程中的传热温差是冷流体或热流体两端的温度差，对流传热速率方程中的温差是指流体主体温度与壁温之差，总传热速率方程的温差是指间壁两侧流体的平均温度差，两侧都是变温时平均温度差与流体的流向有关。进行传热计算时，可以通过各种类型题，进行讨论、交流、结合生产的实际情况加深对所学理论的理解，也使本门课程不断赋予新的内容。

3. 学习对流传热系数的经验公式时，要注意公式的适用条件，并了解各种情况下对流传热系数的大小。

4. 学习换热器的工作原理及结构，要注意冷热流体的流向及各类型换热器的适用条件。

5. 学习换热器操作时，要掌握换热器运行的一般规律，将实际经验与基本理论联系起来，不能只满足于设备的正常操作，还应考虑设备结构、简单、合理、加工方便、费用低廉、易安装维护等工程实际问题。

6. 可利用课余时间或实训机会到实验室或工厂熟悉和体会换热器的实际操作和检修的程序。

目标检测

一、选择题

(一)单项选择题

1. 傅立叶定律是(　　)的基本定律。

A. 对流传热　B. 热传导　C. 总传热　D. 冷凝

2. 厚度不同的三种材料构成三层平壁，各层接触良好，已知 $b_1>b_2>b_3$，导热系数 $\lambda_1<\lambda_2<\lambda_3$，在稳定传热过程中，各层导热速率(　　)。

A. $Q_1=Q_2=Q_3$　B. $Q_1>Q_2>Q_3$　C. $Q_1<Q_2<Q_3$　D. 无法确定

3. 空气、水、金属固体的导热系数分别为 λ_1、λ_2 和 λ_3，其大小顺序为(　　)。

A. $\lambda_1>\lambda_2>\lambda_3$　B. $\lambda_1<\lambda_2<\lambda_3$　C. $\lambda_2<\lambda_1<\lambda_3$　D. $\lambda_2>\lambda_3>\lambda_1$

4. 对流传热速率 = 对流传热系数 × 传热推动力，其中推动力是指(　　)。

A. 两流体的温度差　B. 流体温度与壁温之差

C. 同一流体的温度差　D. 两流体的速度差

5. 对流传热系数关联式中普兰特准数是表示(　　)准数。

A. 对流传热　B. 流动状态　C. 物性影响　D. 自然对流影响

6. 在蒸气－空气间壁换热过程中，为强化传热，下列方案中的(　　)在工程上可行。

A. 提高蒸气流速　B. 提高空气流速

C. 采用过热蒸气以提高蒸气温度

D. 在蒸气一侧管壁加装翅片，增加冷凝面积

7. 实际生产中沸腾传热过程应维持在(　　)。

A. 自然对流区　B. 过渡区　C. 膜状沸腾区　D. 核状沸腾区

8. 水在圆形直管内做强制湍流时的对流传热系数 $\alpha_i=1000\mathrm{W/m^2\cdot ℃}$，若将水的

流量提高为原来的两倍,而其他条件不变,则 α_i 变为(　　)$W/m^2 \cdot ℃$。

A. 2000　　B. 1740　　C. 1000　　D. 500

9. 间壁两侧流体的传热,对一侧恒温一侧变温的传热过程,逆流和并流时 Δt_m 的大小为(　　)。

A. $\Delta t_{m逆} > \Delta t_{m并}$　　B. $\Delta t_{m逆} < \Delta t_{m并}$　　C. $\Delta t_{m逆} = t_{m并}$　　D. 无法确定

10. 由多层等厚平壁构成的导热壁面中,所用材料的导热系数愈大,则该壁面的热阻愈小,其两侧的温差愈(　　)。

A. 小　　B. 大　　C. 相等　　D. 无关

11. 在无相变的对流传热过程中,热阻主要集中在靠近管壁处的层流内层,所以减少热阻的最有效措施是(　　)。

A. 增加流体温度　　B. 减小流体温度

C. 增加管壁温度　　D. 提高流体湍动程度

12. 在传热实验中用饱和水蒸气加热空气,总传热系数 K 接近于(　　)侧的对流传热系数。

A. 空气　　B. 饱和蒸气

C. 水　　D. 与空气和饱和蒸气无关

(二)多项选择题

1. 在大容积沸腾时液体沸腾曲线包括(　　)阶段。

A. 自然对流　B. 核状沸腾　C. 膜状沸腾　D. 强制对流　E. 层流

2. 根据传热机制分,传热的基本方式有(　　)三种。

A. 热传导　B. 热对流　C. 间壁式　D. 热辐射　E. 混合式

3. 在传热实验中用饱和水蒸气加热空气,壁温不接近于(　　)侧流体的温度值。

A. 空气　B. 饱和蒸气　C. 室温　D. 水　E. 无法确定

4. 下面几项对对流传热系数有影响的有(　　)。

A. 流体的流速　B. 流体的相态变化　C. 流体的种类

D. 流体的对流情况　E. 体的质量

5. 若工艺要求冷流体被加热时不得超过某一温度,则不宜采用(　　)。

A. 并流　B. 逆流　C. 错流

D. 折流　E. 逆流和并流均可

6. 工业生产中强化传热的途径比较合理的有(　　)。

A. 增大传热面积　B. 提高传热平均温度差　C. 提高流体的压力

D. 提高传热系数　E. 定期清洗换热器

7. 在换热器的热负荷和总传热系数分别相同时某换热器采用逆流操作的优点有(　　)。

A. 节省维修费用　B. 节省传热面积　C. 节省设备费用

D. 降低操作费用　E. 无法确定

8. 翅片管换热器安装翅片的目的是(　　)。

A. 增加传热面积　B. 增强流体的湍动程度　C. 保温

D. 易于制造　E. 提高传热系数

9. 列管式换热器,在壳程设置折流挡板的目的是(　　)。

A. 增大壳程流体的湍动程度　　B. 强化对流传热

C. 提高 α 值　　D. 支撑管子　　E. 提高壳程流体温度

二、简答题

1. 从传热机制分,传热的基本方式有哪些?有何特点?工业生产的换热方法有哪些?简要说明稳定传热和不稳定传热。

2. 影响对流传热的因素有哪些?

3. 传热时如何选择流体的流向才合理?对流传热系数 α 和总传热系数 K 有什么不同?分析强化传热的途径有哪些?

4. 在以下热交换过程中,壁温接近那一侧流体的温度?说明原因。

(1)饱和蒸气加热空气。

(2)高温烟气加热沸腾的水。

5. 简述换热器的日常维护内容和常见故障排除方法,为什么换热器要定期清洗?

三、实例分析

1. 在一单程列管式换热器中,欲用水将4.2kg/s的油从140℃冷却到40℃,水的进、出口温度分别为30℃和40℃,两流体呈逆流流动。油的平均比热容为2.3kJ/(kg·℃),水的平均比热容为4.187kJ/(kg·℃)。若换热器的总传热系数 K_o 为300W/(m^2·℃),计算时可忽略热损失。试求:①冷却水的流量;②换热器的对数平均温度差 Δt_m;③换热器的传热面积 A_o。

2. 在一逆流套管换热器中,用油加热冷水。油的流量为2.85kg/s,进口温度为110℃;水的流量为0.667kg/s,进口温度为35℃,出口温度为90℃。油和水的平均比热容分别为1.9kJ/(kg·℃)及4.18kJ/(kg·℃)。换热器的总传热系数为320W/(m^2·℃),可忽略热损失。试求传热量、油的出口温度及传热面积。

3. 在一套管换热器中,苯在管内流动,流量为3000kg/h,进、出口温度分别为80℃和30℃,在平均温度下苯的比热容可取为1.9kJ/(kg·℃)。水在环隙中流动,进、出口温度分别为15℃和30℃。逆流操作。若换热器的传热面积为2.5m^2,试求总传热系数。

4. 一卧式列管冷凝器,钢质换热管长为6m,直径为 ϕ25mm×2mm。流量为1.25kg/s,温度为72℃的有机饱和蒸气在管外冷凝成同温度的液体,有机蒸气的冷凝潜热为315kJ/kg。已测得:蒸气冷凝传热系数 α_o=800W/(m^2·℃),管内侧热阻为外侧热阻的40%,污垢热阻为管内侧热阻的70%。冷却水在管内流过,并从20℃被加热到40℃。计算时可忽略管壁热阻及热损失。水的比热为4.18kJ/(kg·℃)。试计算:①冷却水用量;②换热管的总根数。(传热面积以外表面为基准)。

(宋连珍)

第五章　蒸　　发

学习目标

学习目的

掌握蒸发的基本概念、基本理论的应用，设备的主要结构、作用，安全操作要点及事故的预防，为化学制药工艺学等后续专业课程学习和制药单元操作实训、生产实习等实践性教学环节的训练打下基础，以适应化学药品生产中蒸发岗位的操作要求。

知识目标

掌握单效蒸发流程及工艺计算，典型蒸发操作；

熟悉多效蒸发流程和特点，多效蒸发效数的确定；

了解蒸发操作的特点及蒸发操作的类型，各种典型蒸发器的结构、性能和适用范围。

能力要求

能根据生产要求进行蒸发器的操作和蒸发设备的选用。

第一节　概　　述

蒸发是将含有不挥发溶质的溶液加热沸腾，使其中的挥发性溶剂部分汽化从而达到将溶液浓缩等生产目的的单元操作。蒸发操作广泛应用于制药、化工、轻工、食品等多种工业生产中。工业上采用蒸发操作主要达到以下目的：

1. 制取浓溶液　例如由电解法制得的烧碱溶液中，只含有大约10%左右的氢氧化钠，要达到工艺要求约42%的浓度，必须用蒸发操作除去部分水分，或将浓缩液结合其他操作进一步加工处理以获取固体碱；果汁、奶粉、抗生素等的生产也须利用蒸发操作使溶液得到浓缩。

2. 制取或回收纯溶剂　例如海水蒸发脱盐制取淡水，中药浸取液中酒精的回收。

3. 为结晶分离做准备　溶液浓缩到接近饱和状态，然后将浓溶液冷却，使溶质结晶分离，制得固体产品。如蔗糖的生产，食盐的精制。

工业上蒸发处理的大多为水溶液，采用的加热剂基本为水蒸气，所以本章就介绍以水蒸气作为加热剂进行的水溶液蒸发操作过程。

一、蒸发的特点

蒸发过程的实质是传热壁面一侧的蒸汽冷凝与另一侧的溶液沸腾间的传热过程，溶剂的汽化速率由传热速率控制，故蒸发属于热量传递过程，但又有别于一般传热过程，因为蒸发过程具有下述特点：

1. 溶液中溶质守恒　蒸发过程处理的溶液由挥发性的溶剂和不挥发性的溶质组成。即随着蒸发的进行，溶液的浓度逐渐增大，而溶液中溶质的量恒定不变。这是蒸发过程物料衡算的基础。

2. 溶液沸点升高　由于被蒸发的溶液中含有不挥发性的溶质，根据拉乌尔定律可知，在相同温度下，溶液的蒸汽压较纯溶剂的低，换言之，在相同压强下，溶液的沸点高于纯溶剂的沸点，故当加热蒸汽一定时，蒸发溶液的传热温度差要小于蒸发溶剂时的温度差。溶液浓度越高这种现象越显著。

3. 热质同时传递　蒸发操作既是一个传热壁面两侧流体均有相变的传热过程，同时又是溶剂从液态转变为气态的相际传质过程，即蒸发是一个热质同时传递的过程。不过，由于溶剂汽化的速率主要取决于传热速率，蒸发体现的主要还是传热规律，因此，工程上常把它归入传热过程。

4. 物料工艺特性差别大　在蒸发过程中，溶液的某些性质的变化会带来一系列的问题。例如，有些溶质很容易在蒸发器的加热表面析出晶体、结垢或产生泡沫，产生较大热阻影响传热且损耗物料；有些热敏性物质还有可能因此而分解变质；随着浓度增大，溶液的黏度增大；有些物料具有腐蚀性且随着温度的升高腐蚀速度加剧，等等。因此，在选择蒸发工艺和蒸发设备时必须考虑物料的这些工艺特性。

5. 节能是蒸发的关键　蒸发操作是使大量溶剂汽化的过程，必须提供大量的热能，因此蒸发中的节能问题尤为突出。由于目前工业生产中蒸发的物料大都为水溶液，汽化出来的是水蒸气。为区别起见，习惯将热源蒸汽称为生蒸汽或一次蒸汽，蒸发器中溶液汽化产生的蒸汽称为二次蒸汽。如何充分利用二次蒸汽的热能，是蒸发操作中节约能源的主要途径。

二、蒸发的分类

蒸发操作通常根据如下的几种方法进行分类：

（一）按二次蒸汽是否利用

1. 单效蒸发　将蒸发中汽化出来的二次蒸汽直接冷凝排放，即不再利用，这种操作称为单效蒸发。单效蒸发主要在小批量、间歇生产的情况下使用。

2. 多效蒸发　如果把汽化出来的二次蒸汽引到下一个蒸发器作为加热蒸汽使用，并将多个这样的蒸发器串联起来进行操作，称为多效蒸发。多效蒸发中的每一个蒸发器称为一效，通入热源蒸汽的蒸发器称为第一效，用第一效的二次蒸汽作为加热剂的蒸发器称为第二效，依次类推。大规模的、连续性的生产一般都采用多效蒸发。

(二)按操作压强

1. 常压蒸发　蒸发所用设备的分离室与大气相通,或采用敞口设备,二次蒸汽直接排放到大气中,其特点是所用的设备和工艺条件都最为简单。

2. 加压蒸发　蒸发的压强升高,可以提高二次蒸汽的温度,从而提高热能的利用率。在多效蒸发中,通常前面的几效采用加压操作,另外某些蒸发过程为了与前后生产过程的系统压强相匹配也采用加压操作。

3. 减压蒸发(真空蒸发)　蒸发在低于大气压的条件下进行。由于减压蒸发具有以下的一些优点,化工与制药生产中的蒸发操作大都采用减压蒸发。

(1)在加热蒸汽压力相同的情况下,减压蒸发时溶液的沸点低,可以增大传热温度差;当蒸发设备一定时,可降低热负荷,节约能源消耗量。

(2)可用于蒸发不耐高温的溶液,如高温下容易变质、聚合或分解的溶液。

(3)可以利用低压蒸汽或废蒸汽作为加热剂。

(4)操作温度低,系统的热损失也相应地减小。

但是,减压蒸发也有一定的缺点,这主要是由于溶液的沸点降低,使得黏度增大,导致总的传热系数下降;同时还要求配置如真空泵、缓冲罐、汽液分离器等辅助设备,使设备费用和操作费用相应增加。

(三)按操作方式

1. 间歇蒸发　是指分批进料或出料的蒸发操作。间歇操作的特点是:在整个过程中,溶液的浓度和沸点随时间不断改变,故间歇操作是一个不稳定操作过程,适合小批量、多品种的场合。

2. 连续蒸发　连续蒸发是连续加料、连续出料的稳定操作过程,适合于大规模的生产过程。

第二节　蒸发过程

一、单效蒸发

1. 单效蒸发流程　如图 5-1 为单效蒸发流程的示意图。左面为其主体设备蒸发器,由上下两部分组成。它的下面部分是由若干垂直加热管组成的加热室 1,是一个类似列管换热器的结构,加热蒸汽在管间被冷凝,溶液在管内沸腾汽化。在沸腾汽化过程中,将不可避免地夹带一部分液体,为此,在蒸发器的上部设置了分离室(又称蒸发室 4),并在其出口处装有除沫器 5,以便提供蒸发空间并分离蒸汽中夹带的液滴。溶液汽化产生的二次蒸汽进入冷凝器 6,被冷却水冷凝后排放。加热管内经过浓缩的溶液称为完成液,从蒸发器底部出料口排出。

2. 单效蒸发的分析　工业生产上虽然多数采用多效蒸发,但由于单效蒸发的计算比较简单,且可以把多效蒸发看作是多个单效蒸发的组合,故本章只讨论连续操作的单效蒸发的计算。

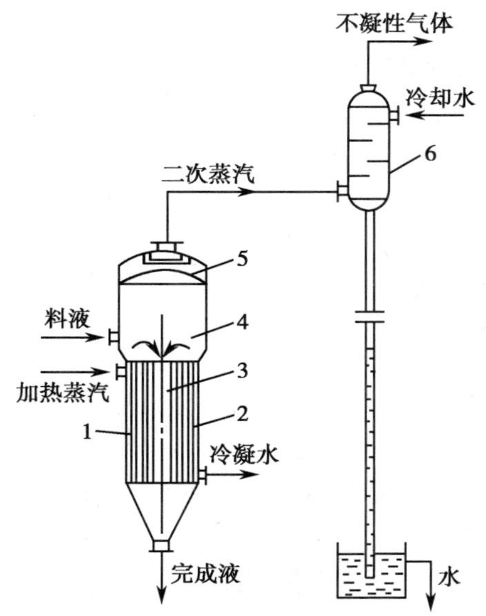

图 5－1 单效蒸发流程

1－加热室;2－加热管;3－中央循环管;4－蒸发室;5－除沫器;6－冷凝器

课堂互动

利用烧瓶、冷凝管、酒精灯等实验仪器组装一个蒸发装置，并与图 5-1 的蒸发流程进行比较，讨论实验蒸发装置与工业蒸发装置的异同点，并说明如何将实验操作转化为工业操作。

单效蒸发的工艺计算，通常是在给定的生产任务和操作条件下，计算下面的三项内容：

(1)水分蒸发量：在蒸发操作中，单位时间内从溶液中蒸发出来的水分量(即二次蒸汽的流量)可以通过物料衡算求得。如图 5－2 所示，以整个蒸发器为研究对象，根据质量守恒定律，单位时间进入和离开蒸发器的溶质质量相等，即

$$Fw_0 = (F - W)w_1 \quad (5-1)$$

式中，F——单位时间内进入蒸发器的原料液的质量，kg/h；W——单位时间内从溶液中蒸发出来的水分量，kg/h；w_0——原料液中溶质的质量分数；w_1——完成液中溶质的质量分数。

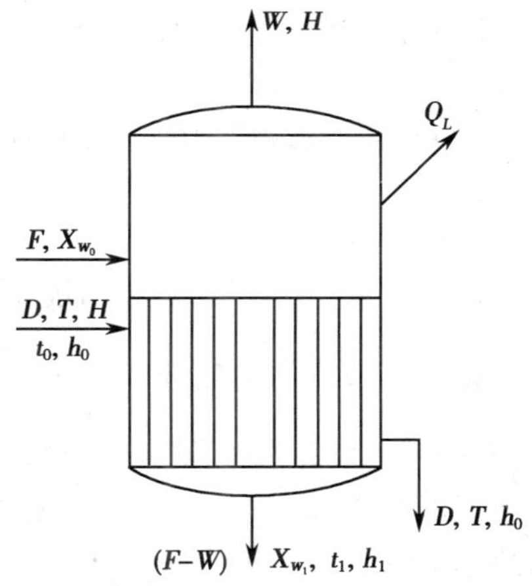

图 5－2 单效蒸发的物料衡算和热量衡算

将上式整理后可得到单位时间蒸发出来的水分量的计算式：

$$W = F\left(1 - \frac{w_0}{w_1}\right) \quad (5-2)$$

实例分析

实例 5－1：用一单效蒸发器将每小时 10t 的原料液从浓度为 12.5%（皆为质量分数，下同）浓缩至 22%，此过程需要蒸发多少水分？

分析：已知 $F = 10\ 000\text{kg/h}$

$w_0 = 0.125$

$w_1 = 0.22$

将以上数值代入式（5－2），得蒸发水分量为：

$$W = 10\ 000 \times \left(1 - \frac{0.125}{0.22}\right) = 4318\text{kg/h}$$

（2）加热蒸汽消耗量：加热蒸汽消耗量可通过热量衡算求得。仍取整个蒸发器作为衡算系统，如图 5－2 所示。

当加热蒸汽在饱和温度下排出时，单位时间内加热蒸汽提供的热量为

$$Q = DR \tag{5-3}$$

加热蒸汽所提供的热量主要用于以下三个方面：

1）将原料从进料温度 t_0 加热到沸点温度 t_1，此项所需的显热为 Q_1：

$$Q_1 = Fc_0(t_1 - t_0) \tag{5-4}$$

2）在沸点温度 t_1 下使溶剂汽化，所需的潜热为 Q_2：

$$Q_2 = Wr \tag{5-5}$$

3）补偿蒸发过程中的热损失 Q_L：

由热量衡算得

$$Q = Q_1 + Q_2 + Q_L$$

即 $$DR = Fc_0(t_1 - t_0) + Wr + Q_L$$

则加热蒸汽的消耗量 $$D = \frac{Fc_0(t_1 - t_0) + Wr + Q_L}{R} \tag{5-6a}$$

式中，D——加热蒸汽消耗量，kg/h；t_1——操作压力下溶液的平均沸点温度，℃；t_0——原料液的初始温度，℃；R——加热蒸汽的汽化潜热，kJ/kg；r——温度为 t_1 时水的汽化潜热，kJ/kg；c_0——原料液的比热容，kJ/kg · K。

溶液的比热容随溶液的浓度和温度的不同而变化，可通过相关手册中查取，在缺少可靠数据时，可参照下式估算，即

$$c_0 = c_w(1 - w_0) + c_B w_0$$

式中，c_w——水的比热容，kJ/kg · K；c_B——溶质的比热容，kJ/kg · K。

对于稀溶液，即当 $w < 0.2$ 时，溶液的比热 c 可近似按下式估算：

$$c = c_w(1 - w)$$

表 5－1 列出了常见溶质的比热容，可供参考。

表5－1 常见溶质的比热容

物 质	$CaCl_2$	KCl	NH_4Cl	NaCl	KNO_3
比热容/(kJ/kg·K)	0.687	0.679	1.52	0.838	0.926
物 质	$NaNO_3$	Na_2CO_3	$(NH_4)_2SO_4$	糖	甘油
比热容/(kJ/kg·K)	1.09	1.09	1.42	1.295	2.42

讨论：根据式(5－6a)分析不同加料温度时，加热蒸汽量的消耗情况。

A. 沸点进料时，即原料液温度等于沸点，$t_0=t_1$，则式(5－6a)变为

$$D=\frac{W\cdot r+Q_L}{R} \tag{5-6b}$$

若 Q_L 可以忽略不计，则上式又可以写成

$$\frac{D}{W}=\frac{r}{R}$$

式中，D/W 表示每蒸发 1kg 水所需要的加热蒸汽量，称为单位蒸汽消耗量。由于蒸汽的汽化潜热受压力变化的影响较小，二次蒸汽与热源蒸汽的潜热相差不大，故单效蒸发时，$D/W\approx1$。但实际生产中，由于存在热损失等原因，实际的单位蒸汽消耗量大约为 1.1 或更大一些。也就是说，要蒸发 1kg 的水，就必须消耗 1kg 以上的蒸汽。

B. 冷液进料时，即原料液在低于沸点下进料，$t_0<t_1$，由于要消耗一部分热量用于预热原料液至沸腾，导致单位蒸汽消耗量增加，$D/W>r/R$。

C. 过热进料时，即原料液在高于沸点下进料，$t_0>t_1$，此时，当溶液进入蒸发器后，温度迅速降到沸点，放出多余热量而使一部分溶剂汽化，$D/W<r/R$。这种由于溶液的初温高于蒸发器压力下溶液沸点的情况，在减压蒸发中是完全可能的。这种原料液放出热量使部分溶剂自动汽化的现象称为自蒸发。

实例分析

实例 5－2：设例 5－1 中溶液的沸点为 65℃，加热蒸汽的压强为 0.2MPa，原料液的比热容为 3.7kJ/kg·K。设备的热损失按热负荷的 5% 计算，试分别计算原料液温度为 20℃、65℃和 94℃时的加热蒸汽消耗量和单位蒸汽消耗量。

分析：从例 5－1 中已知 $F=10\ 000$kg/h $W=4318$kg/h

由题目已知 $c_0=3.7$kJ/kg·K $t_1=65$℃ $Q_L=0.05Q$

从附录中查得加热蒸汽压强 0.2MPa 时的汽化潜热 $R=2204.6$kJ/kg

温度为 65℃时二次蒸汽的汽化潜热 $r=2343.4$kJ/kg。

由式(5－6a)得 $DR=Fc_0(t_1-t_0)+Wr+0.05DR$

即 $$D=\frac{Fc_0(t_1-t_0)+Wr}{0.95R}$$

(1)原料液温度为20℃时

$$D=\frac{10\,000\times3.7\times(65-20)+4318\times2343.4}{0.95\times2204.6}=5626\text{kg/h}$$

$$单位蒸汽消耗量\frac{D}{W}=\frac{5626}{4318}=1.30$$

(2)原料液温度为65℃时

$$D=\frac{4318\times2343.6}{0.95\times2204.6}=4832\text{kg/h}$$

$$\frac{D}{W}=\frac{4832}{4318}=1.12$$

(3)原料液温度为94℃时

$$D=\frac{10\,000\times3.7\times(65-94)+4318\times2343.6}{0.95\times2204.6}=4320\text{kg/h}$$

$$\frac{D}{W}=\frac{4320}{4318}=1.00$$

以上计算结果表明,进料温度越高,加热蒸汽消耗量越少,单位蒸汽消耗量也越小。

(3)蒸发器的传热面积:蒸发器的传热面积可以依据传热速率方程来计算确定,即

$$A=\frac{Q}{K\Delta t_m}=\frac{DR}{K(T-t_1)} \tag{5-7}$$

式中,A——蒸发器的传热面积,m^2;T——加热蒸汽的饱和温度,℃;K——蒸发器的传热系数,$W/m^2\cdot K$;Δt_m——传热平均温度差,K。

由于蒸发过程影响传热系数的因素比一般传热过程要多,很难找到一个准确的关联式进行计算。所以,在蒸发器的设计中,传热系数 K 值大多根据实测数据或经验值来选定。表5-2列出了几种不同类型蒸发器 K 值的大致范围,可供参考。

表5-2 蒸发器的传热系数范围

蒸发器型式	总传热系数 K ($W/m^2\cdot K$)	蒸发器型式	总传热系数 K ($W/m^2\cdot K$)	蒸发器型式	总传热系数 K ($W/m^2\cdot K$)
水平沉浸加热式	600~2300	悬筐式	600~3000	升膜式	1200~6000
标准式(自然循环)	600~3000	外加热式(自然循环)	1200~6000	降膜式	1200~3500
标准式(强制循环)	1200~6000	外加热式(强制循环)	1200~7000	蛇管式	350~2300

实例分析

实例5－3：今欲用一单效蒸发器将浓度为68%的硝酸铵水溶液浓缩至90%，每小时的处理量为10吨。已知加热蒸汽的压强为700kPa，假设在操作压力下溶液的沸点为60℃，溶液沸点进料，蒸发器的传热系数为1200W/m^2·K，热损失按热负荷的5%考虑，该蒸发器所需要多大传热面积？

分析：(1)首先根据式(5－2)求出水分蒸发量

$$W=F\left(1-\frac{w_0}{w_1}\right)$$

已知 $F=10\ 000\text{kg/h}$ $w_0=0.68$ $w_1=0.90$

将以上各值代入上式，得

$$W=10\ 000\times\left(1-\frac{0.68}{0.90}\right)=2444\text{kg/h}$$

(2)根据式(5－6b)求沸点进料下的蒸汽消耗量

$$D=\frac{W\cdot r+Q_L}{R}$$

由题意 $Q_L=0.05DR$

将其代入上式并整理得 $D=\dfrac{W\cdot r}{0.95R}$

从水蒸气表上查得加热蒸汽压强为700kPa时

$$R=2071.5\text{kJ/kg} \qquad T=164.7℃$$

二次蒸汽温度为60℃时

$$r=2355.1\text{kJ/kg}$$

将以上各值代入上式，得

$$D=\frac{2444\times2355.1}{0.95\times2071.5}=2924.8\text{kg/h}$$

(3)由式(5－7)计算蒸发器所需的传热面积

$$A=\frac{Q}{K\Delta t_m}=\frac{DR}{K(T-t_1)}=\frac{2924.8\times2071.5\times\dfrac{10^3}{3600}}{1200\times(164.7-60)}=13.4\text{m}^2$$

知识链接

溶液沸点的升高

式5－7中的t_1是溶液的沸点，实际测量时是以二次蒸汽冷凝器进口附近处的压强所对应的饱和蒸汽温度T'为准，这个温度要低于实际溶液的沸点，这两者的温差(t_1-T')即沸点的升高值，沸点升高主要由三个方面的原因引起：

1）由于溶质的存在造成沸点的升高　沸点升高的情况与溶质的性质和溶液的浓度以及蒸发室的压强有关，常压下部分水溶液沸点可参见附录十七；

2）由于液柱静压力引起的沸点升高　蒸发器内的溶液有一定的液面高度，使溶液内的压强要大于液面上的压强，导致溶液内部的沸点比液面处的高；

3）由于管路阻力引起的沸点升高　二次蒸汽由蒸发器流到冷凝器的过程中，因克服流动阻力使其压力降低，因此测量处的饱和蒸汽温度也相应降低。

二、多效蒸发

蒸发的操作费用主要是汽化溶剂所消耗的热能。在单效蒸发中，从溶液中蒸发出1kg水，通常需消耗1kg以上的加热蒸汽，单位蒸汽消耗量D/W大于1。因此，对于大规模的工业生产过程，需蒸发大量水分时，如采用单效蒸发操作，势必要消耗大量的加热蒸汽，这在经济上是不合理的。为了减少热源蒸汽消耗量，可采用多效蒸发的方法，即将前一个蒸发器产生的二次蒸汽引入下一个蒸发器作为加热蒸汽，将几个蒸发器串联起来进行操作。每一蒸发器称为一效，以加热蒸汽进入的那一蒸发器作为第一效，从第一效引出的二次蒸汽作为加热蒸汽进入第二效……依次类推。这样，使用一次热源蒸汽就可多次汽化出二次蒸汽，即用1kg加热蒸汽可汽化出1kg以上的水来。由于多效蒸发能节约大量能源，大型工业生产过程都采用多效蒸发。

1. 多效蒸发流程　在多效蒸发中，为了保证每一效都有一定的传热推动力，从前效至后效的操作压力必然依次降低，相应地，各效的沸点和二次蒸汽压力也依次降低。因此，只有当提供的热源蒸汽压力足够高或末效采用真空蒸发时，才能使多效蒸发顺利进行。以三效为例，若第一效的热源蒸汽为低压蒸汽，则末效必须在真空下操作；若末效蒸发采用常压操作，则要求第一效采用较高压力的加热蒸汽。

按物料与蒸汽的相对流向的不同，多效蒸发有三种常见的加料流程，下面以三效蒸发为例进行说明。

（1）并流（顺流）加料流程：如图5－3所示，这是工业上最常见的一种加料方法。在这种加料方法中，溶液的流向与蒸汽并行，即原料液依次通过第一效、第二效、第三效，从第三效中取出完成液；加热蒸汽从第一效加入，在蒸发器中放出冷凝潜热，冷凝水经疏水器排出。从第一效溶液汽化产生的二次蒸汽进入第二效作为加热蒸汽，蒸汽冷凝后由疏水器排出。第二效产生的二次蒸汽进入第三效，第三效的二次蒸汽进入冷凝器中冷凝后排出。

并流加料流程的优点是溶液从压力较高的蒸发器流向压力较低的蒸发器，因此原料液可借助压差自动从前效流入后效，无需用泵进行输送；由于从前效至后效溶液的沸点依次降低，当前一效的溶液流入后一效时会自动降温至后效沸点，放出的热量将使部分水分自蒸发，产生更多的二次蒸汽；另外，此流程操作简便，容易控制。

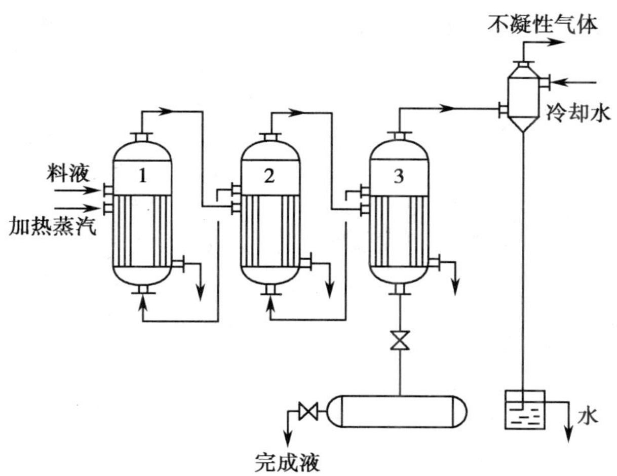

图5－3 并流加料流程

并流加料流程的缺点是从前效至后效，随着效数的增加，溶液浓度逐步增大，而溶液温度逐步降低，致使溶液的黏度增加较大，蒸发器的传热系数下降，使生产能力有所下降。因此，在处理黏度随浓度增加而变化很大的物料时，不宜采用并流加料流程。

(2)逆流加料流程：逆流加料流程如图5－4所示，蒸汽仍从第一效顺序流至末效，而原料液的流向与蒸汽流向相反，即原料由末效加入，然后用泵依次输送至前效，完成液最后从第一效底部排出。

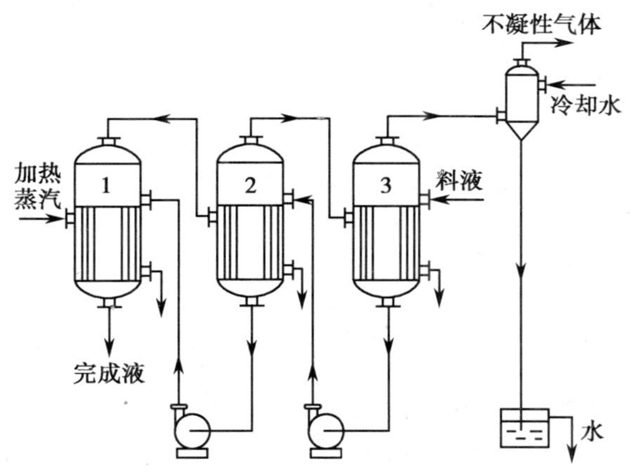

图5－4 逆流加料流程

逆流加料流程的优点是随着溶液浓度的逐效增加，其温度也随之升高。因此各效溶液的黏度较为接近，使各效的传热系数基本保持不变。其缺点是由于溶液在效间的流动是从低压流向高压，所以溶液需用泵来输送，使装置复杂化，增加了动力消耗和维修工作量等。此外，因各效的进料温度均低于沸点，与并流加料法相比，产生的二次蒸汽量也较少。

(3)平流加料流程：平流加料流程如图5－5所示。各效都加入原料液和放出浓缩液，加热蒸汽则仍然从第一效顺序流至末效。这种流程适合于在蒸发过程中不断有结晶析出的溶液。例如某些盐溶液的浓缩，因为有结晶的析出，不便于效间的输送，宜采用平流加料法。

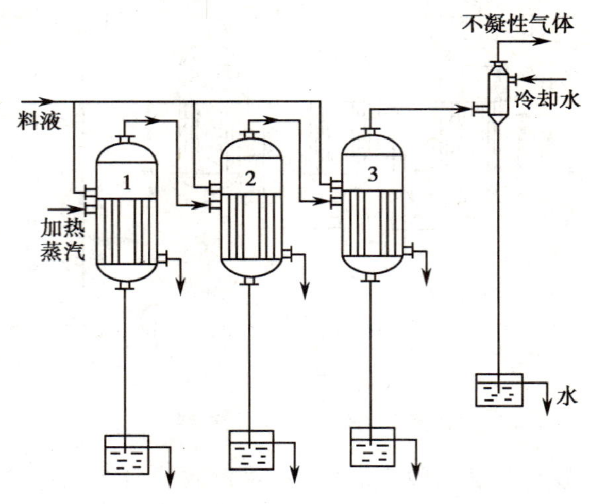

图 5-5　平流加料流程

多效蒸发除以上三种流程以外，生产中还可以根据具体情况采用上述基本流程的组合。例如，NaOH 水溶液的蒸发，亦有采用并流和逆流相结合的流程，但操作比较复杂。

2. 多效蒸发的分析　前已述及，蒸发操作是耗用大量热能的过程，其主要的操作费用在生产加热蒸汽上。多效蒸发的目的就是通过充分利用二次蒸汽来降低能耗，提高加热蒸汽的经济性。

从理论上讲，多效蒸发的效数越多，加热蒸汽的利用效率就越高，则多效蒸发的操作费用也就越低。但随着蒸发效数的增加，每效单位蒸汽消耗量的降低程度也不断减小。例如考虑热损失时，单效蒸发时的 D/W 为 1.1，双效时为 0.57，四效时为 0.3，五效时为 0.27……。即从单效改为双效时，加热蒸汽大约可节约 50%，而由四效改为五效时，加热蒸汽只节省 10%。另一方面，随着效数的增加，设备费用也随之增加。当由于增多效数而节省的加热蒸汽费用不足以抵消所增加的设备费用时，再增多效数便得不偿失，也即达到了效数的限度。从经济效益的原则出发，多效蒸发的效数应根据设备费用与操作费用之和为最小的原则来确定。表 5-3 列出了不同效数时单位蒸汽消耗量的理论值和实际值的数据。

表 5-3　不同效数时的单位蒸汽消耗量

效　数		单效	双效	三效	四效	五效
D/W (kg 汽/kg 水)	理论值	1.0	0.50	0.33	0.25	0.20
	实际值	1.1	0.57	0.40	0.30	0.27

此外，随着效数的增加，各效的传热温差随之减小。当效数增加到一定程度时，由于传热温差过小最终导致蒸发操作无法进行。因此，为了保证每一效都有一定的传热推动力，多效蒸发的效数也必须有一定的限制。

综上所述，多效蒸发的效数应考虑加热蒸汽的经济性、传热推动力及溶液的性质等多方面因素。为了保持一定的传热速率，每效分配到的传热温度差不应小于5～7℃，亦即须使溶液维持在核状沸腾阶段。一般来说，对于沸点升高较大的电解质溶液的蒸发，效数不宜太多（如NaOH水溶液的蒸发，一般采用2～3效）；而对于沸点升高较小的非电解质溶液的蒸发，则可采用较多的效数（如糖水溶液的蒸发通常用4～6效）。

第三节 蒸发设备

一、蒸 发 器

蒸发主要体现传热规律，所以蒸发设备与一般的传热设备并无本质上的区别。但是，蒸发过程又具有不同于一般传热过程的特殊性。蒸发操作中，需要不断移除产生的二次蒸汽，并分离出由二次蒸汽夹带的一些溶液液滴。因此，它除了需要进行热交换的加热室外，还要有一个进行汽液分离的蒸发室。蒸发器的类型尽管各种各样，但都包括加热室和分离室这两个基本部分。此外，蒸发设备还包括使液沫进一步分离的除沫器、除去二次蒸汽的冷凝器以及真空蒸发中采用的真空泵等辅助设备。

下面分别介绍常用的蒸发器类型及其辅助设备。

（一）自然循环型蒸发器

自然循环型蒸发器的特点是溶液在加热室被加热过程中产生密度差，形成自然对流使溶液在蒸发器内循环流动。常用的自然循环型蒸发器有下列几种：

1. 中央循环管式蒸发器 又称标准式蒸发器，是目前应用最广泛的蒸发器，其结构如图5－6所示。加热室由垂直的加热管管束构成，在管束中央有一根直径较大的管子，称为中央循环管，其截面积一般为加热管束总截面积的40%～100%。溶液在加热管和中央循环管内循环流动，加热蒸汽在管外冷凝放热。由于加热管内单位体积溶液的传热面积大于循环管内溶液的传热面积，加热管内溶液的受热程度较高，形成的汽液混合物密度相对较小，从而产生循环管与加热管内溶液的密度差，由于密度差的作用，加上二次蒸汽上升产生的抽吸作用，溶液自加热管上升，再由中央循环管下降，形成自然循环。溶液的循环速度取决于产生的密度差大小以及管子的长度等，密度差越大，管子越长，则循环速度越大。由于受蒸发器总高的限制，加热管长度较短，一般为1～2m，其直径为25～75mm，长径比为20～40。蒸发器上部为分离室，也称蒸发室。

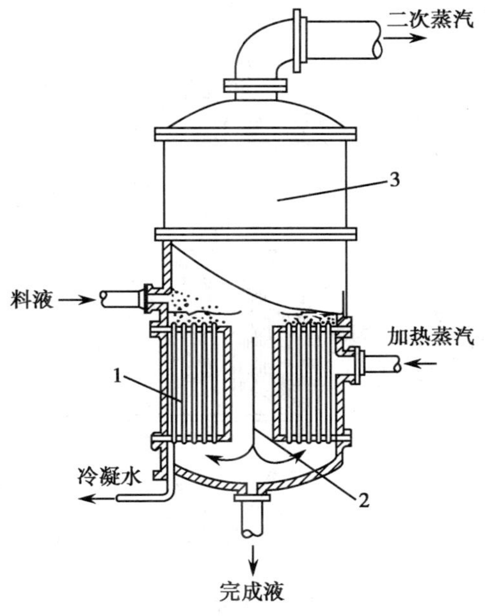

图5－6 中央循环管式蒸发器

1－加热室；2－中央循环管；3－蒸发室

加热室内沸腾溶液产生的二次蒸汽带有大量液沫，进入蒸发室后，小液滴相互碰撞结成较大液滴，在重力作用下落回到加热室，二次蒸汽和液沫分开，蒸汽从蒸发器顶部排出，经浓缩后的完成液则从下部排出。

中央循环管式蒸发器具有结构简单、制造方便、投资较少、操作可靠等优点。缺点是溶液的循环速度较低（一般在 0.5m/s 以下），故传热系数较小，其清洗和检修也不太方便。适用于大量稀溶液的蒸发及不易结晶、腐蚀性小的溶液的蒸发。

2. 悬筐式蒸发器　结构如图 5－7 所示。它是中央循环管式蒸发器的改进型式，其加热室像个篮筐，悬挂在蒸发器壳体的下部，溶液循环原理与中央循环管式蒸发器相同，加热蒸汽从悬筐的上部中央加入到加热管的管隙之间，溶液在管内流动上升，而后沿着加热室外壁与蒸发器内壁之间的环隙向下流动形成循环。通常环隙截面积为加热管截面积的 100%～150%。

悬筐式蒸发器的优点是循环速度较高（约为 1～1.5m/s），传热系数较大；由于与壳体接触的是温度较低的溶液，其热损失较小；此外，由于悬挂的加热室可以由蒸发器上方取出，故其清洗和检修都比较方便。其缺点是结构复杂，金属消耗量大。适用于蒸发易结垢或有结晶析出的溶液。

3. 外加热式蒸发器　结构如图 5－8 所示。外加热式蒸发器的结构特点是把管束较长的加热室和分离室分开，其加热室安装在蒸发器外面。外加热式蒸发器的优点是：便于清洗和更换加热室；既可降低整个设备的高度，又可采用较长的加热管束；循环管不受蒸汽加热，加大了溶液的密度差，且由于管子较长，因此溶液的循环速度较大（可达 1.5m/s），有利于提高传热系数。这种蒸发器的缺点是单位传热面积的金属消耗量大，热损失也较大。

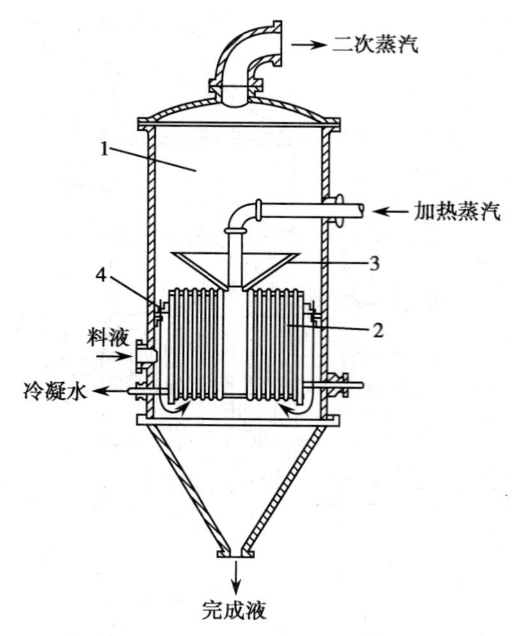

图 5－7　悬筐式蒸发器

1－蒸发室；2－加热室；3－除沫器；4－液沫回流管

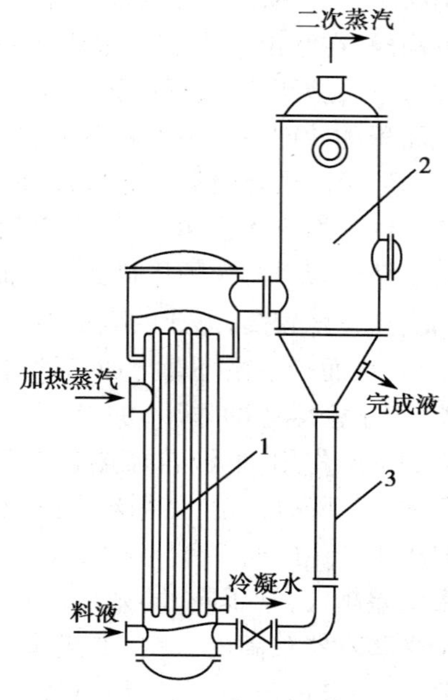

图 5－8　外加热式蒸发器

1－加热室；2－蒸发室；3－循环管

4. 列文蒸发器 结构如图5－9所示。列文蒸发器是自然循环蒸发器中比较先进的一种类型，其主要的结构特点是在加热室的上部增设一个沸腾室。这样，加热室内的溶液由于受到上方沸腾室液柱产生的压力，在加热室内不能沸腾。通过工艺条件的控制，使溶液在脱离加热管时才沸腾汽化，把溶液的沸腾层移到了沸腾管外，大大减小了溶液在加热管内因沸腾浓缩而析出结晶和结垢的机会。此外，由于列文蒸发器的循环管截面积较一般自然循环蒸发器的截面积都要大，通常为加热管总截面积的2～3.5倍，这样，溶液循环时的阻力减小；加之加热管和循环管都相当长（通常可达7～8m），循环管不受热，使得两个管段中的温度差、密度差较大，造成了比一般自然循环蒸发器更大的循环推动力，溶液的循环速度可达2～3m/s，其传热系数接近于强制循环型蒸发器的传热系数。

列文蒸发器的优点是循环速度大，传热效果好，不易结垢和析出结晶。其缺点是设备庞大，金属消耗量大，需要高大的厂房；由于管子较长，产生的静压力引起溶液沸点升高，因此要求加热蒸汽有较高的压力。列文蒸发器适用于易结晶或结垢的溶液。

（二）强制循环型蒸发器

在一般的自然循环型蒸发器中，由于循环速度比较低，导致传热系数较小。为了处理黏度较大或容易析出结晶或结垢的溶液，必须加大溶液的循环速度以提高传热系数，为此，可采用如图5－10所示的强制循环型蒸发器。

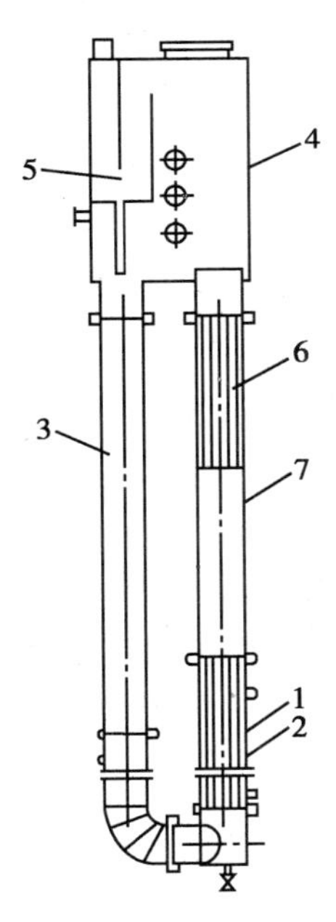

图5－9 列文蒸发器

1－加热室；2－加热管；3－循环管；4－蒸发室；5－除沫器；6－挡板；7－沸腾室

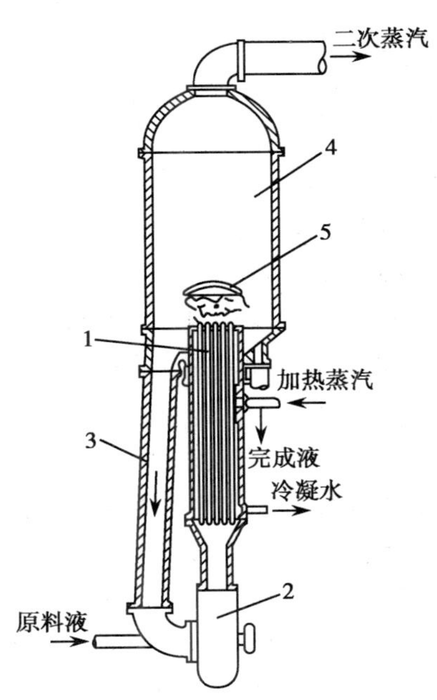

图5－10 强制循环型蒸发器

1－加热管；2－循环泵；3－循环管；4－蒸发室；5－除沫器

所谓强制循环，就是利用外加动力（循环泵）促使溶液循环，循环速度的大小可通过调节循环泵的流量来控制，其循环速度一般为2.5～3.5m/s。这种强制循环型蒸发器的优点是传热系数较一般自然循环蒸发器大得多，因此传热速率和生产能力较高。适于处理黏度大、易析出结晶或结垢的溶液。其缺点是需要消耗动力和增加循环泵。

(三)膜式蒸发器

在循环型蒸发器中，溶液在蒸发器内滞留量大，受热时间长，对于热敏性物料，容易造成分解和变质。膜式蒸发器的特点是溶液沿加热管呈膜状流动(上升或下降)，蒸发速度极快，溶液只需通过加热室一次即可浓缩到要求的浓度，在加热管内的停留时间很短(几秒至十几秒)。

膜式蒸发器的优点是传热效率高，蒸发速度快，溶液受热时间短。特别适用于热敏性物料的蒸发，对黏度大和容易起泡的溶液也较适用。是目前被广泛使用的高效蒸发设备。

按溶液在加热管内流动方向以及成膜原因的不同，膜式蒸发器可分为以下几种类型：

1. 升膜式蒸发器　结构如图 5－11 所示。它也是一种将加热室和蒸发室分离开的蒸发器。其加热室实际上就是一个加热管很长的立式列管换热器，预热后的料液由底部进入加热管，加热蒸汽在管外冷凝，料液受热沸腾后迅速汽化，产生的二次蒸汽在管内以很高的速度(常压操作时加热管出口蒸汽速度可达 20～50m/s，减压操作时则更大，可达 100～160m/s 或更高)上升，带动溶液沿管内壁呈膜状向上流动，上升的液膜因不断受热而继续汽化，溶液自底部上升至顶部浓缩到要求的浓度。汽、液一起进入分离室，经分离后二次蒸汽从分离室上部排出，完成液则从分离室下部引走。加热管一般采用直径为 25～50mm 的无缝钢管，管长与管径比在常压下为 100～150，在减压下为 130～180。

升膜式蒸发器适用于处理蒸发量大(即稀溶液)、热敏性和易起泡的溶液，而不适用于较浓溶液的蒸发，也不适用于黏度大于 0.05Pa·s、易结晶或结垢的物料。

2. 降膜式蒸发器　结构如图 5－12 所示。它与升膜式蒸发器的结构基本相同，其主要区别在于原料液由加热管的顶部加入。溶液在自身重力作用下沿管内壁呈膜状下降，并被蒸发浓缩，汽液混合物由加热管底部进入分离室，经汽液分离后，二次蒸汽由分离室顶部逸出，完成液则从底部排出。由于二次蒸汽的流向与溶液的流向一致，所以能促使料液向下运动并形成薄膜。在蒸发器中每根加热管的顶部都设有液膜分布器，以保证每根管子的内部都有料液不断流过，否则，一部分管壁出现干壁现象，不能达到最大生产能力，甚至不能保证产品质量。

降膜式蒸发器适用于蒸发热敏性及黏度较大的物料(0.05Pa·s～0.45Pa·s)，而不适用于易结晶、结垢的物料。

3. 升－降膜式蒸发器　将升膜和降膜蒸发器装在一个壳体中，即构成升－降膜式蒸发器，如图 5－13 所示。预热后的原料液先经升膜加热管上升，然后由降膜加热管下降，再在分离室中和二次蒸汽分离后即得完成液。

这种蒸发器多用于蒸发过程中溶液黏度变化大，水分蒸发量不大和厂房高度受到限制的场合。

4. 刮板薄膜式蒸发器　结构如图 5－14 所示。这是一种利用外加动力成膜的单

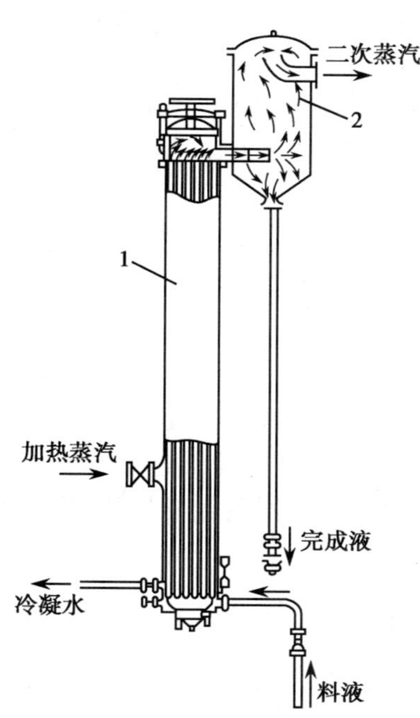

图 5－11　升膜式蒸发器

1－蒸发器；2－分离室

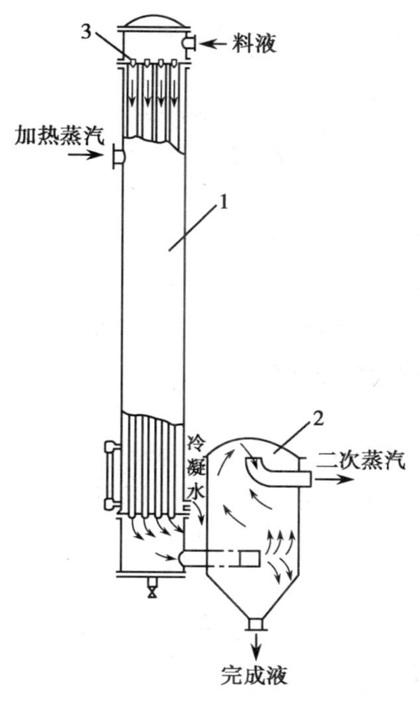

图 5－12　降膜式蒸发器

1－蒸发器；2－分离室；3－液膜分布器

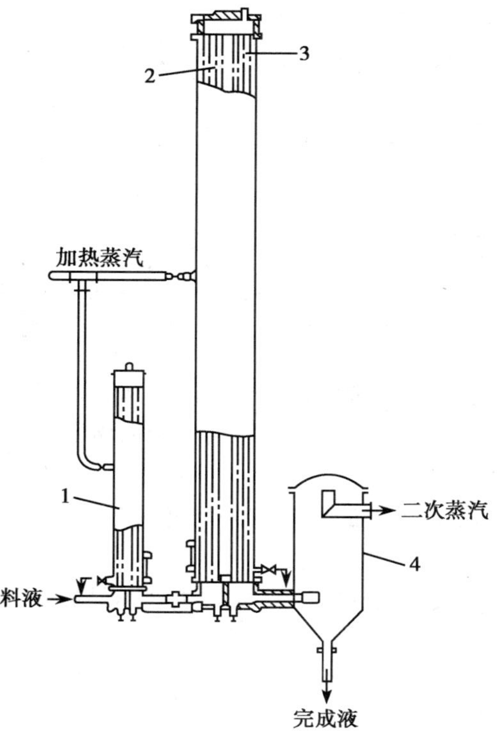

图 5－13　升－降膜式蒸发器

1－预热器；2－升膜加热室；3－降膜加热室；4－分离室

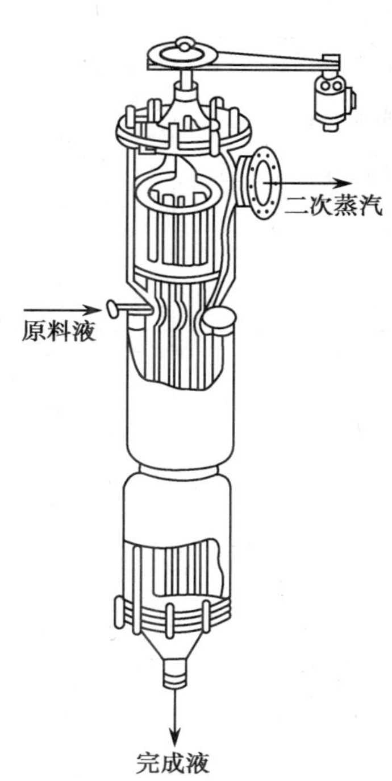

图 5－14　刮板薄膜式蒸发器

程型蒸发器。它有一个带加热夹套的壳体，壳体内装有旋转刮板，旋转刮板有固定的和活动的两种，前者与壳体内壁的间隙为 0.75～1.5mm，后者与器壁的间隙随旋转速度不同而异。溶液在蒸发器上部沿切向进入，利用旋转刮板的刮带和重力的作用，使液体在壳体内壁上形成旋转下降的液膜，并在下降过程中不断被蒸发浓缩，在底部得到完成液。

这种蒸发器的突出优点是对物料的适应性非常强，对黏度高和容易结晶、结垢的物料均能适用。其缺点是结构较为复杂，动力消耗大，受传热面积限制（一般为 3～4m^2，最大不超过 20m^2），其处理量较小。

（四）蒸发器性能的比较与选型

在选择蒸发器时，除了要求结构简单、易于制造、清洗和维修方便外，更主要的是看它能否满足物料的工艺特性，包括物料的黏性、热敏性、腐蚀性、结晶和结垢性等，然后全面综合考虑才能做出决定。表 5－4 列举了常见蒸发器的主要性能，供选型时参考。

表 5－4 常见蒸发器的主要性能

蒸发器类型	造价	传热系数		溶液在管内流速（m/s）	停留时间	完成液浓度能否恒定	浓缩比	处理量	能否适应物料工艺特性					
		稀溶液	高黏度						稀溶液	高黏度	易起泡	易结垢	热敏性	析出结晶
标准式	最廉	良好	低	0.1～0.5	长	能	良好	一般	适	适	适	尚适	尚适	稍适
悬筐式	较高	较好	低	1～1.5	长	能	良好	一般	适	适	适	适	尚适	适
外热式	廉	高	高	0.4～1.5	较长	能	良好	较大	适	尚适	较好	尚适	尚适	稍适
列文式	高	高	良好	1.5～2.5	较长	能	良好	较大	适	尚适	较好	尚适	尚适	稍适
强制循环式	高	高	高	2.0～3.5	较长	能	较高	大	适	好	好	适	尚适	适
升膜式	廉	高	良好	0.4～1.0	短	较难	高	大	适	尚适	好	尚适	良好	不适
降膜式	廉	良好	高	0.4～1.0	短	尚能	高	大	较适	好	适	不适	良好	不适
刮板式	最高	高	高	—	短	尚能	高	小	较适	好	较适	适	适	良好

1. 溶液的黏度　蒸发过程中溶液黏度变化的范围，是选型首要考虑的因素。

2. 溶液的热稳定性　长时间受热易分解、易聚合以及易结垢的溶液蒸发时，应采用滞料量少、停留时间短的蒸发器。

3. 有晶体析出的溶液　对蒸发时有晶体析出的溶液应采用外热式蒸发器或强制循环蒸发器。

4. 易发泡的溶液　易发泡的溶液在蒸发时会生成大量层层重叠不易破碎的泡沫，充满了整个分离室后即随二次蒸汽排出，不但损失物料，而且污染冷凝器。蒸发这种溶液宜采用外热式蒸发器、强制循环蒸发器或升膜蒸发器。若将中央循环管蒸发器和悬筐蒸发器的分离室设计大一些，也可用于这种溶液的蒸发。

5. 有腐蚀性的溶液　蒸发腐蚀性溶液时，加热管应采用特殊材质制成，或内壁衬以耐腐蚀材料。

6. 易结垢的溶液 无论蒸发何种溶液，蒸发器长久使用后，传热面上总会有污垢生成。垢层的导热系数小，因此对易结垢的溶液，应考虑选择便于清洗和溶液循环速度大的蒸发器。

7. 溶液的处理量 溶液的处理量也是选型应考虑的因素。要求传热面大于 $10m^2$ 时，不宜选用刮板薄膜式蒸发器；要求传热面在 $20m^2$ 以上时，宜采用多效蒸发操作。

除了工艺条件满足要求外，设备的造价、能耗的高低及操作成本也是应考虑的因素。总之，应视具体情况综合考虑各因素选用适宜的蒸发器。

（五）蒸发器的辅助装置

1. 除沫器 蒸发操作中产生的二次蒸汽夹带大量的液沫，经分离室分离后，蒸汽中仍夹带有一定量的液沫。为了减少液体产品的损失和冷凝液被污染，在蒸发器顶部蒸汽出口附近需要设置除沫器，用来进一步除去二次蒸汽中夹带的液沫。除沫器的类型很多，图 5－15 列举了几种常见的除沫器，其中(a)～(d)直接装在蒸发器内分离室的顶部，而(e)～(g)则要装在蒸发器的外部，它们主要是利用液沫的惯性以及液体对固体表面的润湿能力使之黏附于固体表面以达到汽液分离的目的。

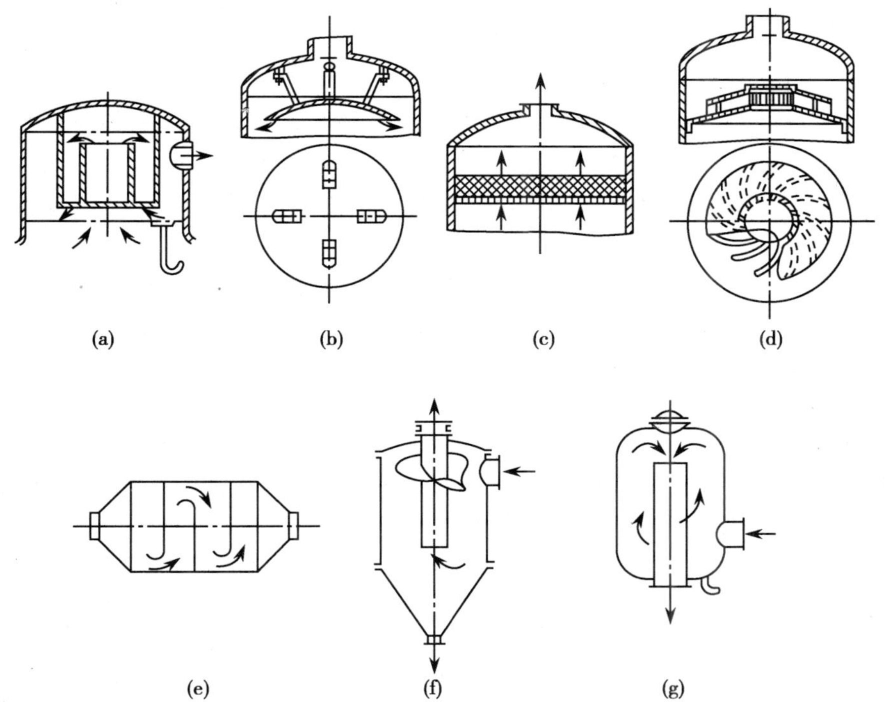

图 5－15 除沫器的主要型式

(a)折流式除沫器；(b)球形除沫器；(c)金属丝网除沫器；
(d)离心式除沫器；(e)冲击式除沫器；(f)旋风式除沫器；(g)离心式分离器

2. 冷凝器和真空装置 冷凝器的作用是将二次蒸汽冷凝成液态水后排出。冷凝器有间壁式和直接接触式两类。当二次蒸汽为有价值的产品需要回收或会污染冷却水时，应采用间壁式冷凝器，通常水溶液的蒸发一般采用直接接触式冷凝器。

当蒸发器采用减压操作时，无论采用哪一种冷凝器，均需在冷凝器后设置真空装置，不断抽出二次蒸汽中的的不凝性气体，从而维持蒸发操作所需的真空度。常用的真空装置有喷射泵、往复式真空泵以及水环式真空泵等。

3. 冷凝水排除器 加热蒸汽冷凝后生成的冷凝水必须要及时排除，否则冷凝水积聚于蒸发器加热室的管外，将占据一部分传热面积，降低传热效果。排除的方法是在冷凝水排出管路上安装冷凝水排除器（又称疏水器）。它的作用是在排除冷凝水的同时，阻止蒸汽的排出，以保证蒸汽的充分利用。

二、蒸发器的操作

（一）蒸发器的开停车操作

1. 正常开车 开车前，将加热室残留的冷凝水排净，检查各设备、仪表、阀门和控制系统是否正常。按照事先设定好的程序，通过控制室依次按规定的开度、规定的顺序开启加料阀、蒸汽阀，并依次查看各效分离罐的液位显示。当液位达到规定值时再开启相关输送泵；设置有关仪表设定值，同时将其设为自动状态；对需要抽真空的装置进行抽真空；监测各效温度，检查其蒸发情况；通过有关仪表监测产品浓度，通过调整蒸汽流量或加料流量来调整产品浓度。

2. 操作运行 操作过程中应注意监测蒸发器各部分的运行情况及规定指标，按规定的时间间隔检查调整蒸发器的运行情况，并如实做好操作记录。当装置处于稳定运行状态下，不要轻易变动性能参数。操作中控制蒸发装置的液位是关键，目的是使装置运行平稳，流量稳定，由于大多数泵输送的是沸腾液体，有效地控制液位也能避免泵的“汽蚀”现象。

3. 正常停车 首先将蒸汽关闭，然后关闭进料阀，停止进料。打开靠近末效真空器的开关并将抽真空装置停机，小心将蒸发设备内的热物料排净后进行设备清洗。

（二）蒸发系统常见操作事故与预防

1. 蒸发单元操作安全要点

（1）严格控制各效蒸发器的液面，使其处于工艺要求的适宜位置。

（2）在蒸发容易析出结晶的物料时，易发生管路、加热室、阀门等的结垢堵塞现象，因此需定期用水冲洗保持畅通。

（3）经常调校仪表，使其灵敏可靠，如果发现仪表失灵要及时查找原因并处理。

（4）经常对设备、管路进行严格检查、探伤，特别是视镜玻璃要经常检查、适时更换，以防因腐蚀造成事故。

（5）检修设备前，要泄压泄料，并用水冲洗降温，去除设备内残存的腐蚀性液体。

（6）操作、检修人员应穿戴好防护衣物，避免热液、热蒸汽造成人身伤害。

2. 蒸发操作常见事故及预防

（1）高温腐蚀性液体或蒸汽外泄。泄漏处多发生在设备和管路焊缝、法兰、密封填料、膨胀节等薄弱环节。产生泄漏的直接原因多是开、停车时由于热胀冷缩而造成开裂；或者是因管道腐蚀而变薄，当开、停车时因应力冲击而破裂，致使液体或蒸汽外泄。要预防此类事故，在开车前严格进行设备检验，试压，试漏，并定期检查设备腐蚀情况。

(2)管路、阀门堵塞。对于蒸发易晶析的溶液，常会随物料增浓出现结晶而造成管路、阀门、加热器等堵塞，使物料不能流通，影响蒸发操作的正常进行。因此要及时分离盐泥，并定期清洗。一旦发生堵塞现象，则要用加压水冲洗，或采用真空抽吸补救。

(3)蒸发器视镜破裂，造成热溶液外泄。如烧碱这种高温、高浓度溶液极具腐蚀性，易腐蚀玻璃，使其变薄，机械强度降低，受压后易爆裂，使内部热溶液喷溅伤人。应及时检查，定期更换。

总之，要根据蒸发操作的生产特点，严格制定操作规程，并严格执行，以防各类事故发生，确保操作人员的安全以及生产的顺利进行。

知识拓展

热泵蒸发

为了提高加热蒸汽的经济性，人们采取了多种措施，热泵蒸发是其中的一种。

热泵蒸发通常是在单效蒸发时，将二次蒸汽绝热压缩以提高其温度，然后送回加热室作为加热蒸汽重新利用。这样，除开工阶段外，正常操作中不需要供给新的加热蒸汽，只需补充一定的压缩功即可利用二次蒸汽进行蒸发。

二次蒸汽的压缩可采用机械压缩(如压缩机)或利用蒸汽作为动力进行压缩(如喷射泵)，如图5－16所示。热泵蒸发的节能效果一般可相当于3～5效的多效蒸发，但由于压缩机的投资费用较高且需经常维修和保养，这在一定程度上限制了它在生产上的应用。

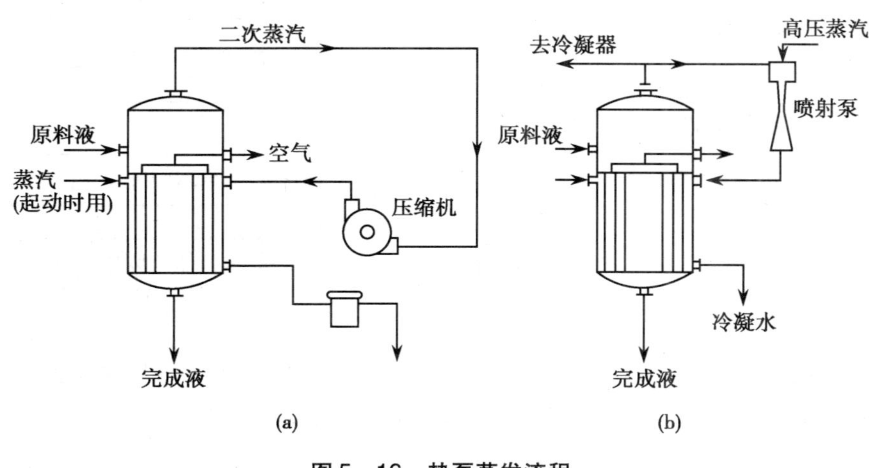

图5－16 热泵蒸发流程

学习小结

一、学习内容

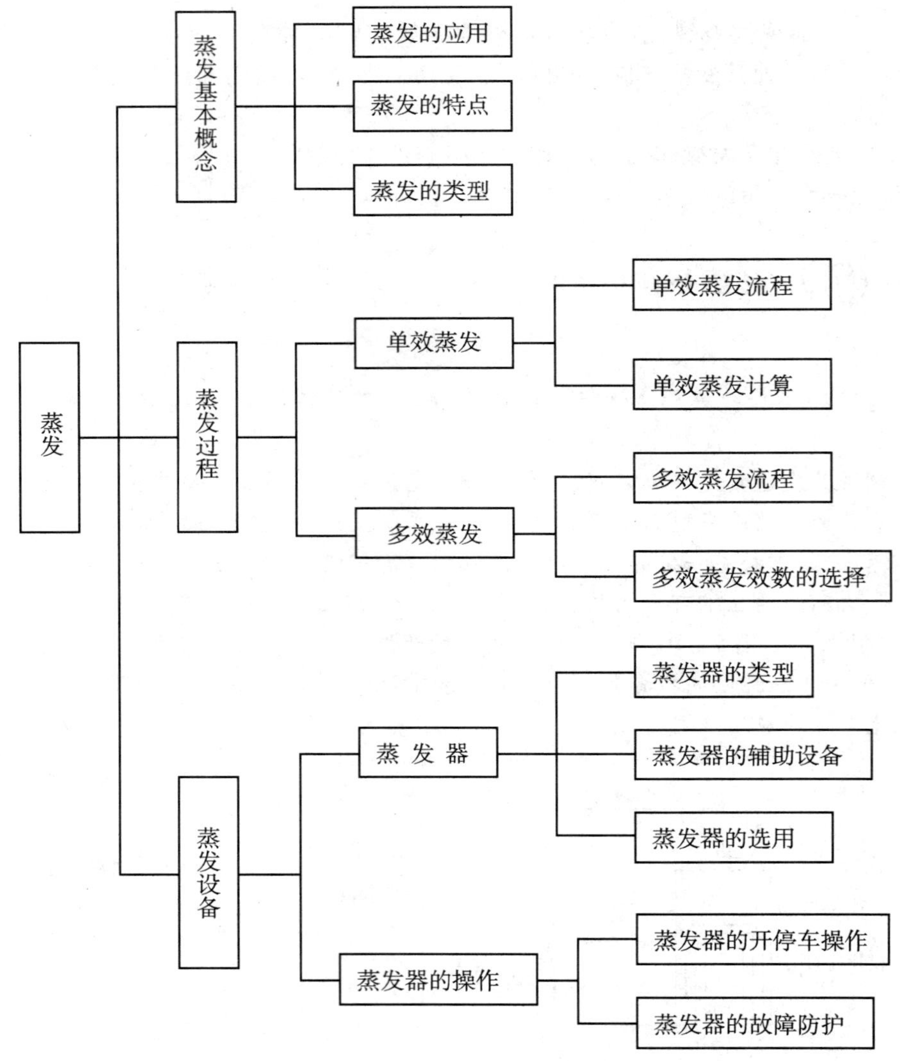

二、学习方法

蒸发是生产过程中常见的单元操作，它与传热有很多相似的规律，又区别于一般的传热过程。所以大家应在学好传热知识的基础上注意区分蒸发与传热在基本原理、蒸发流程、蒸发设备结构及操作上的不同。

单效蒸发是最基本也是最常见的蒸发流程，在学习中通过对单效蒸发的水蒸发量、加热蒸汽消耗量以及换热面积计算的分析，能融会贯通进行生产过程完成一定生产任务所需条件的分析。如在已有的蒸发装置上完成蒸发 5000kg 水的任务，需要多少时间？通过传热面积的计算公式(5-7)可以确定单位时间所需的蒸汽量D，通过加热蒸汽消耗量计算公式(5-6a)可以确定一共所需的加热蒸汽D'，由两者的比值可以确定时间。通过对蒸发设备的学习掌握基本选型依据，在实际生产中当原有的蒸发装置中蒸发物料发生变化时，不要生搬硬套选型依据，马上考虑更换设备，而是应首先结合实际考虑调整操作条件或蒸发工艺，其次对设备做相应的改造。总之，在学习中应将所学知识与生产实际相结合，提高知识的应用能力。

目标检测

一、选择题

(一)单项选择题

1. 二次蒸汽为(　　)。
A. 加热蒸汽　　B. 第二效所用的加热蒸汽
C. 第二效溶液中蒸发的蒸汽　　D. 无论哪一效溶液中蒸发出来的蒸汽

2. 热敏性物料宜采用(　　)蒸发器。
A. 自然循环式　　B. 强制循环式　　C. 膜式　　D. 都可以

3. 在一定的压力下，纯水的沸点比NaCl水溶液的沸点(　　)。
A. 高　　B. 低
C. 有可能高也有可能低　　D. 高20℃

4. 蒸发可适用于(　　)。
A. 溶有不挥发性溶质的溶液　　B. 溶有挥发性溶质的溶液
C. 溶有不挥发性溶质和溶有挥发性溶质的溶液
D. 挥发度相同的溶液

5. 对于在蒸发过程中有晶体析出的液体的多效蒸发，最好用下列(　　)蒸发流程。
A. 并流法　　B. 逆流法　　C. 平流法　　D. 都可以

6. 循环型蒸发器的传热效果比单程型的效果要(　　)。
A. 高　　B. 低　　C. 相同　　D. 不确定

7. 逆流加料多效蒸发过程适用于(　　)。
A. 黏度较小溶液的蒸发　　B. 有结晶析出的蒸发
C. 黏度随温度和浓度变化较大的溶液的蒸发　　D. 都可以

8. 下列蒸发器，溶液循环速度最快的是(　　)
A. 标准式　　B. 悬筐式　　C. 列文式　　D. 强制循环式

9. 膜式蒸发器中，适用于易结晶、结垢物料的是(　　)。
A. 升膜式蒸发器　　B. 降膜式蒸发器
C. 升降膜式蒸发器　　D. 回转式薄膜蒸发器

10. 蒸发流程中除沫器的作用主要是(　　)。
A. 汽液分离　　B. 强化蒸发器传热

C. 除去不凝性气体　　D. 利用二次蒸汽

11. 自然循环型蒸发器中溶液的循环是由于溶液产生(　　)。

A. 浓度差　　B. 密度差　　C. 速度差　　D. 温度差

12. 化学工业中分离挥发性溶剂与不挥发性溶质的主要方法是(　　)。

A. 蒸馏　　B. 蒸发　　C. 结晶　　D. 吸收

13. 在蒸发操作中,若使溶液在(　　)下沸腾蒸发,可降低溶液沸点而增大蒸发器的有效温度差。

A. 减压　　B. 常压　　C. 加压　　D. 变压

14. 标准式蒸发器适用于(　　)的溶液的蒸发。

A. 易于结晶　　B. 黏度较大及易结垢

C. 黏度较小　　D. 不易结晶

(二)多项选择题

1. 减压蒸发的优点有(　　)。

A. 减少传热面积　　B. 可蒸发不耐高温的溶液　　C. 提高热能利用率

D. 减少基建费和操作费　　E. 简化蒸发流程

2. 下列蒸发器属于循环型蒸发器的是(　　)。

A. 升膜式　　B. 列文式　　C. 外热式　　D. 标准型　　E. 降膜式

3. 下列属于蒸发器辅助设备的是(　　)。

A. 除沫器　　B. 蒸发室　　C. 冷凝器　　D. 疏水器　　E. 加热室

4. 蒸发过程按操作方式可分为(　　)。

A. 多效蒸发　　B. 单效蒸发　　C. 间歇蒸发　　D. 自然蒸发　　E. 连续蒸发

二、简答题

1. 什么叫蒸发?蒸发操作有哪些特点?
2. 单效蒸发与多效蒸发的主要区别在哪?它们各适用于什么场合?
3. 多效蒸发常用的流程有哪几种?各适用于什么场合?
4. 列举出3~4种常用的蒸发设备,并简要说明各自的特点和适用的场合。

三、实例分析

1. 在单效蒸发器内,将某物质的水溶液自浓度5%浓缩至25%(皆为质量分数)。每小时处理2t原料液。溶液在常压下蒸发,沸点是373K。加热蒸汽的温度为403K,原料液在沸点时加入蒸发器,求加热蒸汽的消耗量。

2. 某水溶液原料进料为8000kg/h,今欲用一单效真空蒸发器每小时蒸掉2000kg的水。已知加热蒸汽的压强为200kPa,蒸发室内溶液的沸点为75℃,原料的进料温度为30℃,原料液的比热容为3.9kJ/kg·K,蒸发器的传热系数为1200W/m^2·K,热损失按热负荷的5%考虑,试求蒸发器所需要的传热面积。

(罗　曜)

第六章　蒸　馏

学习目标

学习目的

通过本章学习掌握蒸馏的原理和连续精馏操作的分析计算、板式塔的主要结构作用、精馏塔的操作和产品质量控制等内容，为化学制药工艺学等后续专业课程学习及制药单元操作实训、制药过程原理及设备课程设计、生产实习等实践性教学环节的训练打下基础，以适应化学药品生产中精馏岗位的操作要求。

知识目标

掌握精馏原理并运用此原理分析精馏过程。掌握全塔物料衡算、精馏段和提精段的物料衡算。适宜回流比的选择，回流比的大小对塔板数及操作费用的影响，塔板效率；

熟悉简单蒸馏的原理和流程，气液相平衡方程和相平衡图、挥发度、相对挥发度等的含义。理论塔板的概念，逐板计算法和图解法计算理论塔板数，精馏塔的热量衡算；

了解进料热状态与 q 值之间的关系。板式塔的结构和流体力学特性。

能力要求

熟练应用有关精馏的原理对连续精馏操作的过程进行分析，熟练掌握普通精馏的技术；

学会精馏塔的简单工艺计算和精馏塔的操作。

在化学制药等过程中常常要将混合物进行分离，以实现产品的提纯和回收。对于液体混合物而言，最常用的是通过蒸馏的方法来分离。蒸馏是有着悠久历史的传质分离单元操作，如从发酵的醪液提炼饮料酒，石油的炼制分离汽油、煤油、柴油，空气的液化分离制取氧氮气等，以及化学合成药品的提纯，溶剂回收和废液排放前的达标处理等，都需要经蒸馏完成。

混合物的分离总是根据混合物中各组分在某种性质上存在差异。蒸馏便是依据液体混合物中各组分的沸点不同，即在挥发性上存在差异而进行分离的。

如乙醇和水相比，常压下乙醇沸点 78.3℃，水的沸点 100℃，所以乙醇的挥发性比水强。当乙醇(A)和水(B)形成的二元混合液欲进行分离时，可将此溶液加热，使之部分气化呈平衡的气液两相。因乙醇易挥发，使得乙醇更多地进入到气相，所以在气相中乙醇的浓度要高于原来的溶液。而残留的液相中乙醇的浓度比原溶液减小了，即水的浓度增加了。这样原混合液中的两组分遂实现了部分程度的分离。这种分离原理即为蒸馏分离。

由蒸馏原理可知，混合液中各组分的沸点相差越大，即挥发性相差越大，则用蒸馏方法分离越容易。反之，两组分的挥发性越接近，则越难用蒸馏分离。

凡根据蒸馏原理进行组分分离的操作都属蒸馏操作。常见的蒸馏操作其方式有闪蒸、简单蒸馏、精馏和特殊蒸馏。分离的混合物的组分数可以是双组分或多组分。蒸馏操作的压力可采用常压、加压和减压。根据需要，蒸馏可以连续式进行，也可以间歇式进行。工业上以连续精馏的应用最为广泛，本章主要讨论这种蒸馏方式。

第一节 双组分溶液的气液相平衡

一、相组成的表示

相组成即浓度，有多种表示形式。最常用的是质量分率和摩尔分率。

1. 质量分率 w 质量分率为混合物中某组分的质量占总质量的分率或百分率。

$$w_A = \frac{m_A}{m}, w_B = \frac{m_B}{m}, w_C = \frac{m_C}{m}\cdots\cdots$$

可知

$$w_A + w_B + w_C + \cdots\cdots = 1$$

对双组分物系，则

$$w_A + w_B = 1 \qquad (6-1)$$

也可以将其中任一组分的质量分率以 w 表示，另一组分的质量分率则为 $(1-w)$，可省去下标 A、B。

2. 摩尔分率 x 摩尔分率指混合物中某组分的摩尔数占总摩尔数的分率或百分率。

$$x_A = \frac{n_A}{n}, x_B = \frac{n_B}{n}, x_C = \frac{n_C}{n}\cdots\cdots$$

各组分的摩尔分率之和亦为 1，即

$$x_A + x_B + x_C + \cdots\cdots = 1$$

对双组分物系，则

$$x_A + x_B = 1 \qquad (6-2)$$

本章中将液相组成用 x 表示，气（汽）相中的组成习惯上用 y 表示。

质量分率与摩尔分率可以相互进行换算。对双组分物系，若 A、B 组分的摩尔质量为 M_A、M_B，则有

$$n_A = \frac{m_A}{M_A} = \frac{mw_A}{M_A}, n_B = \frac{m_B}{M_B} = \frac{mw_B}{M_B}$$

而

$$n = n_A + n_B$$

$$=\frac{mw_A}{M_A}+\frac{mw_B}{M_B}$$

$$=m\left(\frac{w_A}{M_A}+\frac{w_B}{M_B}\right)$$

因此

$$x_A=\frac{n_A}{n}=\frac{\frac{w_A}{M_A}}{\frac{w_A}{M_A}+\frac{w_B}{M_B}} \tag{6-3}$$

对于气(汽)相组成而言,有时也可用压力分率和体积分率来表示,其定义与质量分率和摩尔分率类似。理想气体中某组分的体积分率、压力分率和摩尔分率在数值上相等。

二、双组分理想溶液的气液相平衡

为了便于描述混合液体的气液相平衡关系,提出理想溶液这一假定。在理想溶液中不同分子之间的吸引力f_{AB}与同分子之间的吸引力f_{AA}和f_{BB}一样,它们的平均挥发能力也一样,只是由于溶液中不同分子的比例不一样,所以从溶液中跑到气相中的机会比纯组分时减少了。在一定的温度下,气液两相达到平衡时,溶液上方即气相中各组分的组成与该组分在溶液中的组成之间的关系称为气液相平衡关系,可用如下几种形式表示。

(一)以饱和蒸气压的形式表示

若气相组成以分压表示,则在一定的温度下,气液两相达到平衡时,溶液上方即气相中各组分的分压与溶液中该组分摩尔分率之间的关系服从拉乌尔定律:

$$P_A=P_A^0x_A,P_B=P_B^0x_B \tag{6-4}$$

式中,P_A^0——一定温度下A组分的饱和蒸气压;P_B^0——一定温度下B组分的饱和蒸气压。

(二)以相图的形式表示

在压强一定的条件下,气、液两相的平衡关系可以用温度组成图[$t-x(y)$图]和气液相平衡图($y-x$图)表示。y是轻组分(易挥发组分)在气相中的摩尔分率,x是轻组分在液相中的摩尔分率。

1. 温度组成图[$t-x(y)$图]　图6-1为苯-甲苯体系的$t-x(y)$图。图中以温度t为纵坐标,液(气)相组成$x(y)$为横坐标。

图中实线为$t-x$线,称为饱和液体线(或称为泡点线),表示液相组成与泡点温度(加热溶液到产生第一个气泡时的温度)的关系。虚线为$t-y$线,称为饱和蒸气线(或称为露点线),表示气相组成与露点温度(冷却气体至产生第一个液滴时的温度)的关系。饱和液体线以下表示未达到泡点的液相区,饱和蒸气线以上为过热蒸气区,两线之间为气液共存区。$t-x(y)$关系的数据由实验测得。

2. 气液相平衡图($y-x$图)　在$t-x(y)$图中的两相区,一个温度t对应一组x和y。如以x为横坐标,y为纵坐标,可得图6-2所示的气液相平衡图($y-x$图)。图中曲

线表示液相组成 x 和与之平衡的气相组成 y 之间的关系，对角线上 $x=y$。对于理想溶液，两相平衡时，y 总是大于 x，平衡线位于对角线上方，平衡线离对角线越远，表明该溶液用蒸馏方法分离越容易。

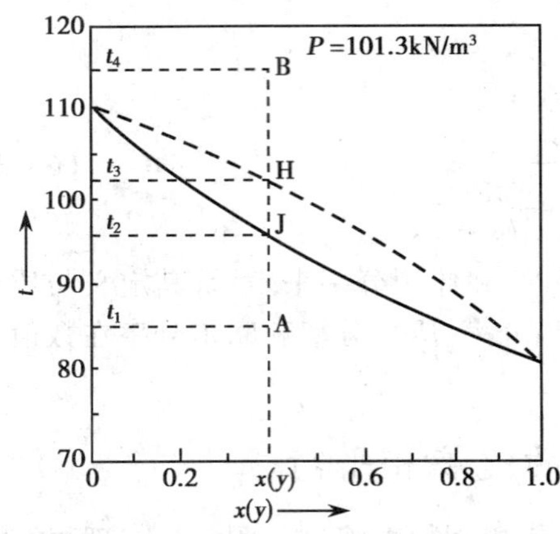

图 6-1 苯-甲苯混合液的 $t-x(y)$ 图

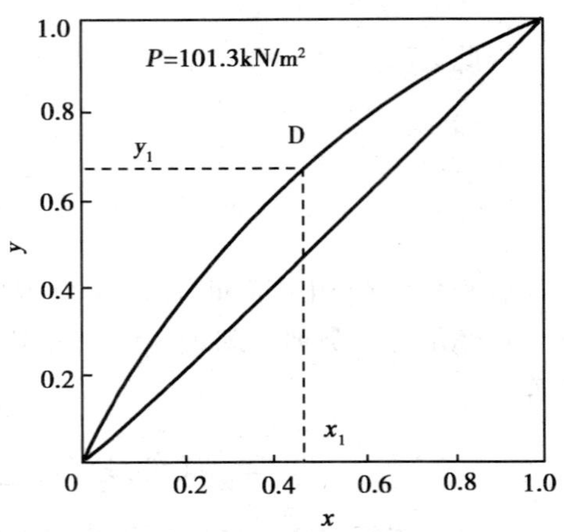

图 6-2 苯-甲苯混合液的 $y-x$ 图

（三）以相对挥发度表示的气液相平衡方程

为便于计算，气液相平衡关系还可用相对挥发度表示。

挥发度是表示某种液体挥发难易的程度，对于纯液体，挥发度为在一定温度下的饱和蒸气压。温度相同，饱和蒸气压越大的液体则其挥发度越大。对于溶液中各组分的蒸气压因组分间的影响要比纯态时低，故溶液中各组分的挥发度 v 表示为在一定温度下气相中的分压 P 与平衡液相中的摩尔分率 x 之比：

$$v_A=\frac{P_A}{x_A},v_B=\frac{P_B}{x_B} \tag{6-5}$$

对于理想溶液 ∵ $$P_A=P_A^0x_A,P_B=P_B^0x_B$$

∴ $$v_A=\frac{P_A}{x_A}=\frac{P_A^0x_A}{x_A}=P_A^0$$

$$v_B=\frac{P_B}{x_B}=\frac{P_B^0x_B}{x_B}=P_B^0$$

因此，对于理想溶液，可以用纯组分的饱和蒸气压来表示它在溶液中的挥发度，溶液中各组分挥发度的差别可以用其挥发度的比值，即相对挥发度来表示：

相对挥发度 $$\alpha=\frac{v_A}{v_B}=\frac{P_A/x_A}{P_B/x_B} \tag{6-6}$$

理想溶液： $$\alpha=\frac{P_A^0}{P_B^0}$$

压力不高时： $$P_A=Py_A,P_B=Py_B$$

则 $$\alpha=\frac{Py_A/x_A}{Py_B/x_B}=\frac{y_Ax_B}{y_Bx_A}$$

对于双组分溶液 $$y_B=1-y_A$$

$$x_B=1-x_A$$

$$\frac{y_A}{y_B}=\alpha\frac{x_A}{x_B}$$

$$\frac{y_A}{1-y_A}=\alpha\frac{x_A}{1-x_A}$$

$$y_A=\frac{\alpha x_A}{1+(\alpha-1)x_A}$$

略去下标

$$y=\frac{\alpha x}{1+(\alpha-1)x} \tag{6-7}$$

此式即为用相对挥发度表示的气液相平衡关系，称为气液相平衡方程。

若混合溶液接近于理想溶液，则 α 值的变化是很小的，可以把 α 取为定值，常取操作最高温度和最低温度下相对挥发度 α_1、α_2 的平均值。

$$\alpha_m=\frac{1}{2}(\alpha_1+\alpha_2) \tag{6-8}$$

从气液相平衡方程看出，若 $\alpha>1$，则 $y>x$，α 值越大平衡线离对角线越远，越有利于分离，所以 α 值的大小可以用于判断混合液能否用蒸馏方法分离，以及分离的难易程度。

三、双组分非理想溶液的气液相平衡

对于非理想溶液而言，其不同分子之间的吸引力 f_{AB} 与同分子之间的吸引力 f_{AA} 和 f_{BB} 不等，气液相平衡关系不符合拉乌尔定律，主要靠实验数据得到。

当 $f_{AB}<f_{AA}$ 和 f_{BB}，使气相中各组分的蒸气压较理想溶液大，为正偏差溶液。如图 6-3 所示为乙醇-水溶液物系的相图。在乙醇-水溶液物系的 $t-x(y)$ 图上，泡点线和露点线在 M 点重合，该点溶液的泡点比两纯组分的沸点都低，这是因为该溶液为具有较大正偏差的溶液，组成在 M 点时两组分的蒸气压之和出现最大值。M 点称为恒沸点，具有这一特征的溶液称为具有最低恒沸点的溶液。常压下，乙醇-水物系恒沸组成摩尔分数为 0.894，相应温度为 78.15℃（纯乙醇为 78.3℃）。

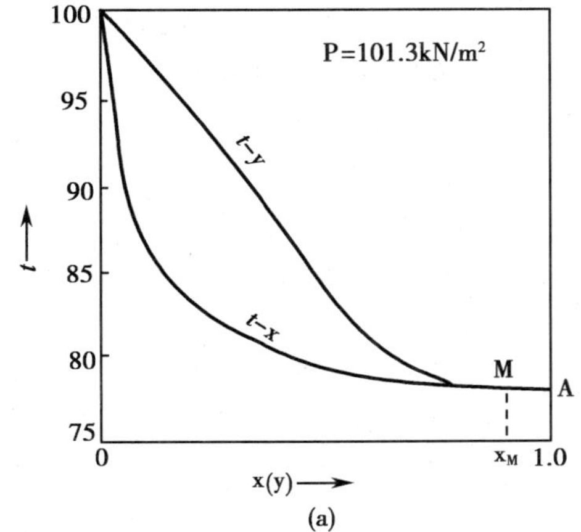

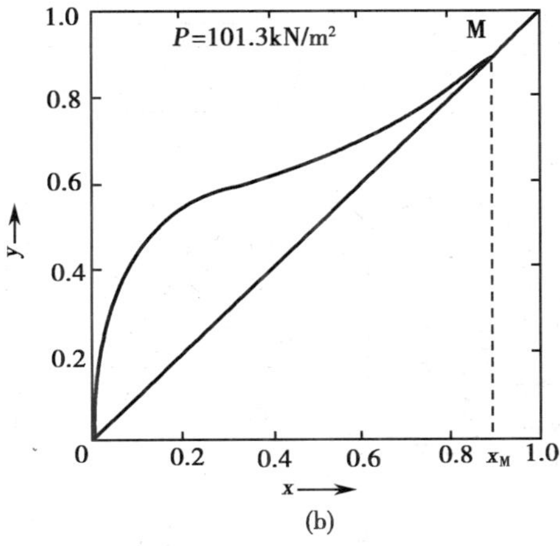

图 6-3　乙醇-水物系相图

当$f_{AB}>f_{AA}$和f_{BB}，使气相中各组分的蒸气压较理想溶液小，为负偏差溶液。如图6-4为硝酸-水溶液物系的相图。硝酸-水溶液为负偏差较大的溶液，在硝酸摩尔分数为0.383时，两组分的蒸气压之和最低，$t-x(y)$图上对应出现一最高恒沸点（M点），其沸点为121.9℃。此溶液称为具有最高恒沸点的溶液。

在恒沸点时气液两相组成相同，用一般的蒸馏方法不能实现该组成下混合溶液的分离。

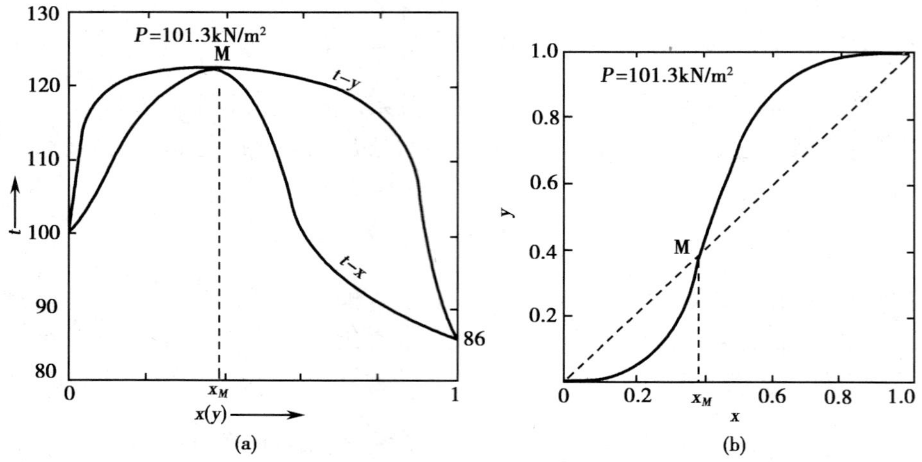

图6-4 硝酸-水溶液物系相图

第二节 蒸馏方式

一、简单蒸馏

简单蒸馏是一种间歇操作，其设备流程如图6-5所示。原料液直接加入蒸馏釜至一定量后停止，蒸馏釜内料液在恒压下以间接蒸气加热至沸腾气化，所产生的蒸气从釜顶引出至冷凝器全部冷凝作为塔顶产品送入产品贮罐，由蒸馏原理知，其中易挥发组分的浓度将相对增加。当釜中溶液浓度下降至规定要求时，即停止加热，将釜中残液排出后，再将新料液加入釜中重复上述蒸馏过程。随着蒸馏过程的进行，釜内溶液中易挥发组分含量愈来愈低，随之产生的蒸气中易挥发组分含量也愈来愈低。生产中往往要求得到不同浓度范围的产品，可用不同的贮槽收集不同时间的产品。

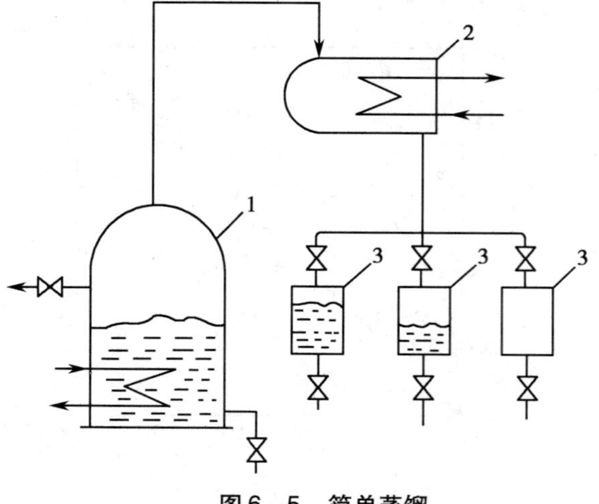

图6-5 简单蒸馏

1-蒸馏釜；2-冷凝器；3-产品贮罐

简单蒸馏过程的流程、设备和操

作控制都比较简单，但其只适用于分离挥发度相差较大、对分离程度要求不高的场合，可用于对混合液进行初步分离。要实现混合液的高纯度分离要求，需采用精馏方式操作。

二、精 馏

精馏是工业生产中用以实现混合液高纯度分离的一种蒸馏操作，是应用最广的一种蒸馏方式。现以苯－甲苯混合液的精馏为例，说明精馏的原理。

由蒸馏的分离原理可知，如将苯－甲苯溶液加热，使之进行一次部分气化，两组分便得到部分分离。气化所得的气相（一级）中苯浓度比原有溶液提高了，若将此气相引出进行部分冷凝，则重新得到一呈平衡的气液两相。其气相（二级）中苯的浓度又将进一步提高。该气相（二级）再一次部分冷凝所得的下一级气相（三级），其苯浓度又可得以增加。显然，这种依次进行部分冷凝的次数（即级数）愈多，所得到的蒸气的浓度也愈高，最后可得高纯度的易挥发组分苯。

同样由蒸馏原理知，初始溶液加热部分气化后，所残留的液相中甲苯的浓度比原溶液提高了。若将此液相引进另一加热釜再一次发生部分气化，由于甲苯难挥发，所以气化后剩余的液相中甲苯的浓度又将进一步增加，如此继续下去，部分气化的次数愈多，所残留的液体中甲苯的浓度就愈高，最后可得高纯度的难挥发组分甲苯。

为了改善上述情况，可借助回流的工程手段，使相邻两级的液相和气相通过回流接触，则液相得到热量发生一次部分气化，与此同时相接触的气相被冷却而发生一次部分冷凝。

由此可见，精馏就是多次而且同时运用部分气化和部分冷凝的方法，使混合液得到较完全程度的分离，以获得接近纯组分的操作。

工业上，精馏过程都在精馏装置中进行。它由精馏塔、再沸器和冷凝器等构成，如图6－6所示。在精馏塔内每隔一定高度安装一块塔板，或直接堆放填料。气液两相在塔板上或填料的表面相接触，而发生部分气化和部分冷凝。

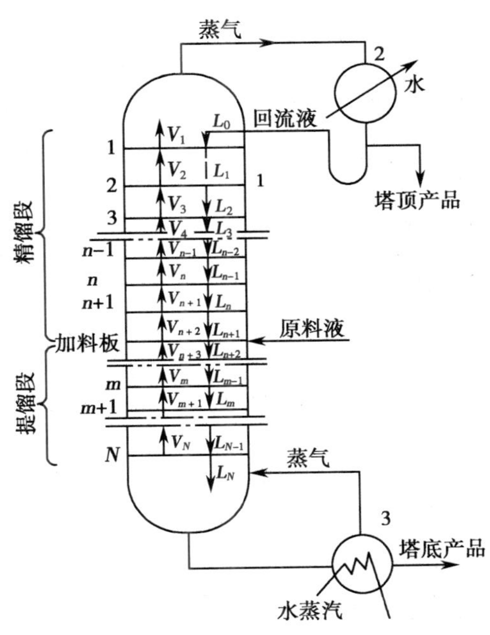

图6－6 连续精馏过程和塔内物料流动示意图

1－精馏塔；2－冷凝器；3－再沸器

图6－6示意的是典型的连续精馏过程以及塔内的物料流动情况。原料液从塔中间的某块塔板上引入塔内，此板称为加料板。一般将精馏塔分为两段，加料板以上的称为精馏段，加料板以下称为提馏段（包括加料板）。进入塔内的原料便与精馏段下降的回流液体在加料板上汇合，然后再逐板下流，最后流入塔底的再沸器中。在再沸器内只取出部分液体作为塔底产品（残液），另外有部分

液体经加热器加热气化后产生上升蒸气进入塔内，沿塔上升，依次经过所有塔板，最后从塔顶引出进入冷凝器全部冷凝为液体。一部分冷凝液作为塔顶产品（馏出液），另一部分作为回流液流回塔内。这样，在精馏塔内每块板上都存在一上升气相和一下降液相。

蒸气由精馏塔底部在自下而上依次通过各层塔板的过程中，与各板上液体层相接触，使液体发生部分气化，而蒸气发生部分冷凝，从而使蒸气中易挥发组分逐板增浓，从塔顶引出时，已成为纯度很高的易挥发组分，冷凝后即可得馏出液产品。同样，从塔顶经每块塔板下降的回流液体，由于与上升的蒸气相接触，每经一块塔板就部分气化一次，其中易挥发组分的浓度不断下降，而难挥发组分的浓度不断增加，结果在再沸器底部出口的残液中，即为高纯度的难挥发组分。

在整个精馏塔内，各板上易挥发组分的浓度由上而下逐渐降低，当某板上的浓度与原料液中浓度相等或相近时，料液就从此板加入。由于塔底部几乎是纯难挥发组分，因此塔底部温度最高，而顶部几乎是纯易挥发组分，因此塔顶部温度最低，整个塔内的温度，由下而上逐渐降低。

精馏装置中除主体设备精馏塔外，还需一些辅助设备，主要是各种形式的换热器，包括塔底溶液再沸器、塔顶蒸气冷凝器、料液预热器、产品冷却器，另外还需管线以及流体输送设备等。其中再沸器和冷凝器是保证精馏过程能连续进行稳定操作所必不可少的两个换热设备。

再沸器的作用是将塔内最下面的一块塔板流下的液体进行加热，使其中一部分液体发生气化变成蒸气而重新回流入塔，以提供塔内上升的气流，从而保证塔板上气、液两相的稳定传质。

冷凝器的作用是将塔顶上升的蒸气进行冷凝，使其成为液体，之后将一部分冷凝液从塔顶回流入塔，以提供塔内下降的液流，使其与上升气流进行逆流传质接触。

再沸器和冷凝器在安装时应根据塔的大小及操作是否方便而确定其安装位置。对于小塔，冷凝器一般安装在塔顶，这样冷凝液可以利用位差而回流入塔；再沸器则可安装在塔底。对于大塔（处理量大或塔板数较多时），冷凝器若安装在塔顶部则不便于安装、检修和清理，此时可将冷凝器安装在较低的位置，回流液则用泵输送入塔。再沸器一般安装在塔底外部。

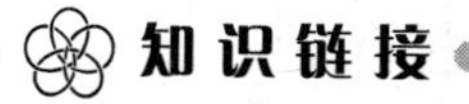

特殊精馏

由精馏原理可知，对于相对挥发度 $\alpha=1$ 的恒沸物，是不能用普通精馏方法分离的。此外，当物系的相对挥发度 α 值过低时，虽然可以用普通精馏方法分离，但由于分离困难，将使设备投资及操作费用都大幅度增高。生产中遇到这些情况时，往往采用一些特殊方式的精馏，如恒沸精馏和萃取精馏。

恒沸精馏和萃取精馏两种方法都是在被分离的混合液中加入第三组分，用以改变原溶液中各组分间的相对挥发度而达到分离的目的。

如果双组分溶液A、B的相对挥发度很小，或具有恒沸物，可加入某种添加剂C（又称挟带剂），挟带剂C与原溶液中的一个或两个组分形成新的恒沸物（AC或ABC），新恒沸物与原组分B（或A）以及原来的恒沸物之间的沸点差较大，从而可较容易地通过精馏获得纯B（或A），这种方法便是恒沸精馏。

若在原溶液中加入某种高沸点添加剂后可以增大原溶液中两个组分间的相对挥发度，从而使原料液的分离易于进行，这种精馏操作称为萃取精馏。所加入的添加剂为挥发性很小的溶剂，也可称为萃取剂。萃取精馏中加入的第三组分和原溶液中的各组分不形成新的恒沸物，这是和恒沸精馏的主要区别。

第三节　连续精馏塔的分析

一、精馏塔的物料衡算

（一）全塔物料衡算

连续精馏过程中，塔顶和塔底产品的流量与组成，是和进料的流量与组成有关的。它们之间的关系可通过全塔物料衡算求得。衡算范围见图6－7虚线所示。

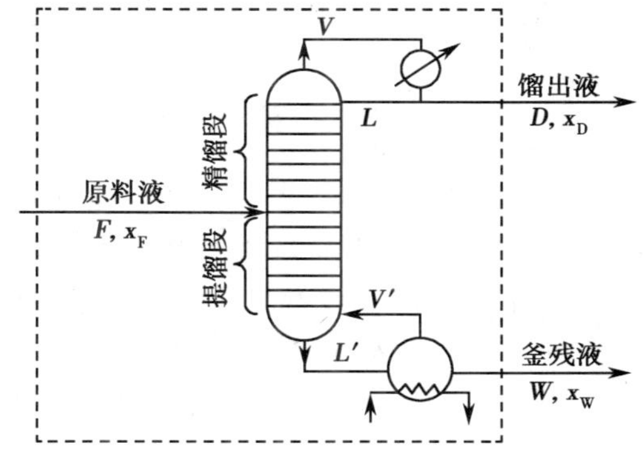

图6－7　全塔物料衡算

总物料平衡：

$$F = D + W \tag{6-9}$$

易挥发组分平衡：

$$Fx_F = Dx_D + Wx_w \tag{6-10}$$

全塔物料衡算涉及以下六个参数：

式中，F——原料液摩尔流量，kmol/h；

D——馏出液摩尔流量，kmol/h；

W——釜残液摩尔流量，kmol/h；

x_F——原料液中易挥发组分的摩尔分率；

x_D——馏出液中易挥发组分的摩尔分率；

x_w——釜残液中易挥发组分的摩尔分率。

只要已知其中任意四个参数，就可以求出其他两个未知参数。一般情况下x_F、x_D、x_w由生产条件规定。上式中F，D，W也可采用质量流量，相应的x_F、x_D、x_w用质量分率即可。

联立式（6－9）和式（6－10）求解可得

$$D = \frac{F(x_F - x_W)}{x_D - x_W}, W = \frac{F(x_D - x_F)}{x_D - x_W} \tag{6-11}$$

或

$$\frac{D}{F} = \frac{x_F - x_W}{x_D - x_W} \tag{6-12}$$

$$\frac{W}{F}=\frac{x_D-x_F}{x_D-x_W}=1-\frac{D}{F} \tag{6-13}$$

式中，$\frac{D}{F}$、$\frac{W}{F}$——工程上分别称其为馏出液采出率和残液采出率。

精馏生产中还常用到回收率的概念。其中易挥发组分的回收率为$\frac{Dx_D}{Fx_F}$，难挥发组分的回收率为$\frac{W(1-x_W)}{F(1-x_F)}$。

全塔物料衡算方程虽然简单，但对指导精馏生产却是至关重要的。实际生产中，精馏塔的进料是由上工序送来的，因此进料组成 x_F 为定值。由式(6-12)、(6-13)可知，此时塔的产品产量和组成是相互制约的。

对于精馏操作过程，工艺上往往有一些分离要求，一般有以下几种形式表示：

(1)规定馏出液与釜残液组成 x_D、x_w。此种情况下，D/F、W/F 为定值，该塔的产率已经确定，不能任意选择。

(2)规定馏出液组成 x_D 和采出率 D/F。此时塔底产品的采出率 W/F 和组成 x_W 也不能自由选定。反之亦然。

(3)规定某组分在馏出液中的组成和它的回收率。由于回收率≤100%，即 $Dx_D \le Fx_F$，或$\frac{D}{F}\le\frac{x_F}{x_D}$，因此采出率 D/F 是有限制的。当 D/F 取得过大时，即使此精馏塔有足够大的分离能力，塔顶也无法获得高纯度的产品。

案例分析

案例 6-1：每小时将 15 000kg 含苯 40% 和甲苯 60% 的溶液，在连续精馏塔中进行分离，要求釜底残液中含苯不高于 2%（以上均为质量百分率），塔顶馏出液的回收率为 97.1%。操作压力为 101.3kPa。试求馏出液和釜底残液的流量及组成，以千摩尔流量及摩尔分率表示。

分析：苯的摩尔质量为 78，甲苯的摩尔质量为 92，则摩尔分率为：

$$x_F=\frac{\frac{40}{78}}{\frac{40}{78}+\frac{60}{92}}=0.44$$

$$x_W=\frac{\frac{2}{78}}{\frac{2}{78}+\frac{98}{92}}=0.0235$$

原料液平均分子量为：$M_F=0.44\times78+0.56\times92=85.8\text{kg/kmol}$

$$\therefore \quad F=15\ 000/85.8=175\text{kmol/h}$$

$$Dx_D/Fx_F=0.971$$

$$Dx_D=0.971\times175\times0.44$$

由全塔物料衡算式得：　$D+W=175$

$$Dx_D+0.0235W=175\times 0.44$$

解得：

$$W=95\text{kmol/h}$$
$$D=80\text{kmol/h}$$
$$x_D=0.935$$

（二）精馏段的物料衡算——精馏段操作线方程

在对精馏塔的操作分析中，常常须掌握塔内相邻两层塔板间的气、液相浓度之间的数量关系。表达这种关系的数学式叫操作线方程。由精馏段进行物料衡算可得出精馏段的操作线方程，对提馏段物料衡算可得出提馏段的操作线方程。

1. 恒摩尔流假设　为简化计算，引入气、液恒摩尔流的基本假设。

（1）恒摩尔气化：在精馏过程中，精馏段内每层板上升的蒸气摩尔流量是相等的，以 V 表示。提馏段内也如此，以 V' 表示。但两段的上升蒸气摩尔流量不一定相等。

（2）恒摩尔溢流：在精馏过程中，精馏段内每层板下降的液体摩尔流量是相等的，以 L 表示。提馏段内也如此，以 L' 表示。但两段的液体摩尔流量不一定相等。

若塔板上气液两相接触时，有 1kmol 的蒸气冷凝，相应就有 1kmol 的液体气化，恒摩尔流的假定即成立。为此，必须满足以下条件：①各组分的摩尔气化潜热相等；②气液两相接触时，因温度不同而交换的显热可以忽略；③精馏塔保温良好，热损失可以忽略。

在精馏操作时，恒摩尔流虽是一项假设，但很多物系，尤其是化学性质相近组分的系统，上述条件基本符合，因此通常可视为恒摩尔流动，从而简化精馏的计算。

2. 精馏段操作线方程　精馏段操作线方程可由图 6－8 所示的虚线范围（包括精馏段第 $i+1$ 层板以上塔段及冷凝器）作物料衡算。

图中对浓度下标的规定如下：来自哪一块塔板就用该塔板的编号作下标。塔板号码自上而下从第 1 号开始顺序编号。浓度皆以摩尔分率表示。

总物料平衡　$$V=L+D \qquad (6-14)$$

易挥发组分平衡　$$Vy_{i+1}=Lx_i+Dx_D \qquad (6-15)$$

联立两式得：

$$y_{i+1}=\frac{L}{L+D}x_i+\frac{D}{L+D}x_D \qquad (6-16)$$

或
$$y_{i+1}=\frac{\frac{L}{D}}{\frac{L}{D}+1}x_i+\frac{1}{\frac{L}{D}+1}x_D \qquad (6-17)$$

令 $R=\frac{L}{D}$，R 称为回流比，是塔顶回流液量与塔顶产品量的比值，它是精馏操作中很重要的操作参数。后面将对其进行讨论。

则
$$y_{i+1}=\frac{R}{R+1}x_i+\frac{1}{R+1}x_D \qquad (6-18)$$

上式中，由于第 i 块板是任选的，只要是在精馏段部分即能满足。因此可去掉下标，得

$$y=\frac{R}{R+1}x+\frac{x_D}{R+1} \qquad (6-19)$$

式(6－16)～式(6－19)皆称为精馏段的操作线方程，其意义表示在一定操作条件下，精馏段内任意两块相邻塔板间，从上一块塔板下降的液体组成与从下一块塔板上升蒸气组成之间的关系。其中式(6－19)用得比较普遍。

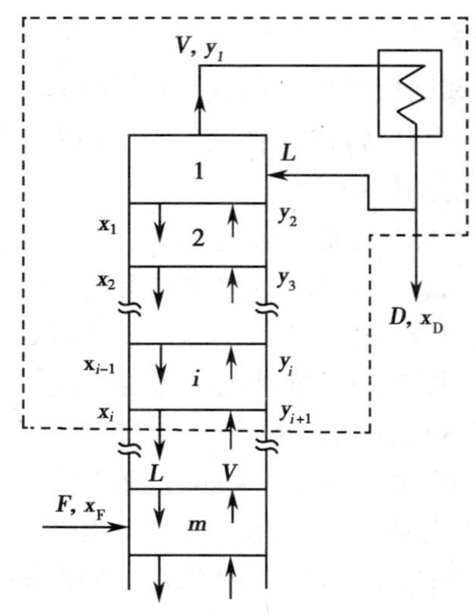

图6－8　精馏段操作线方程的推导

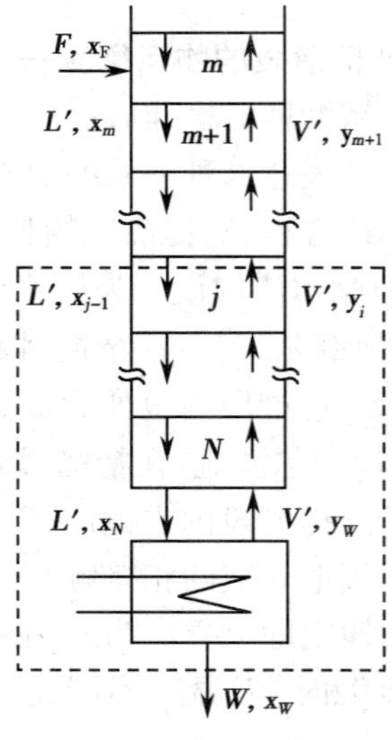

图6－9　提馏段操作线方程的推导

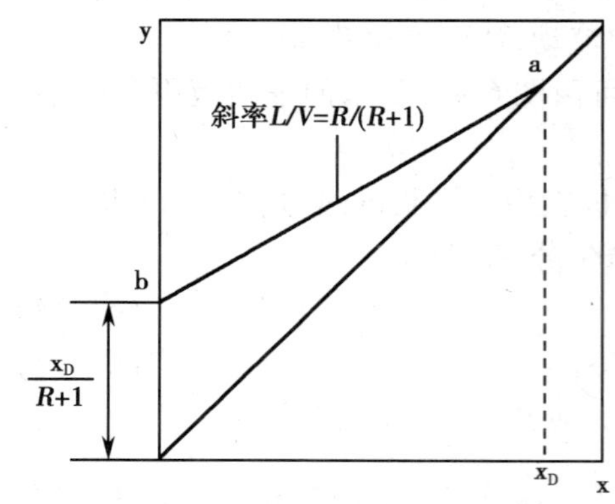

图6－10　精馏段操作线的做法

显然，精馏段操作线方程在 $y-x$ 直角坐标图上的图形为一条直线。其作法如下：以操作线上的 a、b 两点作连线画出操作线。

在式(6－19)中，令 $x=x_D$，则可算得 $y=x_D$，因此表明点 a(x_D, x_D)是精馏段操作线上的一个点，该点可在 $y-x$ 图的对角线上由 $x=x_D$ 方便地标出。另一个特殊点由操作线方程的截距求得，即点 b$\left(0,\frac{x_D}{R+1}\right)$。图6－10表明由这两个特殊点连直线作出精馏段操作线的方法。

（三）提馏段的物料衡算——提馏段操作线方程

如图6－9所示，在提馏段第 j 层板以下，包括再沸器这一虚线范围作物料衡算：

总物料平衡
$$L'=V'+W \qquad (6-20)$$

易挥发组分平衡
$$L'x_j=V'y_{j+1}+Wx_W \qquad (6-21)$$

联立两式得：

$$y_{j+1}=\frac{L'}{L'-W}x_j-\frac{W}{L'-W}x_W \qquad (6-22)$$

因第 j 块板是任意选取的，故可去掉下标，则

$$y=\frac{L'}{L'-W}x-\frac{W}{L'-W}x_W \qquad (6-23)$$

式（6-22）和式（6-23）称为提馏段操作线方程。其意义表明在一定操作条件下，在提馏段内任一 j 层板流到下一 $j+1$ 层板的液相组成 x_j 与从下一层 $j+1$ 板上升到 j 层板上的气相组成 y_{j+1} 之间的关系。

根据恒摩尔流的假定，提馏段中各板的 L' 为定值，当稳态操作时 W 和 x_W 也为定值，因此，式（6-23）在 $y-x$ 图上的图形也是直线，并且当 $x=x_W$ 时，由式（6-23）算得 $y=x_W$，说明该直线经过对角线上的（x_W，x_W）点。

应予指出，提馏段液体流量 L' 除了与精馏段的回流液量 L 有关外，还受进料量及进料热状况的影响。当考虑进料热状况后，提馏段操作线方程式（6-23）将变化为另外形式。

二、进料热状况的分析

精馏段与提馏段的摩尔流量 V 与 V'，L 与 L' 的关系与进料状况有关，进料有以下五种热状况：

（1）过冷液体（低于沸点温度以下）。

（2）饱和液体（处于沸点温度）。

（3）气液混合物（处于沸点温度和露点温度之间）。

（4）饱和蒸气（在露点温度）。

（5）过热蒸气（低于露点温度）。

令 $q=\frac{I_V-I_F}{I_V-I_L}$，表示 1kmol 料液变为饱和蒸气所需的热量与料液的摩尔气化热之比，q 称为进料的热状况参数。（I_F、I_L、I_V 分别表示原料液、饱和液体、饱和蒸气的焓）

根据对加料板进行物料与热量衡算可确定 L 与 L' 和 V 与 V' 间的关系为：

$$L'=L+qF \qquad (6-24)$$

$$V=V'+(1-q)F \qquad (6-25)$$

式（6-24）、（6-25）关联了 L' 与 L，V' 与 V 之间的关系。q 值即为进料中的液相分率，可简单地把进料划分为两部分，一部分是 qF，表示由于进料而增加提馏段饱和液体流量之值；另一部分是（$1-q$）F，表示因进料而增加精馏段饱和蒸气流量之值。这两部分对流量的贡献示于图 6-11 中。

提馏段和精馏段相交于加料板，加料热状况不同将影响加料板的位置，此位置可由两操作线的交点与 q 线方程确定，由两操作线易挥

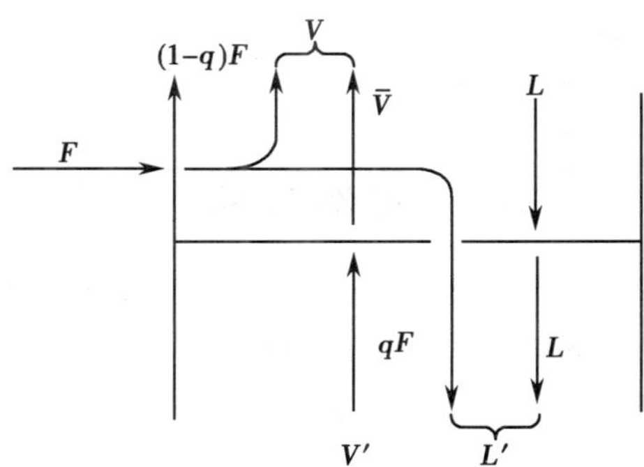

图 6-11 精馏段与提馏段的流量关系

发组分平衡式可知：

$$Vy = Lx + Dx_D$$

$$V'y = L'x - Wx_W$$

两式相减

$$(V' - V)y = (L' - L)x - (Dx_D + Wx_W)$$

$$\frac{V' - V}{F}y = \frac{L' - L}{F}x - \frac{Dx_D + Wx_W}{F}$$

$$(q - 1)y = qx - x_F$$

$$y = \frac{q}{q-1}x - \frac{x_F}{q-1} \qquad (6-26)$$

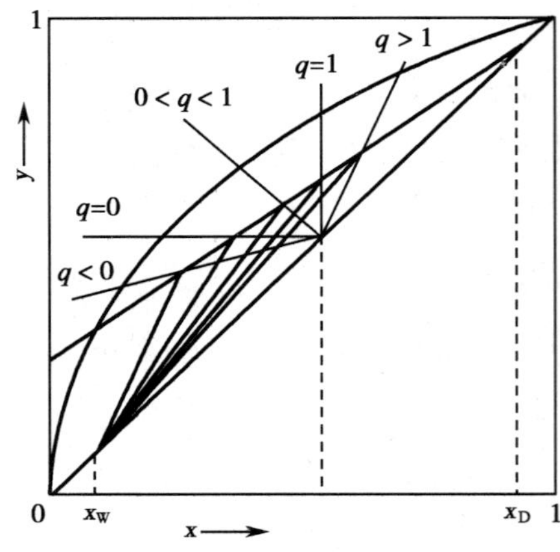

图6－12 进料热状况对操作线的影响

此方程称为 q 线方程(或进料线方程)，表示两操作线交点的轨迹，即加料板的位置取决于进料的热状况 q 和料液组成 x_F。

由式(6－26)可知，当进料状况一定时，此式在 $y-x$ 图上的图形为一直线，该直线称为 q 线(或进料线)，过点(x_F，x_F)，斜率为 $q/(q-1)$。

由于 q 线是两操作线交点的轨迹，因此说明 q 线和精馏段操作线的交点必然也在提馏段操作线上。前面所述的提馏段操作线可由 q 线作出。方法是将 q 线与精馏段操作线的交点和(x_W，x_W)点相连。

各种进料状态下的 q 线以及相应的操作线如图6－12所示。

表6－1 进料热状况对 q 值及 q 线的影响

进料热状况	进料的焓 I_F	q 值 $q=\frac{I_V - I_F}{I_V - I_L}$	q 线的斜率$\frac{q}{q-1}$	q 线在 $y-x$ 图上的位置
过冷液体	$I_F < I_L$	>1	+	向上偏右
饱和液体	$I_F = I_L$	1	∞	垂直向上
气液混合物	$I_L < I_F < I_V$	$0 < q < 1$	－	向上偏左
饱和蒸气	$I_F = I_V$	0	0	水平线
过热蒸气	$I_F > I_V$	<0	+	向下偏左

实例分析

实例6－2：在常压下将含苯25%的苯－甲苯混合液连续精馏。要求馏出液中含苯98%，釜残液中含苯不超过8.5%(以上组成皆为摩尔百分数)。选用回流比为5，进料为饱和液体，塔顶为全凝器，泡点回流。试分别确定精馏段和提馏段的操作线方程。

分析：以进料 $F=100\text{kmol/h}$ 为基准，由已知条件得：

$$F=D+W=100$$

$$Fx_F=Dx_D+Wx_W$$

联立两式，得：

$$100\times0.25=0.98D+0.085(100-D)$$

$$D=18.43\text{kmol/h}$$

$$W=81.57\text{kmol/h}$$

∴ 精馏段操作线方程：

$$y=\frac{R}{R+1}x+\frac{x_D}{R+1}=\frac{5}{5+1}x+\frac{0.98}{5+1}=0.8333x+0.1633$$

由于进料为饱和液体，$q=1$，则：

$$L'=L+F=RD+F=5\times18.43+100=192.15\text{kmol/h}$$

∴ 提馏段操作线方程：

$$y=\frac{L'}{L'-W}x-\frac{W}{L'-W}x_W=\frac{192.15}{192.15-81.57}x-\frac{81.57\times0.085}{192.15-81.57}=1.737x-0.0626$$

三、塔板数的确定

（一）实际塔板数与板效率

精馏任务必须在精馏塔内完成，而精馏塔内需安装一定数量的塔板来满足分离要求。有了前述的操作线以及物系的相平衡线，也就具备了对于一定操作条件及分离要求确定所需塔板数的基础条件。

考虑到实际塔板操作时传质情况的复杂性，对所需的塔板数，一般采用分两步走的方法确定。首先是将每一块塔板假设为理论板，由相平衡线和操作线确定出所需的理论塔板数 N_T，然后再考虑实际操作情况，由实际塔板与理论塔板的差别引入总板效率 E_T，以确定实际所需的塔板数 N。

若操作中离开某块塔板的气、液两相呈平衡状态，则该塔板称为理论板。将塔内每块塔板假设为理论板后，则离开各板的气、液两相组成之间的关系就可依相平衡得出，此时就可方便地求出全塔所需的理论塔板数 N_T 了。

但理论板只是一种理想塔板，仅是作为衡量实际塔板分离效率的一个标准。实际操作时，由于塔板上气、液两相间接触面积和接触时间是有限的，因此在任何形式的塔板上，气、液两相间都难以达到平衡状态，所以需要有比理论塔板数更多的实际塔板才能实现规定的分离要求。理论塔板数 N_T 与实际塔板数 N 之比称为总板效率 E_T。

$$E_T=\frac{N_T}{N} \tag{6-27}$$

于是，在求得全塔理论塔板数后，只需知道总板效率，便可将理论塔板数除以总板效率算出实际塔板数。

上述总板效率亦称全塔效率，它不仅与气液体系、物性及塔板类型、具体结构有关，而且与操作状况有关。总板效率是个影响因素甚多的综合指标，难以从理论导出，一般均由实验测得。总板效率表示全塔的平均效率，使用较为方便，故被广泛采用。但总板效率并不区分同一个塔中不同塔板的传质效率差别，所以在塔器研究与改进操作中还采用单板效率和点效率等其他表示板效率的方法，此处不再详述。

（二）理论塔板数的确定原则

理论板是指在该板上气、液两相能充分接触并达到平衡后离开的塔板。某块塔板若假设为理论板，则离开该板的气相组成 y 与液相组成 x 即满足相平衡关系，从而可用如图 6－2 所示的相平衡线，或式（6－7）所示的气液相平衡方程来表示两者间的关系。

下面以图 6－13 中的（a）图表示塔内既非加料，又无出料的一块普通塔板的操作，（b）图表示加料板的操作。若将精馏塔内的每一块塔板都假设为理论板时，则（a）图中的 y_n 与 x_n 互为相平衡，（b）图中的 y_m 与 x_m 相互平衡。图中以弯曲线相连，表示两者互为相平衡关系。从而可依照相平衡线或相平衡方程，由气相组成得出同一块板上的液相组成。

另由上一节操作线方程的意义可知，图 6－13 中的 $x_{n-1}-y_n$ 之间、x_n-y_{n+1}之间、$x_{m-1}-y_m$ 之间、x_m-y_{m+1}之间属于操作关系。因此可依照操作线或操作线方程，由上层板下降的液相组成得出下层板上升的气相组成。

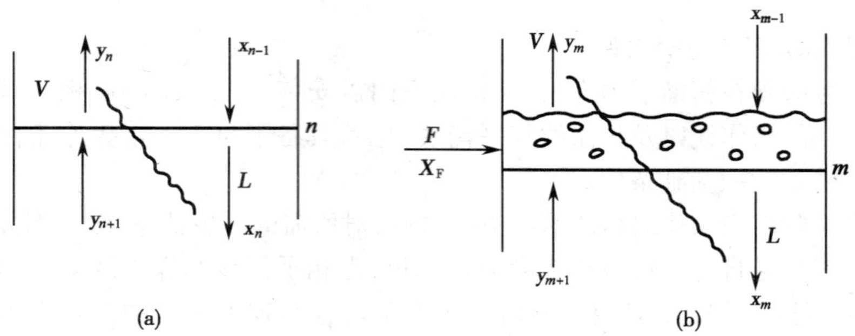

图 6－13 理论塔板

对任意第 n 层塔，有：①离开该理论板的液、气相浓度（x_n，y_n）点必满足相平衡关系；②该板之上（或之下）的液、气相浓度（x_n，y_{n+1}）点必符合操作线关系。这样便可从塔顶组成 x_D 开始，交替使用相平衡关系和操作线关系逐级向下进行计算，一直计算至塔底组成 x_W 为止。每使用一次相平衡关系即表明经过一块理论板，计算过程中使用相平衡的次数即代表总理论塔板数。

由此可见，理论塔板数的多少决定于分离任务的要求，即所规定的塔顶、塔底产品的质量，决定于操作压强、物系的相平衡关系。另外还与回流比和进料的热状况以及加料位置等有关。

（三）理论塔板数的确定方法

精馏塔内理论板层数的求法很多，易于理解又便于计算的是逐板计算法和图解法，由其气液相平衡关系和操作线关系来确定。

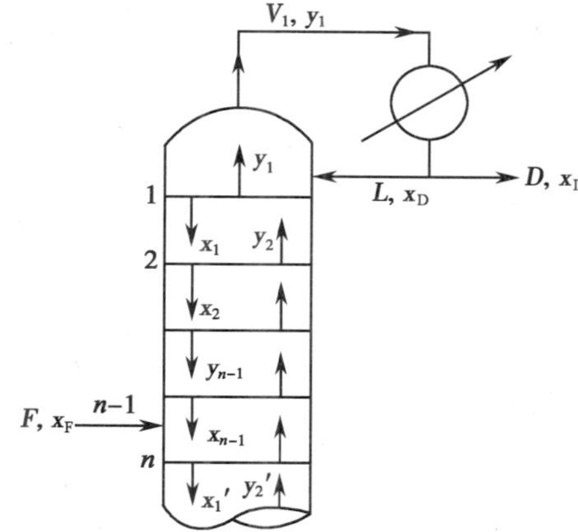

图6－14　逐板计算法示意图

1. 逐板计算法　参照图6－14，塔顶采用全凝器，泡点回流。

（1）$y_1 = x_D$。

（2）$y_1 = \dfrac{\alpha x_1}{1+(\alpha-1)x_1}$，由于是理论板，因此可依相平衡方程由 y_1 算出 x_1。

（3）$y_2 = \dfrac{R}{R+1}x_1 + \dfrac{x_D}{R+1}$，由 x_1 按操作线方程得出 y_2。

（4）重复第2、3步骤，直至 $x_n \leqslant x_F$；则第 n 层板为加料板，属于提馏段。

（5）使用一次相平衡方程，即表示需要一层理论板，统计上述过程中使用相平衡方程次数，如为 n，则精馏段所需理论塔板数为 $n-1$ 块。

用类似的方法，进一步对提馏段的理论塔板数进行计算。从加料板向下，操作线改用提馏段操作线方程，直至 $x_N \leqslant x_w$ 为止，则全塔所需总理论塔板数为 N 块。由于再沸器中为部分气化，气液可达到平衡状态，相当于一层理论板，所以当不包括再沸器时，全塔所需总理论塔板数为 N－1 块。提馏段所需理论板数为（$N-n$）块。

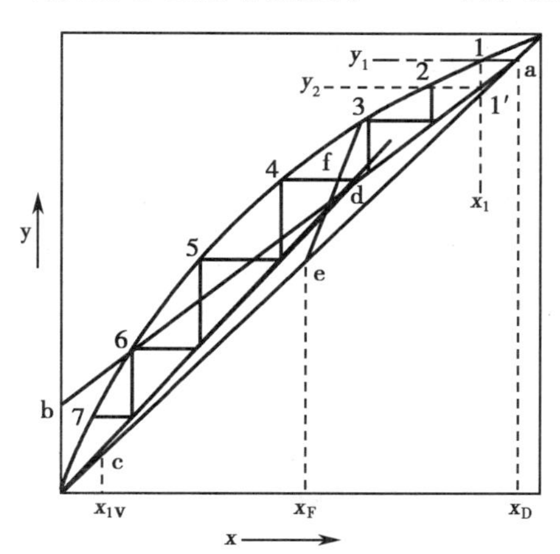

图6－15　图解法求理论板层数

2. 图解法　图解法求理论板数的基本原理与逐板计算法完全相同，只不过用图解代替方程的求解，如图6－15所示。其步骤如下：

（1）在 $y-x$ 图上作出相平衡线和对角线。

（2）做精馏段操作线。精馏段操作线过点 a（x_D，x_D）及 $b\left(0,\dfrac{x_D}{R+1}\right)$，连接此两点，可作出精馏段操作线，斜率为$\dfrac{R}{R+1}$。

（3）做提馏段操作线。提馏段操作线由交点 c（x_W，x_W），和其斜率$\dfrac{L'}{L'-W}$作出。提馏段操作线和精馏段操作线相交于点 d，交点 d 取决于进料的热状况。提馏段操作线也可通过连接 d、c 两点得。

（4）从 a 点开始在精馏段操作线和平衡线之间作水平线和垂线组成的梯级，当梯级跨过点 d，改在平衡线和提馏段操作线之间画梯级，直至梯级跨过 c 点为止；每一级水平线表示应用一次气液相平衡关系，即代表一层理论板，每一根垂线表示应用一次操作线关系，梯级的总数即为理论板总数。由于塔釜作为一块理论板，因此，理论板总数为总梯级数减去1。全塔理论板数一般带分数。最后的为分数的理论板，液相浓度的改变量与假如是一块理论板的液相浓度改变量之比就是该分数的值。越过两操作线交点 d 的那一块理论板为适宜的加料板位置。

实例分析

实例 6－3：需用一常压连续精馏塔分离含苯40%的苯－甲苯混合液，要求塔顶产品含苯97%以上。塔底产品含苯2%以下（以上均为质量%）。采用的回流比 $R=3.5$。进料为饱和液体。求所需的理论塔板数。

分析：应用图解法。由于相平衡数据是用摩尔分率，故需将各个组成从质量分率换算成摩尔分率。换算后得到：$x_F=0.44$，$x_D\geqslant0.974$，$x_W\leqslant0.0235$。

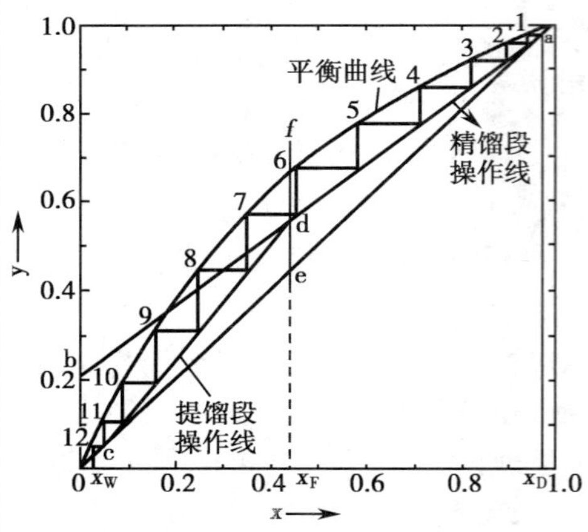

图 6－16 实例 6－3 附图

现按 $x_D=0.974$，$x_W=0.0235$ 进行图解。

（1）在 $y-x$ 图上作出苯－甲苯的平衡线和对角线如本题附图所示。

（2）在对角线上定点 a（x_D，x_D），点 e（x_F，x_F）和点 c（x_W，x_W）三点。

（3）绘精馏段操作线。依精馏段操作线截距 $=x_D/(R+1)=0.217$，在 y 轴上定出点 b，连 a、b 两点间的直线即得。

（4）绘提馏段操作线。对于饱和液体进料，令式（6－23）中 $x=x_F$，则提馏段操作线方程变成：

$$y=\frac{L'}{L'-W}x_F-\frac{W}{L'-W}x_W$$

$$=\frac{RD+F}{RD+F-W}x_F-\frac{W}{RD+F-W}x_W$$

$$=\frac{Rx_F+x_D}{R+1}$$

此时与精馏段操作线方程相同，说明两条操作线必相交，且其交点的横坐标为 x_F，因此提馏段操作线与精馏段操作线之交点 d 可由 e 点向上作垂线得到。由点 d 与点 c 相连即得提馏段操作线，如本题附图中 dc 直线。

（5）绘梯级线。自附图中点 a 开始在平衡线与精馏段操作线之间绘梯级，跨过点 d 后改在平衡线与提馏段操作线之间绘梯级，直到跨过 c 点为止。

由图中的梯级数得知，全塔理论板层数共 12 层，减去相当于一层理论板的再沸器，共需 11 层，其中精馏段理论层数为 6，提馏段理论板层数为 5，自塔顶往下数第 7 层理论板为加料板。

知识拓展

灵 敏 板

在总压一定的条件下，精馏塔内各块板上的物料组成与温度一一对应。当板上的物料组成发生变化，其温度也就随之起变化。当精馏过程受到外界干扰（或承受调节作用）时，塔内不同塔板处的物料组成将发生变化，其相应的温度亦将改变。其中，塔内某些塔板处的温度对外界干扰的反应特别明显，即当操作条件发生变化时，这些塔板上的温度将发生显著变化，这种塔板称之为灵敏板，一般取温度变化最大的那块板为灵敏板。

精馏生产中由于物料不平衡或是塔的分离能力不够等原因造成的产品不合格现象，都可及早通过灵敏板温度变化情况得到预测，从而可及早发出信号使调节系统能及时加以调节，以保证精馏产品的合格。

四、适宜回流比的确定

回流是精馏过程的基本条件之一，回流比的大小是影响精馏操作的最重要因素。

回流比 $R=\frac{L}{D}$，它表示塔顶回流的液体量与馏出液流量的比值。它有两个极限值：

1. 全回流　若塔顶蒸气全部冷凝后，不采出产品，全部流回塔内，这种情况称为全回流，此时 $D=0$，$R=\frac{L}{D}=\infty$；精馏段操作线的斜率 $\lim\limits_{R\to\infty}\frac{R}{R+1}=1$。因此，精馏段操作线和对角线重合，提馏段操作线也必和对角线重合，精馏塔无精馏段和提馏段之分。由于此时平衡线和操作线之间的跨度最大，因而全回流时所需的理论塔板数最少。

全回流时既不加料，也无产品出料，对正常生产无意义，但由于全回流操作方便，常在精馏塔开工阶段或操作紊乱未能进入定态时往往都需进行一段时间的全回流操作，然后逐渐调节到正常操作状态。

2. 最小回流比　回流比 R 从全回流逐渐减小时，精馏段操作线和提馏段操作线的交点 d 逐渐向平衡线靠近，当回流比减小到使 d 点落在平衡线上时，此时，液相和气相处于平衡状态，传质推动力为零，不论画多少梯级都不能越过交点 d，即所需理论塔板数为无数块，见图 6－17 所示。此时的回流比称为最小回流比，以 R_{min} 表示。

由精馏段操作线方程可知：

$$\frac{R_{\min}}{R_{\min}+1}=\frac{x_D-y_q}{x_D-x_q}$$

因此
$$R_{\min}=\frac{x_D-y_q}{y_q-x_q} \tag{6-28}$$

由 R 的两个极限值可知，全回流和最小回流比都是无法正常生产的，实际操作的回流比 R 必须大于 $R_{\min}$，R 值并无上限限制。设计时应根据经济核算确定最佳 R 值。

精馏过程的费用包括操作费用和设备费用两方面。精馏过程的操作费主要是再沸器中加热蒸气的消耗量和冷凝器中冷却水的用量以及动力消耗。在加料量和产量一定的条件下，随着 R 的增加，V 与 V' 均增大，因此，加热蒸气、冷却水消耗量均增加，使操作费用增加，由图 6-18 中曲线 2 表示。

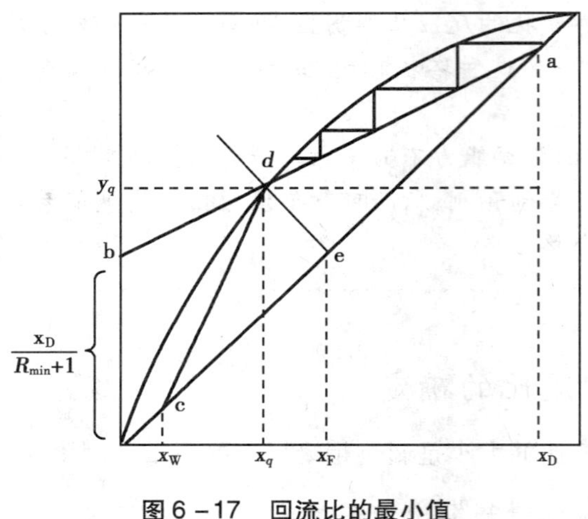

图 6-17 回流比的最小值

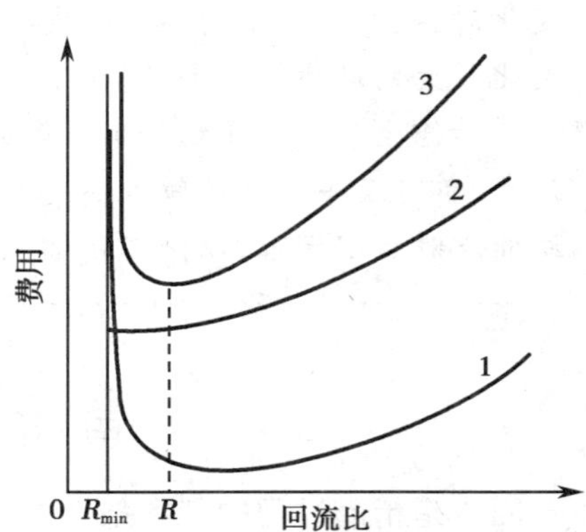

图 6-18 适宜回流比的确定

精馏装置的设备包括精馏塔、再沸器和冷凝器。当回流比为最小回流比时，需无穷多块理论板，精馏塔无限高，故费用无限大。回流比略增加，所需的理论板数便急剧下降，设备费用迅速回落，随着 R 的进一步增大，V 和 V' 加大，要求塔径增大，再沸器和冷凝器的传热面积需要增加，其关系曲线如图 6-18 中曲线 1。

总费用为设备费和操作费之和，由图 6-18 中曲线 3 所示，其最低点对应的回流比为相应的最适宜回流比。由于最适宜回流比的影响因素很多，无精确的计算公式，一般取值范围为：$R_{宜}=(1.1\sim2)R_{\min}$。

以上是从设计角度分析 R 的影响，但在生产中则是另外一种情况，因为设备已经安装好，从而精馏塔的塔板数和再沸器的传热面积等已固定，这时需从操作状况的角度来考虑回流比 R 的影响。例如：当精馏塔的塔板数已固定，若原料液的组成及其受热状况也一定，则加大回流比可以提高产品的纯度，但由于上升到塔顶蒸气量是一定的，$V=L+D=(R+1)D$，此时加大回流比会使塔顶馏出液流量减小，即降低塔的生产能力。为维持一定的生产能力，再沸器的负荷也要加大，能耗增加，同时塔内气液两相流量增大。若流量过大超过塔板的最大负荷时，就会破坏塔的正常操作，产品质量反而下降。反之,减小回流比时情况正好相反。所以在生产中,回流比的正确控制与调节,是优质、高产、低消耗的重要因素之一。

实例分析

实例6-4:根据实例6-3的数据求饱和液体进料时的最小回流比。若取实际回流比为最小回流比的1.6倍,求实际回流比。

分析:依式(6-28)求算,即

$$R_{min}=\frac{x_D-y_q}{y_q-x_q}$$

饱和液体进料时,由实例6-3附图中查出 q 线与平衡线的交点坐标为

$$x_q=x_F=0.44,\qquad y_q=0.66$$

所以 $$R_{min}=\frac{0.974-0.66}{0.66-0.44}=1.43$$

得 $$R=1.6R_{min}=1.6\times1.43=2.29$$

五、精馏塔的热量衡算

课堂互动

在连续精馏塔的操作中,由于上工序原因使加料组成 x_F 降低,问可采取哪些措施保证塔顶产品的质量(即保持馏出液组成 x_D 不降)?与此同时釜残液的组成 x_W 将如何变化?

在工业生产的各种分离操作中以精馏的能耗为最大。精馏是化工、制药等行业的生产中广泛使用的单元操作。因此,对精馏中的能量消耗进行衡算研究十分重要。

精馏装置的能耗主要由塔底再沸器中的加热剂和塔顶冷凝器中冷却介质的消耗所决定,两者用量可以通过对精馏塔进行热量衡算得出。下面以确定再沸器内加热蒸气消耗量为例说明精馏的热量衡算。

按图6-19的虚线范围内以单位时间为基准,做全塔热量衡算。

1. 进入精馏塔的热量有以下三项:

(1)加热蒸气带入的热量:Q_h,kJ/h

$$Q_h=W_h(I-i)$$

式中,W_h——加热蒸气消耗量,kg/h;I——加热蒸气的焓,kJ/h;i——冷凝水的焓,kJ/h。

(2)原料带入的热量:Q_F,kJ/h,此项热量须依进料热状况而定。设原料为液体($q\geqslant1$),则:

$$Q_F=Fc_Ft_F$$

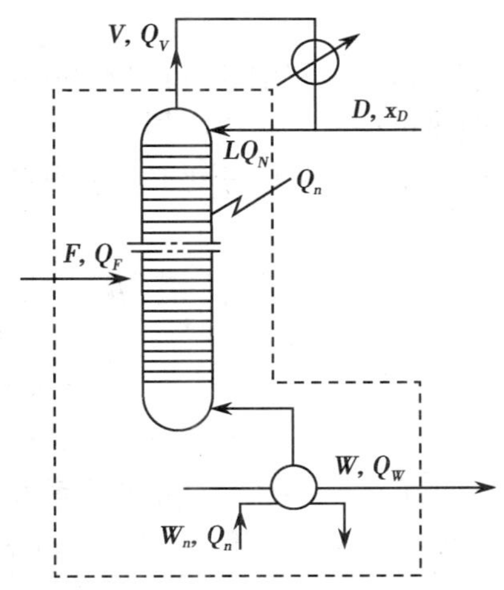

图6-19 精馏塔的热量衡算

式中，F——原料液的质量流量，kg/h；c_F——原料液的比热，kJ/kg·℃；t_F——原料液的温度，℃。

（3）回流液带入的热量：Q_R，kJ/h

$$Q_R = DRc_R t_R$$

式中，D——馏出液的质量流量，kg/h；R——回流比；c_R——回流液的比热，kJ/kg·℃；t_F——回流液的温度，℃。

2. 离开精馏塔的热量亦有三项：

（1）塔顶蒸气带出的热量：Q_V，kJ/h；

$$Q_V = D(R+1)I_V$$

式中，I_V——塔顶上升蒸气的焓，kJ/kg。

（2）再沸器内残液带出的热量：Q_W，kJ/h；

$$Q_W = Wc_W t_W$$

式中，W——残液的质量流量，kg/h；c_W——残液的比热，kJ/kg·℃；t_W——残液的温度，℃。

（3）损失于周围的热量：Q_π，kJ/h。

3. 全塔热量衡算式为：

$$Q_h + Q_F + Q_R = Q_V + Q_W + Q_\pi$$

将上式改写为

$$Q_h = Q_V + Q_W + Q_\pi - Q_F - Q_R$$

因为

$$Q_h = W_h(I-i)$$

所以，再沸器内加热蒸气消耗量为

$$W_h = \frac{Q_V + Q_W + Q_\pi - Q_F - Q_R}{I-i} \tag{6-29}$$

由式（6-29）可见，若原料液经过预热后使其带入的热量增加，则再沸器内加热剂的消耗量将减少。至于塔顶冷凝器中冷却介质的用量可通过对冷凝器的热量衡算得出。

精馏过程中，除再沸器和冷凝器应严格符合热量平衡外，还必须注意整个精馏系统的热量平衡。即由塔器与这些换热器等组成的精馏系统是一个有机结合的整体，因此，塔内某个参数的变化必然会反映到再沸器和冷凝器中。

知识链接

精馏节能

精馏是工业上应用最广的分离操作，消耗大量能量。减少精馏操作的能耗，一直是工业实践和科学研究的热门课题。应用高效换热设备以及高效率、低压降的新型塔板和填料，均是实现节能的重要途径。前面所述的最适宜回流比和进料热状态同样可达到节能的效果。除此之外，还开发和研究了多种节能方法，有的已取得明显节能效果，有的具有良好的应用前景。如热泵精馏、在精馏段设置中间冷凝器，在提馏段设置中间再沸器等。

第四节　板　式　塔

精馏装置包括精馏塔、再沸器和冷凝器等设备。主要设备是精馏塔，其基本功能是为气液两相提供充分接触的机会，使传热和传质过程迅速而有效地进行；并且使接触后的气、液两相及时分开，互不夹带。根据塔内气、液接触部件的结构形式，精馏塔可分为板式塔和填料塔两大类型，在本节中主要讨论板式塔。

一、板式塔的结构

（一）板式塔的结构

板式塔通常是由一个呈圆柱形的壳体及沿塔高按一定的间距，水平设置的若干层塔板所组成，如图 6－20 所示。在操作时，液体靠重力作用由顶部逐板向塔底排出，并在各层塔板的板面上形成流动的液层；气体则在压力差推动下，由塔底向上经过均布在塔板上的开孔依次穿过各层塔板由塔顶排出。塔内以塔板作为气液两相接触传质的基本构件。

工业生产中的板式塔，常根据塔板间有无降液管沟通而分为有降液管及无降液管两大类，用得最多的是有降液管式的板式塔（图 6－20 所示）。它主要由塔体、溢流装置和塔板构件等组成。

1. 塔体　通常为圆柱形，常用钢板焊接而成，有时也将其分成若干塔节，塔节间用法兰盘连接。

2. 溢流装置　包括出口堰、降液管、进口堰、受液盘等部件。

（1）出口堰：为保证气液两相在塔板上有充分接触的时间，塔板上必须贮有一定量的液体。为此，在塔板的出口端设有溢流堰，称出口堰。塔板上的液层厚度或滞液量很大程度上由堰高决定。生产中最常用的是弓形堰，小塔中也有用圆形降液管升出板面一定高度作为出口堰的。

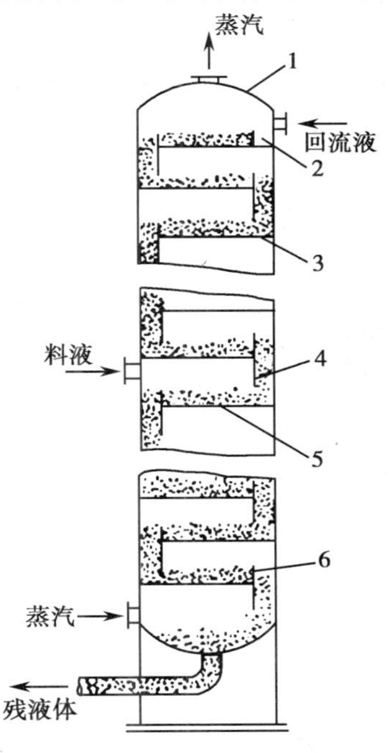

图 6－20　板式塔结构

1－塔体；2－进口堰；3－受液盘；4－降液管；5－塔板；6－出口堰

（2）降液管：降液管是塔板间液流通道，也是溢流液中所夹带气体分离的场所。正常工作时，液体从上层塔板的降液管流出，横向流过塔板，翻越溢流堰，进入该层塔板的降液管，流向下层塔板。降液管有圆形和弓形两种，弓形降液管具有较大的降液面积，气液分离效果好，降液能力大，因此生产上广泛采用。

为了保证液流能顺畅地流入下层塔板，并防止沉淀物堆积和堵塞液流通道，降液管与下层塔板间应有一定的间距，为保持降液管的液封，防止气体由下层塔进入降液管，此间距应小于出口堰高度。

（3）受液盘：降液管下方部分的塔板通常又称为受液盘，有凹型及平型两种，一般较大的塔采用凹型受液盘，平型则就是塔板面本身。

（4）进口堰：在塔径较大的塔中，为了减少液体自降液管下方流出的水平冲击，常设置进口堰。可用扁钢或 φ8 ~ 10mm 的圆钢直接点焊在降液管附近的塔板上而成。为保证液流畅通，进口堰与降液管间的水平距离不应小于降液管与塔板之间距。

3. 塔板及其构件 塔板是板式塔内气、液接触的场所，操作时气、液在塔板上接触的好坏，对传热、传质效率影响很大。在长期的生产实践中，人们不断地研究和开发出新型塔板，以改善塔板上的气、液接触状况，提高板式塔的效率。目前工业生产中使用较为广泛的塔板类型有泡罩塔板、筛孔塔板、浮阀塔板等几种。

（二）板式塔的类型

1. 泡罩塔 泡罩塔是随工业蒸馏的建立而发展起来的，是应用最早的塔型，其结构如图 6 – 21 所示。塔板上的主要元件为泡罩，泡罩尺寸一般为 80、100、150 三种，可根据塔径的大小来选择，泡罩的底部开有齿缝，泡罩安装在升气管上，从下一块塔板上升的气体经升气管从齿缝中吹出，升气管的顶部应高于泡罩齿缝的上沿，以防止液体从中漏下，由于有了升气管，泡罩塔即使在很低的气速下操作，也不至于产生严重的漏液现象，因此该种塔操作很稳定。它有完整的设计资料和部分标准；不足是结构复杂、压降大、造价高，逐渐被其他的塔型取代。

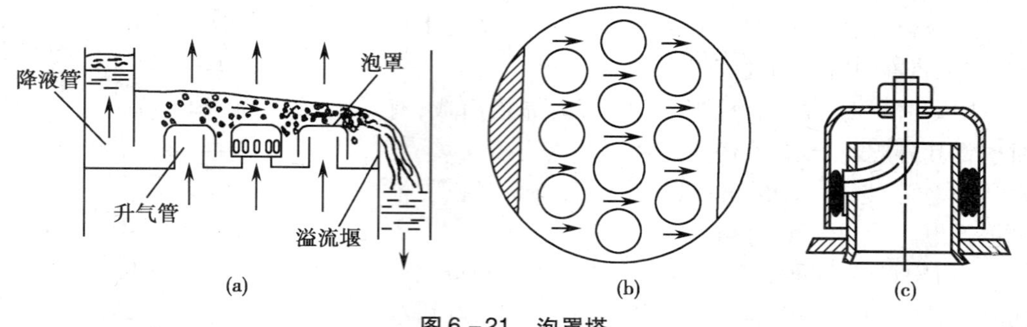

图 6 – 21 泡罩塔

（a）操作状况；（b）板面布置；（c）圆形泡罩

2. 筛板塔 筛板塔出现略迟于泡罩塔，与泡罩塔的差别在于取消了泡罩与升气管，直接在板上开很多的小直径的筛孔。操作时，气体高速通过小孔上升，板上的液体不能从小孔中落下，只能通过降液管流到下层板，上升蒸气或泡点的条件使板上液层成为强烈搅动的泡沫层。筛板用不锈钢板制成，孔的直径约 3 ~ 8mm。筛板塔结构简单、造价低、生产能力大、板效率高、压降低，随着对其性质的深入研究，已成为应用最广泛的一种。

3. 浮阀塔　浮阀塔是在第二次世界大战后开始研究，自上世纪50年代起使用的一种新型塔板。其特点是在筛板塔基础上，在每个筛孔处安装一个可以上下浮动的阀体，当筛孔气速高时，阀片被顶起、上升，孔速低时，阀片因自重而下降。阀体可随上升气量的变化而自动调节开度，这样可使塔板上进入液层的气速不至于随气体负荷的变化而大幅度变化，同时气体从阀体下水平吹出加强了气液接触。浮阀的形式很多，其中F－1型研究和推广较早，见图6－22所示。分轻阀和重阀两种；轻阀重25g由1.5mm薄板冲压而成，重阀重33g由2mm薄板冲压而成，阀孔直径39mm，阀片有三条带钩的腿，插入阀孔后将其腿上的钩扳转90度，可防止被气体吹走；此外，浮阀边沿冲压出三块向下微弯的“脚”。当气速低浮阀降至塔板时，靠这三只“脚”使阀片与塔板间保持2.5mm左右的间隙；在浮阀再次升起时，浮阀不会被黏住，可平稳上升。浮阀塔的特点是生产能力大、操作弹性大、板效率高。

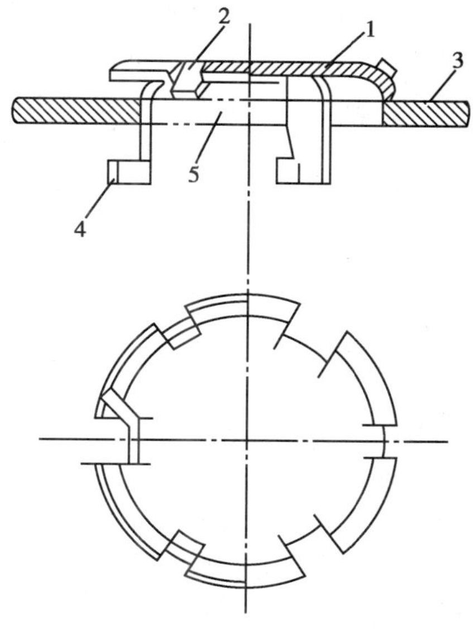

图6－22　浮阀(F－1型)

1－阀片；2－定距片；3－塔板；4－底脚；5－阀孔

二、板式塔的流体力学特性

(一)塔板上气液接触状况

1. 鼓泡接触状态　当上升蒸气流量较低时，气体在液层中吹鼓泡的形式是自由浮升，塔板上存在大量的返混液，气液比较小，气液相接触面积不大。

2. 蜂窝状接触状况　气速增加，气泡的形成速度大于气泡浮升速度，上升的气泡在液层中积累，气泡之间接触，形成气泡泡沫混合物，因为气速不大，气泡的动能还不足以使气泡表面破裂。因此，是一种类似蜂窝状泡结构。因气泡直径较大，很少搅动，在这种接触状态下，板上清液会基本消失，从而形成以气体为主的气液混合物，由于气泡不易破裂，表面得不到更新，所以这种状态对于传质、传热不利。

3. 泡沫状接触状态　气速连续增加，气泡数量急剧增加，气泡不断发生碰撞和破裂，此时，板上液体大部分均以膜的形式存在于气泡之间，形成一些直径较小，搅动十分剧烈的动态泡沫，是一种较好的塔板工作状态。

4. 喷射接触状态　当气速连续增加，由于气体动能很大，把板上的液体向上喷成大小不等的液滴，直径较大的液滴受重力作用落回到塔板上，直径较小的液滴，被气体带走形成液沫夹带，也是一种较好的工作状态。

泡沫接触状态与喷射状态均为优良的工作状态，但喷射状态是塔板操作的极限，液沫夹带较多，所以多数塔操作均控制在泡沫接触状态。

（二）塔板上的不正常现象

1. 漏液 当气速较低时，液体从塔板上的开孔处下落，这种现象称为漏液。严重漏液会使塔板上建立不起液层，会导致分离效率的严重下降。

2. 液沫夹带和气泡夹带 当气速增大时，某些液滴被带到上一层塔板的现象称为液沫夹带。产生液沫夹带有两种情况：一种是上升的气流将较小的液滴带走，另一种是由于气体通过开孔上的速度较大；前者与空塔气速有关，后者主要与板间距和板开孔上方的孔速有关。气泡夹带则是指在一定结构的塔板上，因液体流量过大使溢流管内的液体的流量过快，导致溢流管中液体所夹带的气泡等不及从管中脱出而被夹带到下一层塔板的现象。

3. 液泛现象 当塔板上液体流量很大，上升气体的速度很高时，液体被气体夹带到上一层塔板上的流量猛增，使塔板间充满气液混合物，最终使整个塔内都充满液体，这种现象称为夹带液泛。还有一种是因降液管通道太小，流动阻力大，或因其他原因使降液管局部地区堵塞而变窄，液体不能顺利地通过降液管下流，使液体在塔板上积累而充满整个板间，这种液泛称为溢流液泛。液泛使整个塔内的液体不能正常下流，物料大量返混，严重影响塔的操作，在操作中需要特别注意和防止。

三、板式精馏塔的操作

1. 开车前的检查 装置安装完成后，对照图纸和要求，对部件逐一检查，如安装后无法检查的部件必须边安装边检查，以防止出现差错，检查前应准备一份详细的检查清单。

2. 系统清扫 新建成的或大修后的系统管道设备内存在残渣、杂物，开车后会影响调节阀、流量仪表的操作和测量或堵塞液体管道。

（1）管道结构：管线结构一段从塔向外吹，首先将各管线与塔相连接的阀门关死，仪表线拆除，所有管道阀门关死，只保留指示结构所需的仪表（压力表），向塔内充以清扫用空气或氮气，达一定压力后，对各连接管路逐一清扫。

（2）塔的清扫：当塔处理的物料为易爆物料时，在开车前，要用惰性气体置换塔内的空气，清扫用的惰性气体最常用的是氮气、水蒸气和二氧化碳。

清扫有两种办法，一为“吹扫法”，让惰性气体从设备吹扫口吹入，依次从一个设备流入另一个设备完成清扫。二是“加压和减压”法，即通过多次重复对设备加压和减压，来实现清扫。塔的清扫用加压和减压法更合适，因为吹扫法可能存在死区。

3. 水压试验和气密性试验 在清扫过后，应对塔进行水压试验和气密性试验。如无其他规定要求时，当塔的操作压力在 5×10^3kPa 以下，水压试验压力应为操作压力的 1.5 倍；操作压力在 5×10^3kPa 以上，水压试验压力应为操作压力的 1.25 倍；操作压力不到 2×10^3kPa 时，水压试验压力应为 2×10^3kPa。

气密性试验是一用压缩机向塔内送入空气，并逐渐将压力提高至操作压力的 1.05 倍，然后对所有的设备及管线上的焊缝用肥皂水进行查漏，无泄漏后保压 30min，压力不下降为合格，最后将气体放空。

4. 单机试车和联动试车 单机试车是在不带有物料和无载荷的情况下进行，是确定转动和待转动设备是否合格。联动试车是用水或与生产物料相类似的其他的物料代替生产物料所进行的一种模拟生产状态的试车，目的是为了检验生产装置连续通过物料的情况。

5. 开车步骤

(1)完成开车前的准备工作，导流置换符合要求。

(2)对塔进行加压或减压，达到正常操作压力。

(3)对塔进行加热或冷却，接近操作温度。

(4)向塔中加入原料。

(5)开启再沸器和各加热器的热源，开启塔顶的冷凝器和各冷却器冷液。

6. 停车步骤

(1)按照降负荷工作，逐步降低塔的负荷。

(2)停止加料。

(3)排放塔内原料。

(4)完成停车工作。

7. 精馏塔正常操作调节指标

(1)压力的调节：精馏塔的压力是工艺操作因素中最主要的。塔的操作压力变化将改变整个塔的操作状况。因此，生产运行中应尽量维持操作压基本恒定。在正常操作中，如果加料量、釜温以及塔顶冷凝器的冷却剂用量等条件不变，则塔压将随着采出量的增加而下降，可用塔顶采出量来控制塔压的操作。

(2)塔釜温度的调节：釜温是由塔釜加热器的蒸气用量来控制。正常操作中，有时釜温随加料量或回流量的改变而改变；因此，在调节加料量或回流量时，要相应的调节塔釜温度和塔顶的采出量，使塔釜温度和操作压力平稳。

(3)回流量调节：回流量是直接影响产品质量和塔的分离效率的重要因素。在精馏操作中回流的形式有强制回流和位差回流。一般回流量是根据塔顶产品量按一定的比例来调节的。位差回流就是冷凝器按其回流比将塔顶蒸气冷凝，冷凝液借助冷凝器与回流入口之位差，返回塔顶的，回流量与冷凝效率有直接的关系。强制回流是借泵把回流液输送至塔顶，它能克服塔压差的影响，保证回流平稳。

(4)塔压差的调节：塔压差是判断精馏塔操作加料、取料是否均衡的重要标志之一。在加料、取料保持平衡和回流量保持稳定的情况下，塔压差基本不变。如果塔压差增大，可能是塔板堵塞，或采出量太少，塔顶回流量太大所致，此时应提高采出量，否则会引起液泛。反之，压力减小时，可能是塔内物料太少，精馏段处塔板不起分离作用，此时应减少塔顶采出量，加大回流量。

(5)塔釜液面的调节：对于精馏操作，严格控制塔釜液面很重要，一方面起到液标的作用，另一方面保证塔釜和再沸器有一位差，使液体不断循环，在再沸器内进行气化，塔釜的液面一般以塔釜的液体排出量来控制。

学习小结

一、学习内容

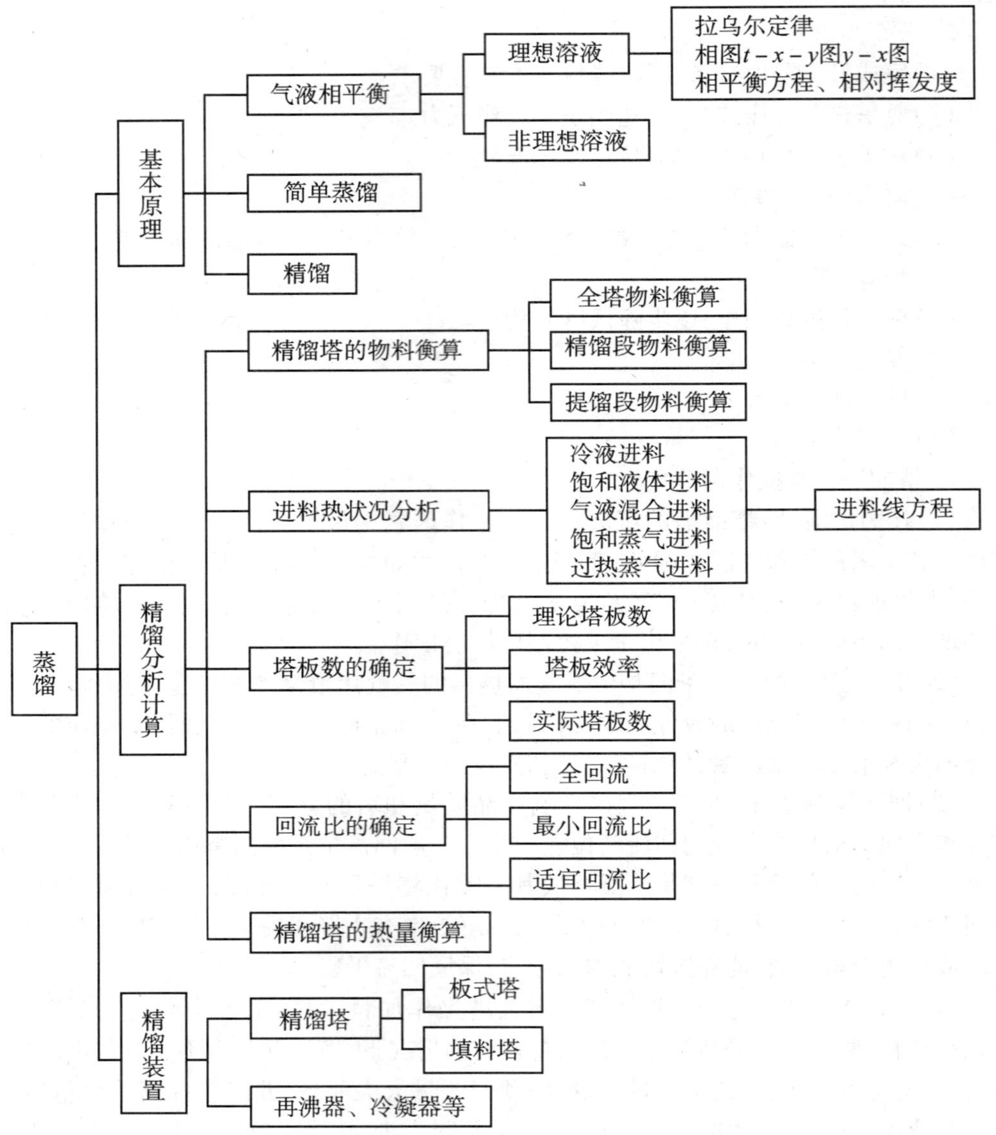

二、学习方法

蒸馏是应用最广的分离操作,通过本章对蒸馏操作中应用最广泛的一种方式—精馏过程的学习与分析可以看出,要利用精馏进行分离,必须认识以下几方面的问题:

1. 要使精馏过程能持续稳定进行,应保证精馏的物料平衡。

2. 精馏塔内需要多少块塔板才能达到规定的分离要求。

3. 精馏时需要热量，如何满足热量平衡以及如何节能。

4. 要顺利完成精馏任务，需注意精馏的操作要点。

5. 进行精馏时所需的装置设备。

6. 除精馏以外的其他蒸馏方式。

目标检测

一、选择题

（一）单项选择题

1. 挥发性不同的两组分所组成的混合液，用精馏塔进行分离时，若塔只有精馏段，则可得到（　　）。

A. 纯的易挥发组分和纯的难挥发组分

B. 纯的易挥发组分和组成接近料液的混合物

C. 纯的难挥发组分和组成接近料液的混合物

D. 不能分离，塔顶和塔底得到的混合物的组成都与原料液的组成相同

2. 某二元混合物，其中 A 为易挥发组分，当液相组成 $x_A = 0.6$，相应的泡点为 t_1，与之平衡的气相组成为 $y_A = 0.7$，相应的露点为 t_2，则 t_1 与 t_2 的关系为（　　）。

A. $t_1 = t_2$　　B. $t_1 < t_2$　　C. $t_1 > t_2$　　D. 不一定

3. 非理想溶液和理想溶液的主要差别是（　　）。

A. 组分在溶液上方的饱和蒸气压不同

B. 溶液中各组分的数量不同而引起的

C. 表达气液平衡的方式不同

D. 相同分子间的引力与不同分子间的引力不同

4. 在化工生产中应用最广泛的蒸馏方式为（　　）

A. 简单蒸馏　　B. 平衡蒸馏　　C. 精馏　　D. 特殊蒸馏

5. 描述理想溶液相平衡关系的拉乌尔定律是（　　）。

A. $P_A = P_A^0 x_A$、$P_B = P_B^0(1 - x_A)$　　B. $P_A^0 = P_A x_A$、$P_B^0 = P_B(1 - x_A)$

C. $P_A^0 = P_A x_A$、$P_B^0 = P_B x_B$　　D. $P = P_A^0 x_A + P_B^0 x_B$

6. 在精馏塔中，加料板以下的塔段（包括加料板）称为（　　）。

A. 进料段　　B. 精馏段　　C. 提馏段　　D. 混合段

7. 精馏过程的理论板是指（　　）。

A. 进入该板的气相组成与液相组成平衡

B. 离开该板的气相组成与液相组成平衡

C. 进入该板的气相组成与液相组成相等

D. 离开该板的气相组成与液相组成相等

8. 确定精馏塔各部位的温度需根据（　　）查得。

A. 相平衡图　　B. $y - x$ 图　　C. 操作线　　D. $t - x(y)$ 图

9. 一般情况下，实际回流比应为最小回流比的（　　）倍。

A. 1~2 倍　B. 1.5~2.2 倍　C. 1.1~2 倍　D. 2~5 倍

10. 精馏的操作线是直线，主要基于以下原因(　　)。

A. 理论板假定　B. 理想物系　C. 塔顶泡点回流　D. 恒摩尔流假设

11. 精馏操作中，料液的黏度越高，塔的效率(　　)。

A. 越低　B. 有微小的变化　C. 不变　D. 越高

12. 某二元混合物，进料量为 100 kmol/h，$x_F=0.6$，要求塔顶 x_D 不小于 0.9，则塔顶最大产量为(　　)。

A. 60kmol/h　B. 66.7kmol/h　C. 90kmol/h　D. 100kmol/h

13. 已知某精馏塔操作时的进料线(q 线)方程为：$y=0.6$，则该塔的进料热状况为(　　)。

A. 冷液进料　B. 饱和液体进料　C. 气液混合进料　D. 饱和蒸气进料

(二)多项选择题

1. 操作中的连续精馏塔，如采用的回流比小于原回流比，则(　　)。

A. x_D 增加　B. x_W 增加　C. x_D 减小　D. x_W 减小　E. x_D、x_W 均不变

2. 二元溶液连续精馏计算中，进料热状态的变化将引起以下线的变化(　　)。

A. 平衡线　B. 精馏段操作线　C. 提馏段操作线　D. 对角线　E. 进料线

3. 塔内上升气速过大会(　　)。

A. 引起漏液　B. 造成过量雾沫夹带　C. 引起液泛　D. 造成大量气泡夹带　E. 使板效率降低

4. 采用(　　)进料时，可使精馏段的上升蒸气量大于提馏段的上升蒸气量。

A. 冷液　B. 饱和液体　C. 气液混合　D. 饱和蒸气　E. 过热蒸气

二、简答题

1. 精馏过程的基本依据是什么？精馏过程为什么必须要有回流？

2. 为何要引入理论板的概念？用图解法求理论板时，为什么一个梯级代表一层理论板？

3. 精馏塔操作中，容易发生哪些不正常的操作现象？液泛是如何产生的？

4. 通常，精馏操作的回流比 $R=(1.1\sim2)R_{min}$，试分析可根据哪些因素确定倍数的大小？

三、实例分析

1. 正庚烷和正辛烷在 110℃ 时的饱和蒸气压分别为 140kPa 和 64.5kPa。计算 40%(摩尔百分率)正庚烷和 60% 正辛烷组成的混合物在 110℃ 时各组分的平衡分压，系统总压及平衡蒸气组成。

2. 在连续精馏塔中分离苯－甲苯混合液。原料液量为 5000kg/h，组成 0.45，要求馏出液中含苯 0.95。釜液中含苯不超过 0.06(均为质量分率)。试求：馏出液量及塔釜产品量各为多少？

3. 分离 A，B 两组分的理想溶液，若原料液、馏出液、残液中 A 的浓度分别为 40%，

95%，10%（摩尔百分率），物系的相对挥发度 $\alpha=2.5$，回流比 $R=2R_{min}$，塔顶全凝器，采用饱和液体进料，试计算①回流比 R；②离开塔顶第二块理论板的气液相组成。

4. 在常压下欲用连续操作精馏塔将含甲醇35%、含水65%的混合液分离，以得到含甲醇95%的馏出液与含甲醇4%的残液（以上均为摩尔分率），操作回流比为1.5，饱和液体进料。试用图解法求理论板层数。若精馏塔的总板效率为65%，试确定其实际塔板数。（常压下甲醇－水的相平衡数据见附录二十一）

（夏德洋）

第七章　吸　　收

学习目标

学习目的

掌握吸收的基本概念与知识、基本理论与应用、基本公式与计算,设备的主要结构、作用与基本操作方法,学会制取气体溶液、从混合气体中分离回收有用气体及处理生产中排放有害气体的原理和方法。为化学制药工艺学等后续专业课程学习和制药单元操作实训、制药过程原理及设备课程设计、生产实习等实践性教学环节的训练打下基础,以适应化学药品生产吸收岗位的操作要求。

知识目标

掌握相组成的表示方法及换算、吸收的气液相平衡、吸收塔的物料衡算、操作线方程及其应用,吸收剂的选择及用量、填料塔直径和填料层高度的计算;

熟悉填料塔的结构及其流体力学特性;

了解吸收传质的机制及吸收速率方程式。

能力要求

将本章应掌握的理论知识应用于吸收操作中;

学会吸收塔的基本操作方法。

任何气体在液体中都存在一定的溶解度。吸收是利用混合气体中各组分在所选择的液体中溶解程度的差异,使混合气体中的易溶组分溶于液体中,其他未溶解的组分仍保留在气体中,以达到从混合气体中分离出易溶组分的目的。吸收是分离气体混合物的重要单元操作。在吸收操作过程中,能被溶解于液体中的气体组分称为吸收质或溶质;而相对溶解度较小或不溶的气体组分称为惰性组分或载体;所用的液体称为吸收剂或溶剂;被吸收后的液体称为溶液或吸收液,其主要成分为吸收剂和溶质;被吸收后的气体称为吸收尾气,其主要成分为惰性气体,还有残余的吸收质。

工业上吸收操作在吸收塔中进行,吸收塔如图 7 - 1 所示。吸收剂自吸收塔顶部喷淋而下,混合气体由塔底进入,气、液两相在塔内进行逆流接触,混合气体中的吸收质就溶解到吸收剂中,吸收尾气从塔顶排出,在塔底部得到含有吸收质的溶液。

吸收操作在制药生产中应用广泛,常用于制取气体溶液,如用水吸收甲醛气体以制取福尔马林溶液、净制原料气、分离气体反应产物及处理放空尾气以保护环境。如在硝化、溴化、磺化、氯化、氨化等反应过程中要处理排出含有 HCl、HBr、SO_2、H_2S、NO、NO_2、Cl_2、NH_3 等气体，必须用吸收操作。

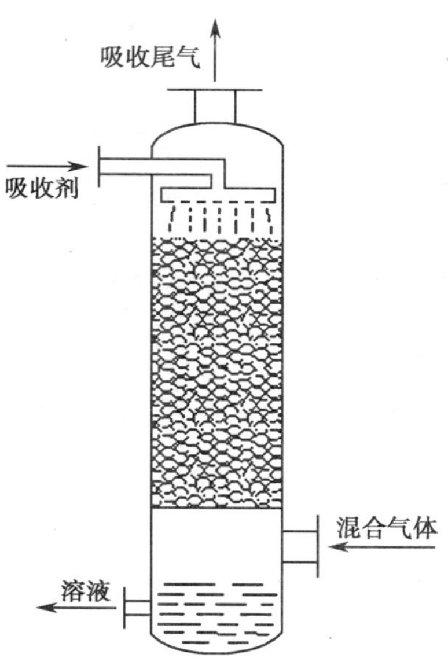

图 7－1 吸收操作示意图

吸收过程中，若混合气体中只有一个组分进入吸收剂，其余组分皆可认为不溶解于吸收剂中，这样的吸收过程称为单组分吸收。如果混合气体中有两个或更多个组分进入液相，则称为多组分吸收。

在吸收过程中，如果吸收质与吸收剂之间发生显著的化学反应，则称为化学吸收。化学吸收操作的极限主要决定于当时条件下反应的平衡常数。如果吸收质与吸收剂之间不发生显著的化学反应，可认为仅是气体溶解于液体的物理过程，则称为物理吸收。物理吸收操作的极限主要决定于当时条件下吸收质在吸收剂中的溶解度。

当吸收质溶解于吸收剂释放出大量的溶解热或反应热，会使吸收剂温度升高，这样的吸收过程称为非等温吸收。如果吸收剂用量较大或放热量很小，温度变化不明显，则称为等温吸收。本章主要介绍低浓度、单组分的等温物理吸收。

第一节 吸收的气液相平衡

一、气体在液体中的溶解度

在一定温度和压力下，一定量的液体与混合气体接触，溶质气体便向溶剂液体内转移。经过足够长的时间以后，液体中的溶质浓度不再增大，这种相际间的状态称为相平衡。在平衡状态下，混合气体中溶质气体的分压为平衡分压，一定量的液体中含有溶质气体的量称为平衡溶解度，含有溶质液体的浓度为平衡浓度（吸收的最大浓度），溶解度是以溶解在单位质量的液体溶剂中溶质气体的质量数表示，g 气体溶质/1000g 液体溶剂。在一定的温度和压力条件下，它们的平衡关系是不变的。

吸收过程存在的条件是液相中吸收质浓度小于平衡浓度或气相中吸收质分压大于平衡分压，吸收质就会从气相转入液相，吸收过程继续进行，直到相平衡时在宏观上才会停止。所以相平衡是物理吸收过程的极限，该极限取决于溶解度。溶解度的大小是随物系、温度和压力而异，通常由实验测定。图 7－2 表示氨气在水中溶解度与氨气在气相中平衡分压及溶液温度之间的关系。图中的曲线称为溶解度曲线。

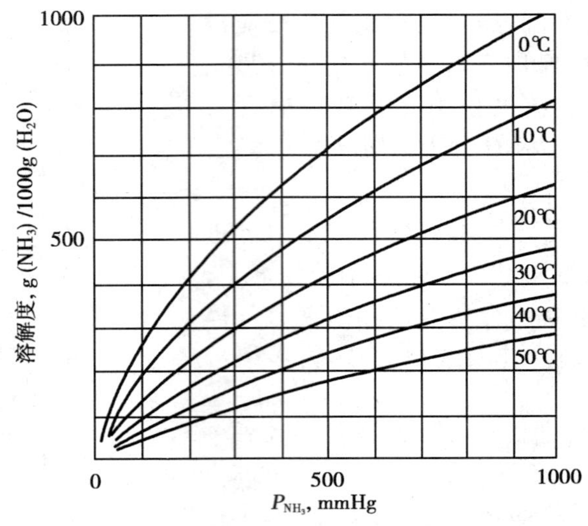

图7－2 氨气在水中的溶解度

课堂互动

你在日常生活中发现气体在水中的溶解度是随温度而改变的现象？在对自来水加热时，水中为什么会有小气泡产生？

由图可知：当吸收质分压一定时，温度越低，溶解度越大；当温度一定时，吸收质分压越高，溶解度越大。这说明加大压力和降低温度可以提高溶解度，对吸收操作有利；反之，升温和减小压力则降低溶解度，对吸收操作不利。

二、相组成的表示

在吸收过程中，常可以认为惰性气体组分不进入液相，吸收剂也没有明显的气化现象，因此气相中惰性组分的摩尔流量和液相中吸收剂的摩尔流量始终不变，若以它们的量为基准表示吸收质在气液两相中的含量，可以大大简化吸收过程的计算，为此常采用比摩尔分率、比质量分率来表示吸收操作中气液相的组成。

1. 比质量分率　混合物中某两个组分的质量之比称为比质量分率，用符号 X_w（或 Y_w）表示。若混合物中组分 A（通常表示吸收质）的质量为 m_A kg，组分 B（通常表示惰性组分或吸收剂）的质量为 m_B kg，则组分 A 对组分 B 的比质量分率为：

$$X_{WA}（或 Y_{WA}）= \frac{m_A}{m_B} \quad (kgA/kgB) \tag{7-1}$$

2. 比摩尔分率　混合物中某两个组分的摩尔数之比称为比摩尔分率，用符号 X（或 Y）表示。若混合物中组分 A 的摩尔数为 $n_A$kmol，组分 B 的摩尔数为 $n_B$kmol，则组分 A 对组分 B 的比摩尔分率为：

$$X_A（或 Y_A）= \frac{n_A}{n_B} \quad (kmolA/kmolB) \tag{7-2}$$

3. 换算　设 M_A 和 M_B 分别表示 A 和 B 两组分的物质的量，若 $m = 1$kg，则 A 组分的质量为 X_{WA} kgA，或 X_{WA}/M_Akmol，B 组分的质量为 X_{WB} kgB，或 X_{WB}/M_Bkmol。于是，由比摩尔分率的定义可得：

$$X_A(\text{或}\ Y_A)=\frac{n_B}{n_A}=X_{WA}\frac{M_B}{M_A} \tag{7-3}$$

若 $n=1\text{kmol}$，则 A 组分有 $X_A$kmol，其质量为 M_AX_A kg；B 组分有 $X_B$kmol，其质量为 $M_BX_B$kg。于是，由比质量分率的定义可得：

$$X_{WA}(\text{或}\ Y_{WA})=\frac{m_A}{m_B}=X_A\frac{M_A}{M_B} \tag{7-4}$$

式(7－3)和式(7－4)表明了比质量分率与比摩尔分率之间的关系。

若溶质在液相和气相中的组成分别用摩尔分率 x 及 y 表示，则摩尔分率与比摩尔分率之间的关系为：

$$x=\frac{X}{1+X} \tag{7-5}$$

$$y=\frac{Y}{1+Y} \tag{7-6}$$

三、气液相平衡

在一定温度下，当总压力不超过 5 个大气压时，稀溶液上方的气体溶质平衡分压与在液相中溶质的摩尔分率之间存在着如下的关系：

$$p^*=Ex \tag{7-7}$$

式中，p^*——溶质在气相中平衡分压，kN/m^2；x——溶质在液相中的摩尔分率；E——亨利系数，其单位与压力单位一致。

式(7－7)称为亨利定律。气体溶于液体中的难易程度由亨利系数 E 值的大小表示，E 值愈大该气体的平衡溶解度越小，反之平衡溶解度就越大，E 值随温度的升高而增大。通常把溶解度很小的气体称为难溶气体，而把溶解度很大的气体称为易溶气体。

亨利定律适用于稀溶液或难溶气体如 CO_2，对于易溶气体如 NH_3，亨利定律适用于液相低浓度范围。

为计算方便，溶质在液相和气相中的组成分别用摩尔分率 x 及 y 表示，亨利定律可写成：

$$y^*=mx \tag{7-8}$$

式中，x——液相中溶质的摩尔分率；y^*——与该液相成平衡的气相中溶质的摩尔分率；m——相平衡常数。

其中

$$m=\frac{E}{P} \tag{7-9}$$

式中，P——系统的总压。

用摩尔分率与比摩尔分率的关系，将式(7－8)变为：

$$Y^*=\frac{mX}{1+(1-m)X} \tag{7-10}$$

对于一定物系，相平衡常数 m 是温度和压力的函数。温度升高、总压下降则 m 值增大，则表明该气体的溶解度减小。m 值愈大该气体的平衡溶解度越小。对于难溶气体 m 值很大，而对易溶气体 m 值很小。

当溶液浓度很低时，式(7－10)分母趋近于1，于是该式可简化为：

$$Y^* = mX \tag{7-11}$$

实例分析

实例 7－1：含有 3%（体积）H_2S 的混合气体用吸收剂三乙醇胺水溶液吸收。吸收温度为 27℃，总压为 101.3kN/m²，H_2S 在 27℃ 吸收剂中的亨利系数 E = 202.6kN/m²。此时液相中 H_2S 的最大浓度是多少？

分析：H_2S 在液相中的最大浓度就是它的平衡浓度，可根据平衡关系求得。

$$m = \frac{E}{P} = \frac{202.6}{101.3} = 2.0$$

$$Y = \frac{y}{1-y} = \frac{0.03}{1-0.03} = 0.0309$$

$\because\ Y^* = mX$

$\therefore\ X^* = \frac{Y}{m} = \frac{0.0309}{2} = 0.0154$ kmolH_2S/kmol 吸收剂

第二节 传质机制与吸收速率

一、传质机制

在吸收过程中，吸收质是从气相通过气液相界面进入液相。有关传质机制，人们进行了长期深入的研究，曾提出多种不同的理论，其中应用最广泛的是刘易斯和惠特曼提出的双膜理论。双膜理论是将吸收的传质过程，模拟为吸收质从气相主体以分子扩散方式通过气相一侧的气膜后越过相界面再以分子扩散方式通过液相一侧的液膜进入到液相主体的过程。吸收质在两膜层以外的气、液两相主体中的浓度基本上是均匀的，吸收质在相界面处的浓度已达到平衡状态，通过相界面处是没有阻力的，而整个传质过程的阻力集中在两膜层之中。

通过以上假设，就把吸收这个相际传质的复杂过程，简化为吸收质只是经由气、液两膜层内的过程。提高吸收质在膜内的分子扩散速率就能有效地提高吸收速率，因而两膜层也就成为吸收过程的两个基本阻力。在两相主体浓度一定的情况下，两膜层的阻力便决定了传质速率的大小。由于膜内阻力与膜的厚度成正比，根据流体力学原理，流速越大，则膜的厚度越薄，因此增大气液两流体的相对运动，使流体内产生强烈的搅动，都能减小膜的厚度，从而降低吸收阻力，增大吸收传质系数，提高吸收速率。

对于具有固定相界面的系统以及流动速度不高的两流体间的传质，双膜理论与实际情况是相当符合的。根据这一理论所确定的吸收过程的传质速率关系，至今仍是吸收设备计算的主要依据，这一理论对于生产实际也具有重要的指导意义。

二、吸收速率方程式

1. 气膜吸收速率方程式　根据双膜理论，吸收质通过气膜层的吸收速率方程式，可写成：

$$N_A = k_Y(Y - Y_i) \tag{7-12}$$

式中，N_A——吸收质 A 的分子扩散速率 kmol/(m^2·s)；Y、Y_i——分别为吸收质组分在气相主体与相界面处的比摩尔分率，kmol 吸收质/kmol 惰性组分；k_Y——气膜吸收系数，kmol 惰性组分/(m^2·s)。

式(7-12)称为气膜吸收速率方程式。

若将吸收过程的速率按过程速率=推动力/阻力的形式考虑，则主体浓度和界面浓度之差($Y - Y_i$)为气膜吸收推动力，气膜吸收的阻力就是气膜吸收系数的倒数，故：

$$N_A = \frac{Y - Y_i}{1/k_Y} \tag{7-12a}$$

2. 液膜吸收速率方程式　根据双膜理论，吸收质通过液膜层的吸收速率方程式，可写成：

$$N_A = k_X(X_i - X) \tag{7-13}$$

式中，N_A——吸收质 A 的分子扩散速率 kmol/(m^2·s)；X_i、X——分别为吸收质组分在相界面与液相主体处的比摩尔分率，kmol 吸收质/kmol 吸收剂；k_X——液膜吸收系数，kmol 吸收剂/(m^2·s)。

式(7-13)称为液膜吸收速率方程式。该式也可写成：

$$N_A = \frac{X_i - X}{1/k_X} \tag{7-13a}$$

式中，($X_i - X$)——液膜吸收推动力，液膜吸收系数的倒数即为液膜吸收的阻力。

3. 总吸收系数及其总吸收速率方程式　由于相界面上的组成 Y_i 及 X_i 难以测定，所以采用以 $Y - Y^*$ 为总推动力的气相吸收速率方程式。

在图 7-3 中，OE 是吸收平衡线，D 点(Y,X)是气、液两相中吸收质的实际状态点，Y^* 是与液相主体浓度 X 成平衡的气相浓度，X^* 是与气相主体浓度 Y 成平衡的液相浓度。

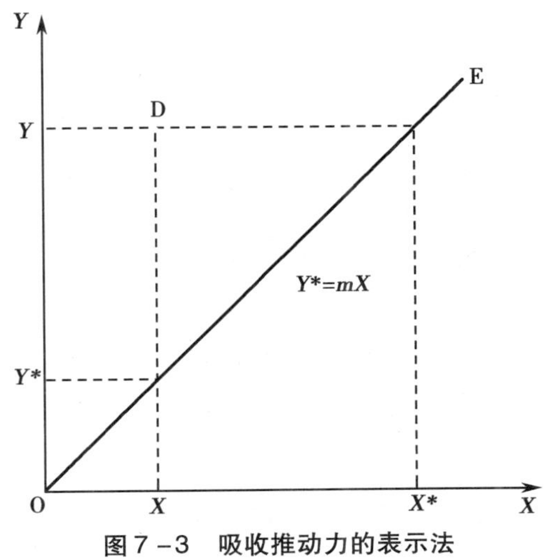

图 7-3　吸收推动力的表示法

对于符合亨利定律的稀溶液体系则：　$Y^* = mX$

根据双膜理论,相界面上两相互成平衡则: $Y_i = m X_i$

将上两式分别代入气膜、液膜吸收速率方程式,由于吸收质通过气膜、液膜的分子扩散速率应是相等的,可得到:

$$N_A = K_Y(Y - Y^*) \tag{7-14}$$

$$\frac{1}{K_Y} = \frac{m}{k_X} + \frac{1}{k_Y} \tag{7-15}$$

式中,K_Y——气相吸收总系数 kmol 惰性组分/($m^2 \cdot s$)。

式(7-14)是以 $Y - Y^*$ 为总推动力的吸收速率方程式,也称为液相总吸收速率方程式。式中总吸收系数 K_Y 的倒数为两膜的总阻力。

易溶气体容易被吸收剂吸收,m 值很小,在 k_X 与 k_Y 数量级相同或接近的情况下,气膜吸收阻力$\frac{1}{k_Y}$要远远大于液膜吸收阻力$\frac{m}{k_X}$,此时,吸收过程阻力的绝大部分存在于气膜之中,液膜阻力可以忽略,因而式(7-15)可以简化为:

$$k_Y \approx K_Y \tag{7-16}$$

由此可知,易溶气体的吸收速率主要受气膜一方的吸收阻力所控制,这种情况称为“气膜控制”。如用水吸收氨或氯化氢等过程,通常都被视为气膜控制的吸收过程。显然,对于气膜控制的吸收过程,提高气体流速,减小气膜厚度,可以提高吸收速率。因此可将液体分散成液滴与气体接触,液滴与气体作相对运动,气体受到搅动,湍动程度加剧,气膜变薄,气膜阻力减小,吸收速率提高。但此时,液滴内很少受到搅动,所以液膜厚、阻力大。

对于难溶气体来说,很难转入液相,m 值很大,液膜阻力控制着整个吸收过程,这种情况称为“液膜控制”(推导过程从略)。如用水吸收氧或二氧化碳是液膜控制,对于液膜控制的吸收过程,提高液体流速,减小液膜厚度,可以提高吸收速率。因此可让气体鼓泡穿过液体时,气泡中很少搅动,而液体受到强烈的搅动,湍动程度加剧,液膜厚度减小,液膜阻力降低,提高了吸收速率。

对于具有中等溶解度的气体吸收过程,气膜阻力与液膜阻力均不可忽略,两者同时控制吸收速率。如:用水吸收二氧化硫,用水吸收丙酮等。此时要提高吸收过程速率必须兼顾气、液两膜阻力的降低,方能得到满意的结果。可见,由于气体混合物中各组分在吸收剂中的溶解度不同,因而提高吸收速率的途径也就不一样了。

第三节 吸收塔的分析

工业上常用的吸收设备有填料塔,也有板式塔。这两种塔的内部结构的作用都是用于增大气、液接触面积,以便于更好地传质。因填料塔在吸收中应用较广,本节将介绍对填料吸收塔的分析和工艺计算。

一、吸收塔的物料衡算与操作线方程

1. 物料衡算　如图 7-4 所示,在稳定操作状态下,气、液两相在吸收塔内逆流接触,混合气体自下而上流动,吸收剂则自上而下流动。

在吸收过程中，混合气体通过吸收塔的过程中，易溶气体组分不断被吸收，在气相中的浓度逐渐减小，气体总量沿塔高往上而变小；液体中不断溶入易溶组分浓度逐渐增大的，液体总量沿塔高往下而变大。但惰性气体流量 V 和吸收剂流量 L 却没有变化。假设无物料损失，对单位时间内进、出吸收塔的吸收质进行物料衡算则得：

$$V\,Y_1 + L\,X_2 = V\,Y_2 + L\,X_1 \qquad (7-17)$$

式中，V——单位时间内通过吸收塔惰性气体量 kmol/s；L——单位时间内通过吸收塔的吸收剂 kmol/s；Y_1、Y_2——分别为进塔及出塔气体中吸收质的比摩尔分率，kmol 吸收质/kmol 惰性组分；X_1、X_2——分别为出塔及进塔液中吸收质的比摩尔分率，kmol 吸收质/kmol 吸收剂。

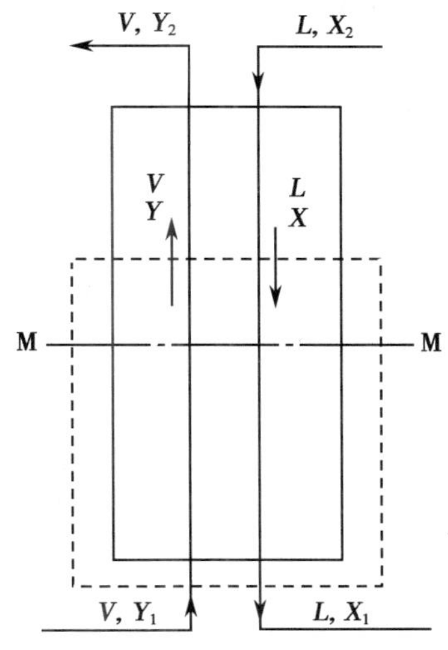

图 7－4 逆流吸收塔物料衡算示意图

式(7－17)可改写为：

$$V(Y_1 - Y_2) = L(X_1 - X_2) = G_A \qquad (7-18)$$

式中，G_A——吸收塔内吸收质传质量 kmol/s。

全塔物料衡算方程是表示进出吸收塔气液两相的流量和浓度之间的关系。

上式可得：

$$\frac{L}{V} = \frac{Y_1 - Y_2}{X_1 - X_2} \qquad (7-19)$$

L/V 称为“液气比”，即在吸收操作中吸收剂与惰性气体摩尔流量的比值，亦称吸收剂的单位耗用量。

在吸收操作中，被吸收的吸收质量与气相中原有的吸收质质量之比，称为吸收率。用符号 φ 表示。

$$\varphi = \frac{V(Y_1 - Y_2)}{VY_1} = \frac{Y_1 - Y_2}{Y_1} = 1 - \frac{Y_2}{Y_1} \qquad (7-20)$$

由式(7－20)可得：

$$Y_2 = Y_1(1 - \varphi) \qquad (7-21)$$

2. 操作线方程与操作线 参照图 7－4，在吸收塔上取任一横截面 M－M，在 M－M 与塔底端之间对吸收质物料衡算。设截面 M－M 上气、液两相浓度分别为 Y、X，得：

$$V\,Y_1 + L\,X = V\,Y + L\,X_1 \qquad (7-22)$$

整理，得：

$$Y = \frac{L}{V}(X - X_1) + Y_1 \qquad (7-23)$$

式(7－23)即为逆流吸收塔的操作线方程，它反映了吸收操作过程中吸收塔内任一横截面上气相浓度 Y 与液相浓度 X 之间的关系。在稳定操作中，式中 X_1、Y_1、L/V 都是定值，所以该操作线方程为一直线方程，其斜率为 L/V。

将式(7－23)在 $Y-X$ 坐标中绘制得到如图 7－5 中的直线 AB 即为逆流吸收操作

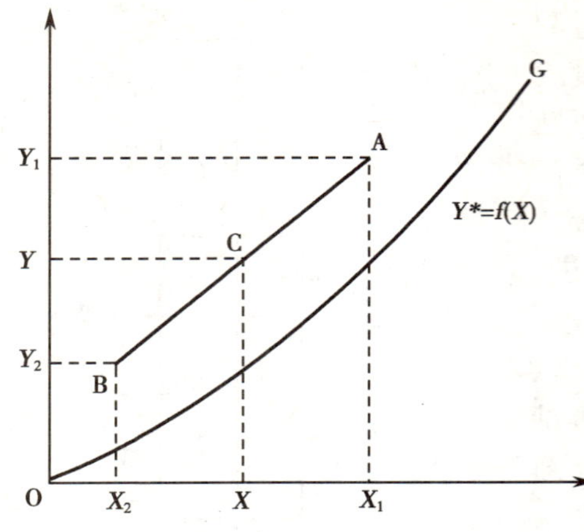

图7-5 逆流吸收塔的操作线

线。端点A代表塔底的气、液相浓度Y_1、X_1的对应关系；端点B则代表着塔顶的气、液相浓度Y_2、X_2的对应关系，此操作线上任一点C代表塔内任一横截面M-M上的气、液相浓度Y、X之间的对应关系。

图7-5中操作线AB与平衡线GO之间的垂直距离($Y-Y^*$)就是气相吸收总推动力。显然，操作线与平衡线之间的垂直距离越远，吸收的推动力就越大，吸收速率就越快。

二、吸收剂的用量及选择

1. 吸收剂的用量　在吸收塔的计算中，需要处理的气体流量V、进塔气体组成Y_1、出塔气体组成Y_2以及进塔吸收剂组成X_2常由工艺条件决定或由设计者选定，因此吸收剂的用量L则需计算后选定。

(1)最小吸收剂的用量：由前知，当V、Y_1、Y_2及X_2已知的情况下，吸收塔操作线AB的一个端点B已经固定，如图7-6(a)所示。而另一个端点A在$Y=Y_1$的水平线上移动，且点A的横坐标X_1将取决于吸收剂用量L的大小，当吸收剂用量L减小时，则由式(7-23)可知，塔底出口溶液的浓度X_1增大，点A将沿$Y=Y_1$的水平线右移。当点A到达平衡线时，此时塔底出口溶液的浓度为最高$X_{max}=X_1^*$(理论值)，而吸收剂用量最小为L_{min}。由式(7-24)可得最小吸收剂用量：

$$L_{min}=V\frac{Y_1-Y_2}{X_1^*-X_2} \tag{7-24}$$

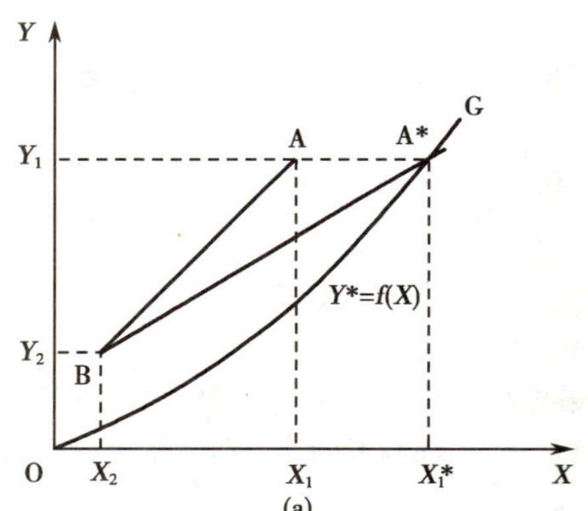

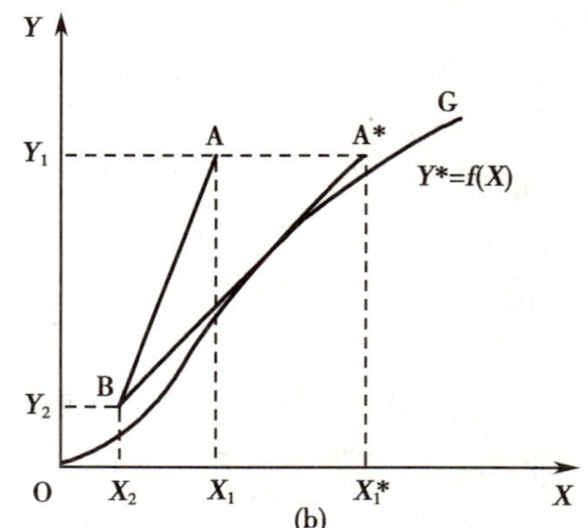

图7-6 吸收塔的最小液气比

如果平衡线呈现如图7-6(b)所示的形状，则应过点B作平衡曲线的切线，找到水平线$Y=Y_1$与平衡线的交点A^*，从而读出X_1^*之值，然后代入式(7-24)即可计算出最小吸收剂用量L_{min}。

如果平衡线为直线，则可用$Y=mX^*$由Y_1计算出X_1^*的值，然后代入式(7-24)即可计算出最小吸收剂用量L_{min}。

(2)适宜吸收剂用量:若增大吸收剂用量,点 A 将沿 $Y=Y_1$ 的水平线左移,塔底出口溶液的浓度 X_1 减小,操作线远离平衡线,从而过程推动力 $X_1^*-X_1$ 增大,设备尺寸减小、设备费用降低(主要是塔的造价)。但超过一定限度后,则使吸收剂输送及回收等项操作费用急剧增加。

反之,若减少吸收剂用量,点 A 将沿 $Y=Y_1$ 的水平线右移,塔底出口溶液的浓度 X_1 增大,操作线靠近平衡线,从而过程推动力 $X_1^*-X_1$ 减小,要在单位时间内吸收同量的溶质,设备也就要大,以致设备费用增大,而吸收剂输送及回收等项操作费用很小。当点 A 到达平衡线时,此时塔底出口溶液的浓度 $X_1=X_{max}=X_1^*$,此时过程推动力 $X_1^*-X_1$ 为零,吸收无法进行。也就是说要使吸收进行,必须要有无限大的气液接触面积,显然这是一种达不到的极限状况,实际生产是不可能实现的。吸收剂用量的大小不同,将改变设备费与操作费,选择吸收剂用量的原则是应使两种费用之和最小为宜。根据生产实践经验,一般情况下取吸收剂用量为最小吸收剂用量的 1.1~2.0 倍是比较适宜的,即:

$$L=(1.1\sim2.0)L_{min} \tag{7-25}$$

必须指出,为了保证气液在塔内充分接触(填料表面被液体充分润湿),还应考虑到单位塔截面、单位时间内液体量不得小于某一最低值。如果按上式计算出的吸收剂用量不能满足充分润湿的要求,则应加大吸收剂用量。

实例分析

实例 7-2:从某蒸馏塔顶出来的混合气体中含有 3.0%(体积)的 H_2S,其余为碳氢化合物,该混合气体流量为 43 kmol/h。现将该混合气体送入逆流操作吸收塔中用吸收剂三乙醇胺水溶液吸收 H_2S,要求吸收率不低于 99%。操作温度为 27℃,压力为 101.3kN/m²,平衡关系为 $Y^*=2X$。已知进塔三乙醇胺水溶液不含 H_2S,三乙醇胺用量为最小用量的 1.5 倍。确定:①三乙醇胺用量;②吸收塔底出口溶液三乙醇胺的浓度。

分析:(1)三乙醇胺水溶液的用量:

$$Y_1=\frac{y_1}{1-y_1}=\frac{0.03}{1-0.03}=0.0309$$

$$Y_2=Y_1(1-\varphi)=0.0309\times(1-0.99)=0.000309$$

$$X_1^*=\frac{Y_1}{m}=\frac{0.0309}{2}=0.0154$$

由题意得:$X_2=0$

$$V=43\times(1-0.03)=41.7\ \text{kmol/h}$$

最小用量为:

$$L_{min}=V\frac{Y_1-Y_2}{X_1^*-X_2}=41.7\times\frac{0.0309-0.000309}{0.0154-0}=82.8\ \text{kmol/s}$$

∴ 三乙醇胺水溶液的用量:

$$L = 1.5L_{min} = 1.5 \times 82.8 = 124\ \text{kmol/h}$$

(2)塔底出口溶液三乙醇胺的浓度：

$$X_1 = X_2 + \frac{V(Y_1 - Y_2)}{L} = 0 + \frac{41.7 \times (0.0309 - 0.000309)}{124} = 0.0103$$

2. 吸收剂的选择　为在吸收操作中，吸收剂性能的优劣，常常是吸收操作好坏的关键。在选择吸收剂时，应注意考虑以下几方面的问题：

(1)溶解度：所选用的吸收剂必须对吸收质要有较大的溶解度而对其他惰性组分的溶解度要极小或几乎不溶解。这样可以提高吸收效果、减小吸收剂的用量；吸收速率也增大、设备的尺寸也变小。

(2)挥发度：吸收剂的挥发度要小，即在操作温度下吸收剂的蒸气压要小。因为离开吸收设备的气体，往往被吸收剂蒸气所饱和，吸收剂的挥发度愈高，其损失便愈大。

(3)价廉易得、容易再生循环使用和具有化学稳定性，尽可能无毒、无腐蚀性、不易燃、不发泡、黏度低、冰点低等。

显然完全满足上述各种要求的吸收剂是没有的，实际生产中应从满足工艺要求、符合经济原则的前提出发，根据具体情况全面均衡得失来选择最合适的吸收剂。

三、塔径的确定

吸收塔的直径可按照圆形管道内流量公式计算，即

$$D = \sqrt{\frac{4V_s}{\pi u}} \tag{7-26}$$

式中，D——塔径，m；V_s——操作条件下混合气体的体积流量，m^3/s；u——空塔气速，m/s。

确定适宜的空塔气速 u 是计算塔径的关键。

按照式(7－30)计算出的塔径 D 必须按我国压力容器的公称直径标准进行圆整，塔径圆整后，再根据圆整值计算出实际空塔气速 u'，以作为其他工艺计算和操作控制的依据。

四、填料层高度的确定

为了达到一定的分离要求，吸收塔内填装一定高度的填料才能提供足够的气、液两相接触面积。填料层高度可由传质单元高度与传质单元数来计算：

$$Z = H_{OG} \times N_{OG} \tag{7-27}$$

$$H_{OG} = \frac{V}{K_Y a \Omega} \tag{7-28}$$

$$N_{OG} = \frac{Y_1 - Y_2}{\Delta Y_m} \tag{7-29}$$

$$\Delta Y_m = \frac{\Delta Y_1 - \Delta Y_2}{\ln \frac{\Delta Y_1}{\Delta Y_2}} = \frac{(Y_1 - Y_1^*) - (Y_2 - Y_2^*)}{\ln \frac{Y_1 - Y_1^*}{Y_2 - Y_2^*}} \tag{7-30}$$

式中，Z——填料层高度，m；H_{OG}——传质单元高度，m；N_{OG}——传质单元数；ΔY_m——塔底和塔顶气相浓度的对数平均推动力；a——单位体积填料层提供的有效接触面积，m^2/m^3；Ω——塔的横截面积，m^2。

由于单位体积填料层提供的有效接触面积 a 的值难以测定，常将它与吸收总系数 K_Y 的乘积视为一个完整的物理量，这个乘积 K_Ya 称为气相体积吸收总系数，其单位为 $kmol/(m^3 \cdot s)$

实例分析

实例 7-3：在塔径为 0.8m 的吸收塔内用吸收剂三乙醇胺水溶液吸收混合气体中的 H_2S，已知气相体积吸收总系数为 144 $kmol/(m^3 \cdot h)$，其他条件见实例 7-2。若要达到吸收要求，填料层的高度应为多高？

分析：其他条件与实例 7-2 相同，则可直接引用实例 7-2 的计算结果。

$$H_{OG} = \frac{V}{K_Y a\Omega} = \frac{41.7}{144 \times \frac{\pi}{4} \times 0.8^2} = 0.577 \text{ m}$$

$$Y_1^* = 2X_1 = 2 \times 0.0103 = 0.0206$$

$$Y_2^* = 2X_2 = 0$$

$$\Delta Y_m = \frac{(Y_1 - Y_1^*) - (Y_2 - Y_2^*)}{\ln \frac{Y_1 - Y_1^*}{Y_2 - Y_2^*}} = \frac{(0.0309 - 0.0206) - (0.000309 - 0)}{\ln \frac{0.0309 - 0.0206}{0.000309 - 0}}$$

$$= 0.00285$$

$$N_{OG} = \frac{Y_1 - Y_2}{\Delta Y_m} = \frac{0.0309 - 0.000309}{0.00285} = 10.7$$

所需填料层高度为：

$$Z = H_{OG} \times N_{OG} = 0.577 \times 10.7 = 6.17\text{m}$$

知识拓展

求取传质单元数的方法

1. 对数平均推动力法：式(7-29)，适用条件是在吸收过程所涉及的浓度范围内，平衡关系可用直线方程 $Y^* = mX + b$ 表示，即在此段浓度范围内平衡曲线为直线。

2. 解析法（又称吸收因数法）：适用条件是相平衡关系服从亨利定律，即 $Y^* = mX$ 时，可用下式计算传质单元数：

$$N_{OG}=\frac{1}{1-\frac{mV}{L}}\ln\left[\left(1-\frac{mV}{L}\right)\frac{Y_1-mX_2}{Y_2-mX_2}+\frac{mV}{L}\right]$$

3. 图解积分法：适用各种情况的相平衡关系（平衡线为曲线、直线）：

$$N_{OG}=\int_{Y_2}^{Y_1}\frac{dY}{Y-Y^*}$$

此式对于物理吸收过程的计算很少使用，具体使用方法可见书末的参考书。

第四节 填 料 塔

一、填料塔的结构

填料塔是制药及化工生产中常用的气液传质设备之一，如图7－7所示。其圆筒形外壳一般由钢板焊接而成。在外壳上有气体和液体进、出口接管和其他用途的接管。塔体内充填一定高度的填料层，下部有支承装置以支承填料。塔顶液体入口有液体喷洒装置即液体分布器，以保证液体能均匀地喷洒到整个塔截面的填料上。当填料层较高时，为防止液体沿塔内壁流下，塔内填料要分段装填，每段之间设置液体再分布器。

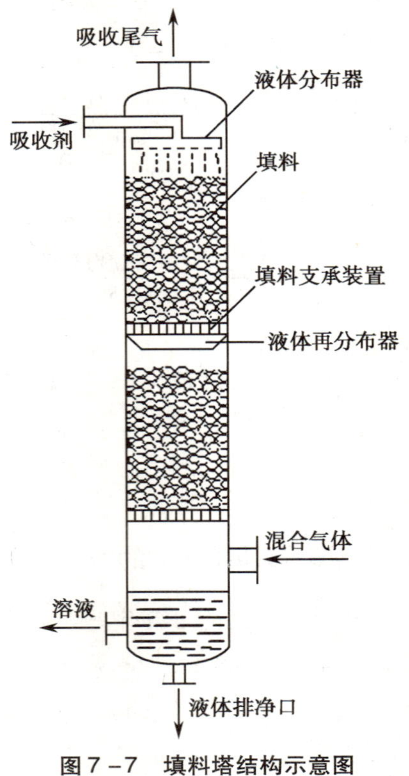

图7－7 填料塔结构示意图

操作时，气体由塔底引入，在压强差的推动下穿过填料的空隙，由塔的底部流向顶部；液体由塔顶喷淋装置喷出分布于填料层上，靠重力作用沿填料表面流下。气体在润湿的填料表面上与液体接触实现吸收质从气相到液相的传递过程。

填料塔具有结构简单、耐腐蚀、阻力小、适用于塔径小的优点。但用于大直径的塔时，则塔总重较大、效率低、造价高、清理检修比较麻烦。

近几十年，专家们正致力于改进塔设备的内部构件。由于填料材质的多样化，使得增加填料的比表面变得可能。新颖的塔盘正沿着改善两相接触和增大两相接触面的方向不断地发展。采用高效的填料和塔盘已成为减小设备尺寸的有效途径。对于化学吸收过程还伴有热效应，放热反应会使吸收剂的温度显著升高而不利于吸收，因此在吸收塔内部装有冷却盘管，冷却盘管内的流体将塔内热量送至塔外的冷却装置中冷却后再进入塔内冷却盘管。填料塔在工业上的应用正在进一步发展。

1. 填料的种类　填料是填料塔中传质元件，它的种类很多，有不同的分类，如按性能分为通用填料和高效填料；按形状分为颗粒形填料和规整填料。在此按填料的结构分为实体填料和网体填料两大类。实体填包括环形填料（如拉西环、鲍尔环和阶梯环）、鞍形填料（如弧鞍、矩鞍）以及栅板填料和波纹填料等，由金属材质制成或用陶瓷、塑料等非金属材质制成。网体填料主要是由金属丝网制成的各种填料。常用填料的形状见图7－8。

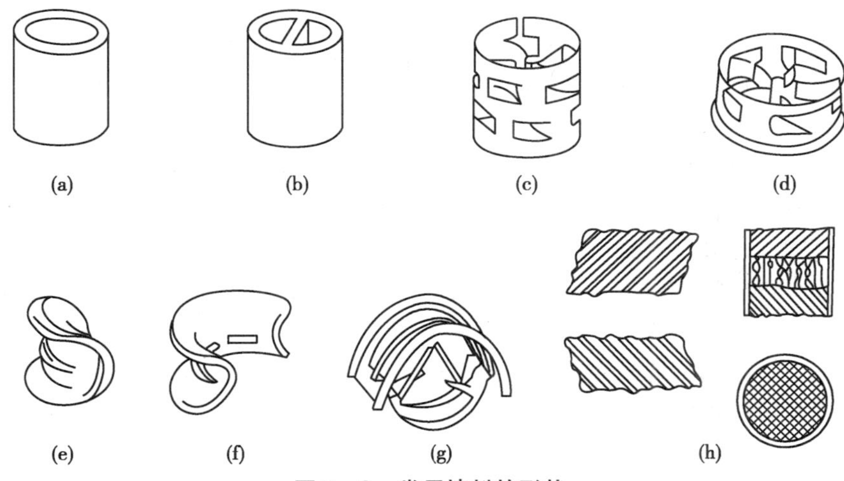

图7－8　常用填料的形状

(a)拉西环；(b)θ环；(c)鲍尔环；(d)阶梯环；(e)弧鞍；(f)矩鞍；(g)金属鞍环；(h)波纹填料

（1）拉西环填料：拉西环是使用最早的一种人造填料，它是一个高度和外径相等的圆环，见图7－8(a)。它用陶瓷材料制作，也可用塑料及石墨等材料制作，以适应不同介质的要求。拉西环在塔内填充方式有乱堆和整砌两种。乱堆填料装卸方便，但气体阻力大。通常直径小于50mm的拉西环采用乱堆方式，直径大于50mm的拉西环采用整砌。拉西环的主要缺点在于液体的沟流及壁流现象严重，因效率随塔径及填料层高度的增加而显著下降；对气体流速的变化敏感、操作弹性范围较窄。目前拉西环填料在工业上应用日趋减少。

（2）鲍尔环填料：鲍尔环是对拉西环的主要缺点加以改进而研制出来的填料。在普通的拉西环的侧壁上开有两排长方形窗孔，被切开的环壁形成叶片，一边仍与壁相连，另一端向环内弯曲，并在中心与其他叶片相搭，见图7－8(c)。由于环上开有小窗，气体可以从小窗通过，这样不仅降低了气体流动阻力，同时使液体分布得到改善。鲍尔环与拉西环相比具有生产能力大、气体流动阻力小，操作弹性大，传质效率高等优点，因此鲍尔环在填料塔中广泛应用。鲍尔环可用金属、塑料、陶瓷等材料制造。

(3)阶梯环填料：阶梯环是对鲍尔环进一步改进的产物。阶梯环的总高为直径的5/8，比鲍尔环较短，圆筒一端有向外翻卷的喇叭口，见图7－8(d)。这种填料的孔隙小和传质效率高等特点。是目前使用的环形填料中性能良好的一种。阶梯环多用金属及塑料制造。

(4)弧鞍与矩鞍填料：弧鞍形填料也称为伯尔鞍，是一种没有内表面的填料，用陶瓷烧成，形如马鞍，见图7－8(e)。这种填料的特点是填料表面利用率好，气体的压降小。其缺点是两侧形状对称，装填后易出现局部叠合或架空现象，从而影响填料表面利用率，又因壁较薄，机械强度低而易破碎等；矩鞍形填料是弧鞍形填料的改进形式，即作成两面不对称，且大小不等，见图7－8(f)。在塔内不会互相叠合，而是处于相互勾连的状态，而且机械强度也有所提高。这种填料处理物料能力大，传质效果较好，液体分布均匀，气体阻力较小，不易堵塞。矩鞍填料的制造也较简单，是一种性能优良的新型填料。

(5)波纹填料与波纹网填料：波纹填料是由许多波纹薄板制成，各板高度相同但长短不等，搭配排列而成圆饼状，波纹与水平方向成45°倾角，相邻两板反向叠靠，使其波纹倾斜方向互相垂直。圆饼的直径略小于塔壳内径，各饼竖直叠放于塔内。相邻的上下两饼之间，波纹板片排列方向互成90°角。见图7－8(h)。波纹填料的特点是结构紧凑，比表面积大，流体阻力小，液体每经过一层都得到一次再分布，故流体分布均匀，传质效果好。其缺点是填料装卸及清理困难，价格较高，不适宜处理有沉淀、黏度大、易结块的物料。波纹填料可用金属、陶瓷、塑料、玻璃钢等材料制造。根据不同的操作温度及物料的腐蚀性，选用适当的材料。波纹网填料是由金属丝网波纹片排列组成的波纹填料，属于网体填料。它是20世纪60年代以来研究和发展起来的一种性能良好的高效规整填料。波纹网填料是具有比表面积大、空隙率大、流体阻力小、传质效率高、操作弹性大和气液分布均匀等优点。适用于精密精馏和真空精馏。其缺点是不适宜于处理有沉淀及有杂质的物料，清洗、装卸困难，造价高等，因此其推广受到一定的限制。

2. 填料特性　填料是具有一定形状、结构和大小的固体元件，它对传质性能有非常大的影响，其主要表现为如下特性指标：

(1)比表面积：单位体积填料层所具有的表面积称为填料的比表面积，以 a 表示，其单位为 m^2/m^3。显然，填料应具有较大的比表面积，以增大塔内传质面积。填料的表面只有被流动的液相所润湿，才能构成有效的传质面积。因此，若希望有较高的传质速率，除需有大的比表面积之外，还要求填料有良好的润湿性能及有利于液体均匀分布的形状。

(2)空隙率：单位体积填料层所具有的空隙体积称为填料的空隙率，以 ε 表示，其单位为 m^3/m^3。一般说来，填料的空隙率多在0.45～0.95范围以内。当填料的空隙率较高时，气液通过能力大，且气流阻力小，操作弹性范围较宽。

(3)填料因子：由上面两填料特性组合而成的 a/ε^3(单位为 1/m)形式，自然数为干填料因子，它是表示填料阻力及液泛条件的重要参数之一。但填料经液体喷淋后表面被覆盖了液膜，其 a 与 ε 均有所改变，故把有液体喷淋的条件下实测的 a/ε^3 相应数值，称为湿填料因子，亦称为填料因子，以 Φ 表示，单位亦为 1/m，它更能确切地表示填料被淋湿后的流体力不特性。在下面将介绍的填料塔流体力学特性中可了解到，Φ 值小则填料层阻力小，发生液泛时气流速度高，亦即流体力学性能好。

（4）具有适宜的填料尺寸和堆积密度：单位体积内堆积填料的数目与填料的尺寸大小有关。对同一种填料而言，填料尺寸小，堆积的填料数目多，比表面积大，空隙率小，则气体流动阻力大；反之填料尺寸过大，在靠近塔壁处，由于填料与塔壁之间的空隙大，易造成气体由此短路，使气体沿塔截面分布不均匀，为此，填料的尺寸不应大于塔径的 1/10～1/8。单位体积填料的质量为填料的堆积密度，以 ρ 表示，其单位为 kg/m^3。在机械强度允许的范围内，稀填料壁薄，从而可减小堆积密度 ρ 值，又可降低成本。

3. 填料要求　填料是填料塔的核心元件，填料塔操作性能的好坏及设备投资与所选用的填料有直接关系。填料塔对填料的基本要求有：

（1）传质效率高，要求填料能提供大的传质面积，即要求具有大的比表面积，并要求填料表面易被所用吸收剂润湿，只有润湿的表面才是气液接触面。

（2）产生能力大，气体的压降小，对填料层的空隙大。

（3）不易引起偏流和沟流。

（4）经久耐用，即具有良好的耐腐蚀性、较高的机械强度和必要的耐热性。

（5）取材容易，价格便宜。

4. 填料塔附件　填料塔的附件包括填料支承、填料压板、液体分布装置及再分布装置、气液体进口及出口装置等。

（1）填料支承装置：填料塔中，支承装置的作用是支承填料及填料上的持液量，因此支承装置应有足够的机械强度，为了保证不在支承装置上首先发生液泛，其自由截面积应大于填料层中的空隙。常用的支承装置有栅板式和升气管式，如图 7－9 所示。

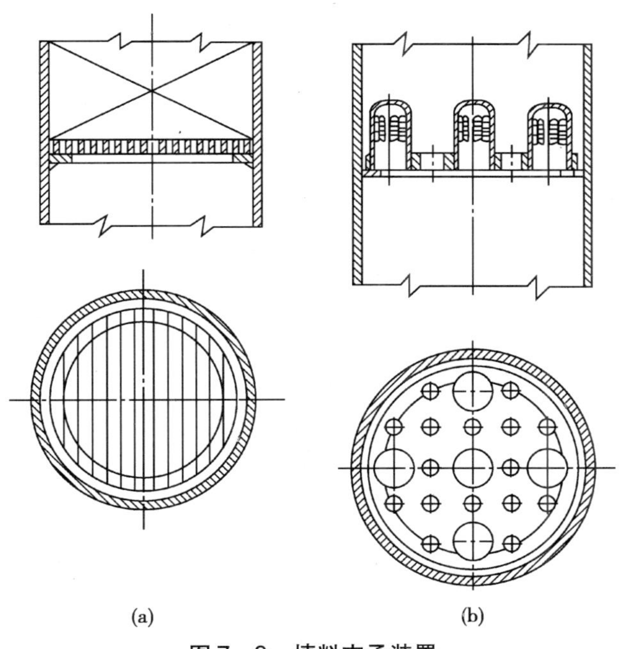

图 7－9　填料支承装置

栅板式支承装置是由竖立的扁钢条焊接而成,扁钢条的间距应为填料外径的60% ~ 70%。为了解决支承装置的强度与自由截面积之间的矛盾,特别是为了适应高空隙率填料的要求,可采用升气管支承装置。气体由升气管上升,通过气道顶部的孔及侧面的齿缝进入填料层,而液体则由支承装置底板上的上孔流下,气体、液体分道而行,彼此很小干扰。升气管有圆形的,多为瓷制;也有条形的,多为金属制。此种型式的支承装置气体流通面积可以很大。

(2)液体分布装置:液体分布装置对填料塔的操作影响很大,若液体分布不均匀,则填料层内的有效润湿面积会减少,并可能出现偏流和沟流现象,影响传质效果。常用的液体分布装置有喷洒分布器、盘式分布器、齿槽式分布器和多孔环管式分布器等,如图7-10所示。

喷洒式分布器(莲蓬式)见图7-10(a)。一般用于直径小于600mm的塔中。其优点是结构简单。主要缺点是小孔易于堵塞,因而不适用于处理污浊液体,操作时液体的压头必须维持恒定,否则喷淋半径改变影响液体分布的均匀性,此外,当气量较大时,会产生并夹带较多的液沫。

盘式分布器见图7-10(b)和图7-10(c)。液体加至分布盘上,盘底装有许多直径及高度均相同的溢流短管,称为溢流管式。在溢流管的上端开缺口,这些缺口位于同一水平面上,便于液体均匀地流下。盘底开有筛孔的称为筛孔式,筛孔式的分布效果较溢流管式好,但溢流管式的自由截面积较大,且不易堵塞。

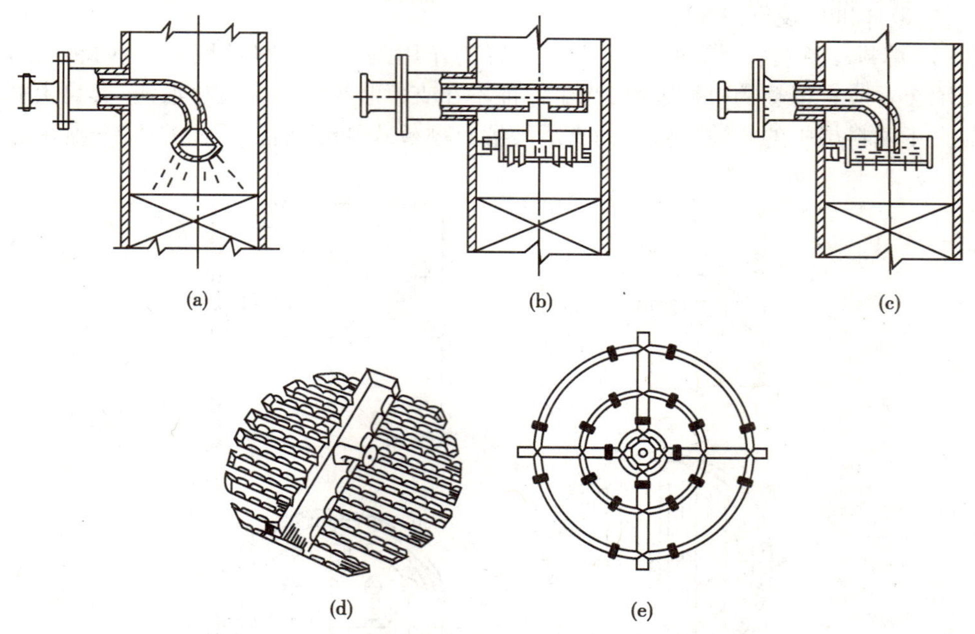

图7-10 液体分布装置

(a)喷洒式分布器;(b)、(c)盘式分布器;(d)齿槽式分布器;(e)多孔环管式分布器

盘式分布器常用于直径较大的塔中,此类分布器制造比较麻烦,但可以基本保证液体的均匀分布。

齿槽式分布器见图7-10(d),液体先经过主干齿槽向其下导层各条形齿槽作第一级分布，然后再向填料层上面分布。这种分布器自由截面积大，工作可靠，多为大直径塔所采用。

多孔环管式分布器见图 7－10(e)，由多孔圆形盘管、连接管及中央进料管组成。它可知应较大的液体流量波动，对气体的阻力较不。但被分布的液体必须清洁，否则易将管壁上上孔堵塞。

(3)液体再分布器：液体在乱堆填料层向下流动时，有一种逐渐偏向塔壁的趋势，即壁流现象。为改善壁流造成的液体分布不均，在填料层中每隔一定高度应设置一液体再分布器。常用的液体再分布器为截锥式再分布器，如图 7－11 所示。其中图 7－11(a)的结构最简单，它是将截锥筒体焊在塔壁上。截锥筒本身不占空间，其上下仍能充满填料。图 7－11(b)的结构是在截锥筒的上方加设支承板，截锥下面要隔一段距离再放填料。

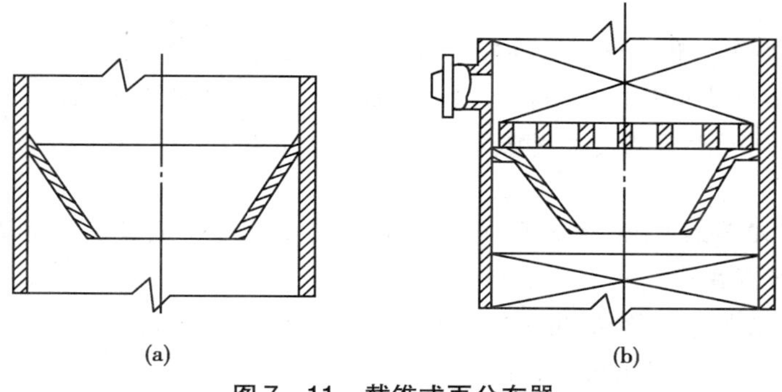

图 7－11 截锥式再分布器

安排再分布装置时，应注意其自由截面积不得小于填料层的自由截面积，以免当气速增大时首先在此处发生液泛。

对于整砌填料，一般不需设再分布装置，因为在这种填料层中液体沿竖直方向流下，很少有趋向塔壁的效应。

(4)气液进出口装置：液体的出口装置既要便于塔内排液，又要防止夹带气体，常用的液体出口装置可采用水封装置。若塔的内外压差较大时，又可采用倒 U 形管密封装置。

填料塔的气体进口装置应具有防止塔内下流的液体进入管内，又能使气体在塔截面积上分布均匀两个功能。对于塔径在 500mm 以下的小塔，常见的方式是使进气管伸至塔截面的中心位置，管端作成 45°向下倾斜的切口或向下弯的喇叭口，对于大塔可采用盘管式结构的进气装置。

气体出口装置应能保证气流的畅通，并能尽量除去被气体夹带的液体雾沫，故应在塔内装设除沫装置，以分离出气体中所夹带的雾沫。常用的除沫装置有折板除雾器、填料除雾器和丝网除雾器等。

知识链接

填料塔与板式塔性能比较

用于吸收的设备除了有填料塔还有板式塔，它的气液传质部件就是塔板。填料塔与板式塔在吸收和精馏操作中是广泛应用的传质塔设备，各有其特点，现将主要性能比较于下：

(1)填料塔操作范围较小，对于液体负荷变化更为敏感。当液体负荷较小时，填料表面不能很好的润湿，使传质效果急剧下降；当液体负荷过大时，则容易产生液泛。而设计良好的板式塔，则具有较大的操作范围。

(2)填料塔不宜处理易聚合或含有固体悬浮物的物料，而某些类型的板式塔(如大孔径筛板、泡罩塔等)则可以有效地处理这些物料。另外板式塔比填料塔易于清洗。

(3)当气、液接触过程中需要冷却以移除反应热或溶解热时，填料塔因涉及液体均布问题而使结构复杂化。板式塔则可较容易地在塔板上安装冷却盘管。

(4)填料塔适用于生产规模较小场合。而板式塔塔径一般不小于0.6m，否则安装困难。

(5)普通填料塔因结构简单，所以塔径在0.8m以下的造价一般较板式塔便宜。直径大时则昂贵。

(6)对于易起泡的物系，填料塔更为合适，因为填料对泡沫有限制和破碎作用。

(7)填料塔可处理强腐蚀物系，则可采用瓷质填料。

(8)对热敏性物系宜于采用填料塔，因为填料塔内持液量比板式塔少，物料在塔内停留时间短。

(9)填料塔的压降比板式塔的压降小，因而对真空操作更为适宜。此外也降低能耗。

(10)对于气膜控制传质过程，填料塔便于调整气速。

二、填料塔的流体力学特性

填料塔的重要流体力学特性是气体通过填料层的压力降。它可以反映填料塔的操作是否正常。图7-12所示的是在逆流操作的填料塔内，对于不同液体喷淋量时，单位高度填料层压力降 Δp 与空塔气速 u 的关系。图中的A线是没有液体喷淋时即气体通过干填料层时 Δp 与 u 的关系；B线是一定喷淋量液体时 Δp 与 u 的关系；而C线是喷淋量比B线还大时的 Δp 与 u 的关系。填料层阻力的压力降随填料的类型与尺寸而不同，但这种关系图线都大致相似。在L点以下，B、C两线几乎与A线平行，这表明由于气速较低，填料层内液体向下流动几乎与气速无关，填料表面持液量保持一定。当空塔气速达到L点时，此时的气速已使上升气流开始阻碍液体顺利流下，使填料表面持液量增多，占去更多空隙，压力降比前增加的快。此种现象称为载液，L点称为载点。

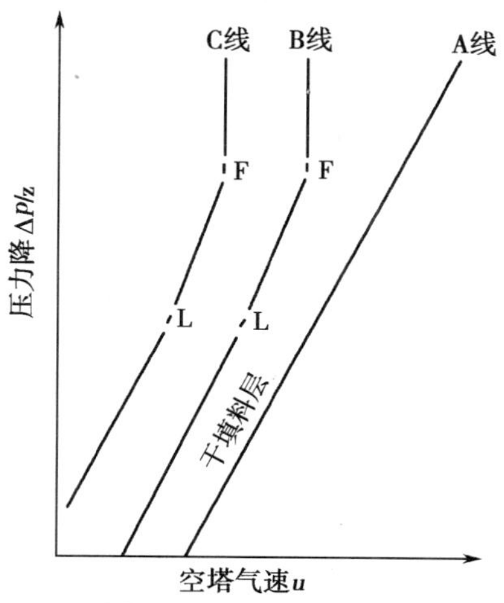

图7-12 填料层的压力降与空塔气速的关系

当气速再持续增大到F点相当的数值时，此时压力降急剧上升，上升气流已增加到足以阻止液体流下，于是液体充满填料层空隙，气体只能鼓泡上升。随之，液体被气流带出塔顶，塔的操作极不稳定，甚至不能分离。此种现象称为液泛，F点称为泛点。填料塔的正常操作状态是在泛点以下。当液体喷淋量加大，液泛就会提前出现或者说在较小气速下就会出现液泛。因此在操作时，可根据塔内的压差来判断塔内操作状态是否正常。塔内压差过大，说明塔内阻力大，气、液接触不良，致使吸收操作过程恶化。

三、填料吸收塔的操作

1. 开车前的准备

(1)对吸收系统进行吹净、清洗、试漏和气体置换，达到合格要求。

(2)检查相关流体输送设备、管道、阀门、分析取样点及电器、仪表等必须正常完好。

(3)检查吸收剂的质量和用量是否符合生产要求。

(4)检查系统所有阀门的开、关位置，应符合开车要求。

(5)与前后及有关生产岗位联系，做好开车准备。

2. 开车的主要步骤

(1)向填料塔内充压至操作压力(常压操作不进行该项工作)。

(2)启动吸收剂送液泵，打开塔顶液体进口阀向塔内送液，调节塔顶喷淋量至生产要求。

(3)打开塔底溶液出口阀调节流量，使塔底液面保持规定的高度。

(4)启动送气设备、打开塔底气体进口阀，向塔内送入原料混合气，适当开启放空阀调节系统压力。

(5)取样分析，当出塔尾气、出塔溶液浓度符合生产要求时，关闭放空阀，即可投入正常生产。

3. 要使吸收塔及有关其他设备正常生产并发挥它的效能和延长使用寿命，应做到严格按操作规程操作，还要做到以下事项：

(1)定时取样分析进气浓度、进塔吸收剂质量、温度以及出塔尾气、出塔溶液浓度是否符合生产要求并采取相应的措施控制在规定的范围。

(2)控制进塔气体的压力和流速不宜过大，否则会影响气、液两相的接触效率，甚至使操作不稳定。

(3)在保证吸收率和其他工艺指标的前提下，尽量减少吸收剂的用量。

(4)控制塔底与塔顶压力，防止塔内压差过大。压差过大，说明塔内阻力大，气、液接触不良。致使吸收操作过程恶化。

(5)经常调节排放阀，保持吸收塔液面稳定。

(6)经常检查泵的运转情况，以保证原料气和吸收剂流量的稳定。

(7)填料吸收塔系统在运行过程中，由于工艺条件发生变化、操作不慎或设备发生故障等原因而造成不正常现象。一经发现，应及时处理，以免造成事故。

4. 停车　填料塔的停车包括临时停车(短期停车)、紧急停车和长期停车。

(1)临时停车操作要点：

1)关闭进、出塔的气体阀门及送气设备。

2)关闭塔的液体进口、出阀，停泵。

3)关闭其他相关设备的进出口阀门。

临时停车后系统仍处于正压状况(加压操作)。

(2)如遇全厂停电或发生重大事故等紧急情况时需紧急停车，其操作要点是：

1)迅速关闭原料混合气的进塔阀门并立即与前道岗位联系停止送气。

2)按临时停车方法处理。

(3)当吸收塔需要检修、更换填料或其他情况需长期停车，其操作要点是：

1)按临时停车操作，然后开启系统放空阀，卸掉系统压力。

2)将塔内溶液排放到溶液贮槽，用清水洗净吸收塔，再用规定的气体置换达到合格为止。

5. 正常维护要点

(1)定期检查、清理或更换喷淋装置或溢流管，保持不堵、不斜、不坏。

(2)定期检查填料支承板的腐蚀程度，防止因腐蚀而塌落。

(3)定期检查塔体有无渗漏现象，发现后应及时补修。

(4)定期排放塔底积存脏物和碎填料。

学习小结

一、学习内容

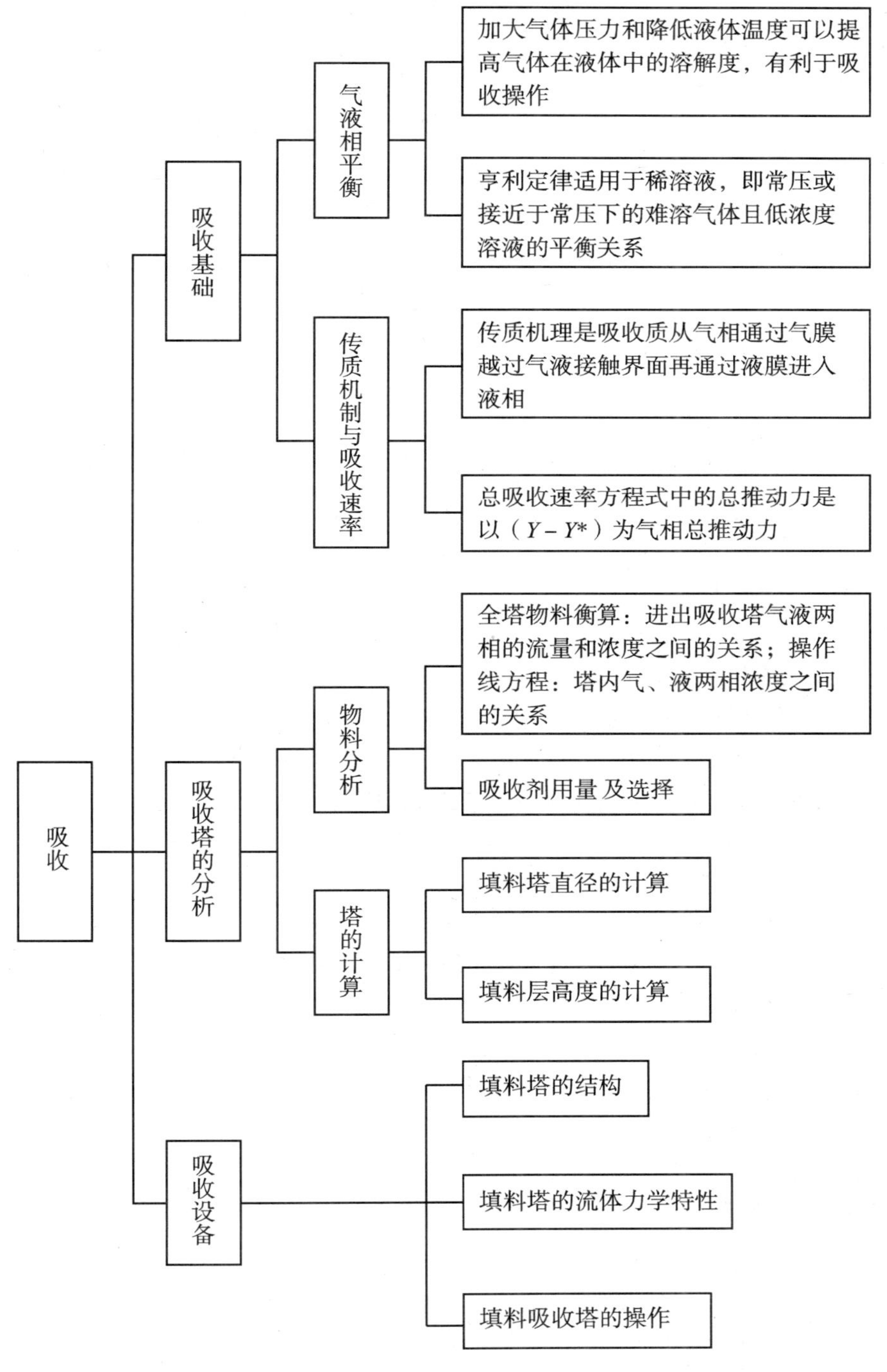
吸收
吸收基础
气液相平衡
加大气体压力和降低液体温度可以提高气体在液体中的溶解度，有利于吸收操作
亨利定律适用于稀溶液，即常压或接近于常压下的难溶气体且低浓度溶液的平衡关系
传质机制与吸收速率
传质机理是吸收质从气相通过气膜越过气液接触界面再通过液膜进入液相
总吸收速率方程式中的总推动力是以（Y－Y*）为气相总推动力
吸收塔的分析
物料分析
全塔物料衡算：进出吸收塔气液两相的流量和浓度之间的关系；操作线方程：塔内气、液两相浓度之间的关系
吸收剂用量及选择
塔的计算
填料塔直径的计算
填料层高度的计算
吸收设备
填料塔的结构
填料塔的流体力学特性
填料吸收塔的操作

二、学习方法

通过了解吸收操作目的、作用和过程特点掌握基本概念、基本原理及公式的基本计算，通过具体实例和目标检测学会基本理论的应用，并由此了解吸收设备的类型、结构和操作过程，从而提高分析问题和解决问题的能力。例如在生产中，操作设备不变（即塔径、填料层高度不变），而操作参数发生变化（由于某种原因使进塔气体的浓度增大），此时应采取何种措施才能达到原分离要求（如出塔气体的浓度不增大）？我们可对全塔物料衡算方程式 $V(Y_1-Y_2)=L(X_1-X_2)$ 作分析：Y_1 增大而 Y_2、V 不变，等号左边的值增大，则等号右边的值也增大，由于 X_1、X_2 都不变，因此应采取的措施是增大吸收剂用量 L（假设在正常操作范围内）。我们只有将所学知识与生产实际相结合才能提高操作技能，而生产操作的正确措施是来源于理论指导。

目 标 检 测

一、选择题

（一）单项选择题

1. 选择吸收剂时不需要考虑的是（　　）。
   A. 对溶质的溶解度　　B. 对溶质的选择性
   C. 操作条件下的挥发度　　D. 操作温度下的密度
2. 能显著增大吸收速率的是（　　）。
   A. 增大气体总压　　B. 增大吸收质的分压
   C. 增大易溶气体的流速　　D. 增大难溶气体的流速
3. 改善液体的壁流现象的装置是（　　）。
   A. 填料支承　　B. 液体分布　　C. 液体再分布器　　D. 除沫
4. 吸收过程中一般多采用逆流流程，主要是因为（　　）。
   A. 流体阻力最小　　B. 传质推动力最大
   C. 流程最简单　　D. 操作最方便
5. 吸收操作的依据是利用气体组分间（　　）的差别。
   A. 挥发度　　B. 密度　　C. 黏度　　D. 溶解度
6. 吸收操作的条件是（　　）。
   A. 高压、低温　　B. 高压、高温　　C. 低压、低温　　D. 高压、高温
7. 吸收过程是溶质（　　）的传递过程。
   A. 从气相向液相　　B. 气液两相之间
   C. 从液相向气相　　D. 任一相态
8. “液膜控制”吸收过程的条件是（　　）。
   A. 易溶气体，气膜阻力可忽略　　B. 难溶气体，气膜阻力可忽略
   C. 易溶气体，液膜阻力可忽略　　D. 难溶气体，液膜阻力可忽略
9. 对难溶气体，如欲提高其吸收速率，较有效的手段是（　　）。
   A. 增大液相流速　　B. 增大气相流速

C. 减小液相流速 D. 减小气相流速

10. 吸收塔尾气超标，可能引起的原因是( )。

A. 塔压增大 B. 吸收剂降温

C. 吸收剂用量增大 D. 吸收剂用量减小

11. 吸收进行的条件是吸收质在气相中的浓度应( )。

A. 大于液相浓度

B. 大于它与液相主体浓度成平衡的气相浓度

C. 等于它与液相主体浓度成平衡的气相浓度

D. 小于它与液相主体浓度成平衡的气相浓度

12. 吸收塔开车操作时，应( )。

A. 先通入气体后进入喷淋液体 B. 增大喷淋量总是有利于吸收操作的

C. 先进入喷淋液体后通入气体 D. 先进气体或液体都可以

13. 在进行吸收操作时，吸收操作点总是位于平衡线的( )。

A. 上方 B. 下方 C. 重合 D. 不一定

（二）多项选择题

1. 提高吸收率的方法有( )。

A. 增加填料层高度 B. 降低操作压力 C. 降低液体温度

D. 增加吸收推动力 E. 增大液体喷淋量

2. 下述说法正确的是( )。

A. 溶解度系数 H 值很大，为易溶气体

B. 亨利系数 E 值越大，为易溶气体

C. 亨利系数 E 值越大，为难溶气体

D. 平衡常数 m 值越大，为难溶气体

E. 温度越高，亨利系数 E 值越小

3. 吸收塔在正常操作时若适量减小进塔液体量，下列哪些情况将发生？( )

A. 出塔液体浓度增加，回收率增加

B. 出塔液体浓度增加，回收率降低

C. 出塔气体浓度与出塔液体浓度均增加

D. 出塔气体浓度增加，但出塔液体浓度不变

E. 出塔气体浓度增加，但出塔液体浓度不变

4. 吸收操作在工业生产中的应用是( )。

A. 分离气液混合物 B. 分离混合气体以获得一个或几个组分

C. 除去有害组分以净化气体 D. 制取成品

E. 废气处理

二、简答题

1. 吸收操作的依据是什么？

2. 填料的作用是什么？

3. 何谓液泛？

4. 塔底液体出口处为何要液封？

5. 一逆流操作的吸收塔，若气体出口浓度大于规定值，试分析其原因并提出改进的措施。

三、实例分析

1. 在常压填料吸收塔中，以清水吸收焦炉气中的氨气。标准状况下，焦炉气中氨的浓度为 0.01kg/m^3、流量为 5000m^3/h。要求回收率不低于 99%，若吸收剂用量为最小用量的 1.5 倍。混合气体进塔的温度为 30℃，空塔速度为 1.1m/s。操作条件下平衡关系为 $Y=1.2X$。气相体积吸收总系数 $K_Ya=200$kmol/(m^3·h)。试求填料层高度。

2. 有一填料吸收塔，在 28℃及 101.3kPa，用清水吸收 200m^3/h 氨—空气混合气中的氨，使其含量由 5% 降低到 0.04%（均为摩尔%）。填料塔直径为 0.8，填料层体积为 3m^3，平衡关系 $Y^*=1.4X$，已知 $K_Ya=38.5$kmol/h。问：(1)出塔氨水浓度为出口最大浓度的 80% 时，该塔能否使用？(2)若在上述操作条件下，将吸收剂用量增大 10%，该塔能否使用？（注：在此条件下不会发生液泛）

（印建和）

附　　录

一、单位换算表

1. 质量

kg	t(吨)	[磅]
1	0.001	2.20462
1000	1	2204.62
0.4536	4.536×10^{-4}	1

2. 长度

m	[英寸]	[英尺]	[码]
1	39.3701	3.2808	1.09361
0.025400	1	0.073333	0.02778
0.30480	12	1	0.33333
0.9144	36	3	1

3. 力

N	[千克](力)	[磅]力	dyn
1	0.102	0.2248	1×10^{3}
9.80665	1	2.2046	9.80665×10^{5}
4.448	0.4536	1	4.448×10^{3}
1×10^{-5}	1.02×10^{-6}	2.248×10^{-6}	1

4. 压强

Pa	bar	[千克(力)/厘米^2]	[大气压](atm)	mmH_2O	mmHg	[磅/英寸^2]
1	1×10^{-5}	1.02×10^{-5}	0.99×10^{-5}	0.102	0.0075	14.5×10^{-5}
1×10^{5}	1	1.02	0.9869	10197	750.1	14.5
98.07×10^{3}	0.9807	1	0.9678	1×10^{4}	735.56	14.2
1.01325×10^{5}	1.013	1.0332	1	1.033×10^{4}	760	14.697
9.807	98.07	0.0001	0.9678×10^{-4}	1	0.0736	1.423×10^{-3}
133.32	1.333×10^{-3}	0.136×10^{-2}	0.00132	13.6	1	0.01934
6894.8	0.06895	0.0703	0.068	703	51.71	1

本附录中非法定单位制度中的单位符号均用中文加括号书写

二、某些气体的重要物理性质

名称	分子式	密度(0℃, 101.33kPa) kg/m³	比热容 kJ/(kg·℃)	黏度 μ×10⁵ Pa·s	沸点(101.33kPa) ℃	气化热 kJ/kg	临界点		导热系数 W/(m·℃)
							温度℃	压强 kPa	
空气	—	1.293	1.009	1.73	-195	197	-140.7	3768.4	0.0244
氧	O_2	1.429	0.653	2.03	-132.98	213	-118.82	5036.6	0.0240
氮	N_2	1.251	0.745	1.70	-195.78	199.2	-147.13	3392.5	0.0228
氢	H_2	0.0899	10.13	0.842	-252.75	454.2	-239.9	1296.6	0.163
氦	He	0.1785	3.18	1.88	-268.95	19.5	-267.96	228.94	0.144
氩	Ar	1.7820	0.322	2.09	-185.87	163	-122.44	4862.4	0.0173
氯	Cl_2	3.217	0.355	1.29 (16℃)	-33.8	305	+144.0	7708.9	0.0072
氨	NH_3	0.771	0.67	0.918	-33.4	1373	+132.4	11295	0.0215
一氧化碳	CO	1.250	0.754	1.66	-191.48	211	-140.2	3497.9	0.0226
二氧化碳	CO_3	1.976	0.653	1.37	-78.2	574	+31.1	7384.8	0.0137
二氧化硫	SO_2	2.927	0.502	1.17	-10.8	394	+157.5	7879.1	0.0077
二氧化氮	NO_2	—	0.615	—	+21.2	712	+158.2	10130	0.0400
硫化氢	H_2S	1.539	0.804	1.166	-60.2	548	+100.4	19136	0.0131
甲烷	CH_4	0.717	1.70	1.03	-161.58	511	-82.15	4619.3	0.0300
乙烷	C_2H_6	1.357	1.44	0.850	-88.50	486	+32.1	4948.5	0.0180
丙烷	C_3H_8	2.020	1.65	0.795 (18℃)	-42.1	427	+95.6	4355.9	0.0148
正丁烷	C_4H_{10}	2.673	1.73	0.810	-0.5	386	+152	3798.8	0.0135
正戊烷	C_5H_{12}	—	1.57	0.874	-36.08	151	+197.1	3342.9	0.0128
乙烯	C_2H_4	1.261	1.222	0.985	+103.7	481	+9.7	5135.9	0.0164
丙烯	C_3H_6	1.914	1.436	0.835 (20℃)	-47.7	440	+91.4	4599.0	—
乙炔	C_2H_2	1.171	1.353	0.935	-83.66(升华)	829	+35.7	6240.0	0.0184
氯甲烷	CH_3Cl	2.308	0.582	0.989	-24.1	406	+148	6685.8	0.0085
苯	C_6H_6	—	1.139	0.72	+80.2	394	+288.5	4832.0	0.0088

三、某些液体的重要物理性质

名称	分子式	密度(20℃) kg/m³	沸点(101.33kPa)℃	气化热 kJ/kg	比热容(20℃) kJ/(kg·℃)	黏度(20℃) mPa·s	导热系数(20℃) W/(m·℃)	体积膨胀系数 β×10⁴ 1/℃(20℃)	表面张力 σ×10⁶ N/m (20℃)
水	H_2O	998	100	2528	4.183	1.005	0.599	1.82	72.8
氯化钠盐水(25%)	—	1186	107	—	3.39	2.3	0.57 (30℃)	(4.4)	—
氯化钙盐水(25%)	—	1228 (25%)	107	—	2.89	2.5	0.57	(3.4)	—

续表

名　称	分子式	密度(20℃) kg/m^3	沸点(101.33 kPa)℃	气化热 kJ/kg	比热容(20℃)kJ/(kg·℃)	黏度(20℃) mPa·s	导热系数(20℃) W/(m·℃)	体积膨胀系数 $\beta\times10^4$ 1/℃(20℃)	表面张力 $\sigma\times10^6$ N/m (20℃)
硫酸	H_2SO_4	1831	340(分解)	—	1.47(98%)	—	0.38	5.7	—
硝酸	HNO_3	1513	86	481.1	—	1.17(10℃)	—	—	—
盐酸(30%)	HCl	1149		—	2.55	2(31.5%)	0.42	—	—
二氧化硫	CS_2	1262	46.3	352	1.005	0.38	0.16	12.1	32
戊烷	C_5H_{12}	626	36.07	357.4	2.24(15.6℃)	0.229	0.113	15.9	16.2
己烷	C_6H_{14}	659	68.74	335.1	2.31(15.6℃)	0.313	0.119	—	18.2
庚烷	C_7H_{16}	684	98.43	316.5	2.21(15.6℃)	0.411	0.123	—	20.1
辛烷	C_8H_{18}	763	125.67	306.4	2.19(15.6℃)	0.540	0.131	—	21.8
三氯甲烷	$CHCl_3$	1489	61.2	253.7	0.992	0.58	0.138(30℃)	12.6	28.5(10℃)
四氯化碳	CCl_4	1594	76.8	195	0.850	1.0	0.12	—	26.8
二氯乙烷-1,2	$C_2H_4Cl_2$	1253	83.6	324	1.260	0.83	0.14(50℃)	—	30.8
苯	C_6H_6	879	80.10	393.9	1.704	0.737	0.148	12.4	28.6
甲苯	C_7H_8	867	110.63	363	1.70	0.675	0.138	10.9	27.9
邻二甲苯	C_8H_{10}	880	144.42	347	1.74	0.811	0.142	—	30.2
间二甲苯	C_8H_{10}	864	139.10	343	1.70	0.611	0.167	10.1	29.0
对二甲苯	C_8H_{10}	861	138.35	340	1.704	0.643	0.129	—	28.0
苯乙烯	C_8H_9	911(15.6℃)	145.2	(352)	1.733	0.72	—	—	—
氯苯	C_6H_5Cl	1106	131.8	325	1.298	0.85	0.14(30℃)	—	32
硝基苯	$C_6H_5NO_2$	1203	210.9	396	1.47	2.1	0.15	—	41
苯胺	$C_6H_5NH_2$	1022	184.4	448	2.07	4.3	0.17	8.5	42.9
酚	C_6H_5OH	1050(50℃)	181.8 熔点 40.9	511	—	3.4(50℃)	—	—	—
萘	$C_{16}H_8$	1145(固体)	217.9(熔点 80.2)	314	1.80(100℃)	0.59(100℃)	—	—	—
甲醇	CH_3OH	791	64.7	1101	2.48	0.6	0.212	12.2	22.6
乙醇	C_3H_5OH	789	78.3	846	2.39	1.15	0.172	11.6	22.8

续表

名　称	分子式	密度（20℃）kg/m^3	沸点（101.33 kPa）℃	气化热 kJ/kg	比热容（20℃）kJ/（kg·℃）	黏度（20℃）mPa·s	导热系数（20℃）W/（m·℃）	体积膨胀系数 $\beta\times10^4$ 1/℃（20℃）	表面张力 $\sigma\times10^6$ N/m（20℃）
乙醇（95%）		804	78.2	—	—	1.4	—	—	—
乙二醇	$C_2H_4(OH)_2$	1113	197.6	780	2.35	23	—	—	47.7
甘油	$C_3H_5(OH)_3$	1261	290（分解）	—	—	1499	0.59	5.3	63
乙醚	$(C_2H_5)_2O$	714	34.6	360	2.34	0.24	0.14	16.3	18
乙醛	CH_3CHO	783（18℃）	20.2	574	1.9	1.3（18℃）	—	—	21.2
糠醛	$C_5H_4O_2$	1168	161.7	452	1.6	1.15（50℃）	—	—	43.5
丙酮	CH_3COCH_3	792	56.2	523	2.35	0.32	0.17	—	23.7
甲酸	HCOOH	1220	100.7	494	2.17	1.9	0.26	—	27.8
醋酸	CH_3COOH	1049	118.1	406	1.99	1.3	0.17	10.7	23.9
醋酸乙酯	$CH_3COOC_2H_5$	901	77.1	368	1.92	0.48	0.14（10℃）	—	—
煤油	—	780～820	—	—	—	3	0.15	10.0	—
汽油	—	680～800	—	—	—	0.7～0.8	0.19（30℃）	12.5	—

四、某些固体材料的重要物理性质

名　称	密度 kg/m^3	导热系数 W/（m·℃）	比热容 kJ/（kg·℃）
（1）金属			
钢	7850	45.3	0.46
不锈钢	7900	17	0.50
铸铁	7220	62.8	0.50
铜	8800	383.8	0.41
青铜	8000	64.0	0.38
黄铜	8600	85.5	0.38
铝	2670	203.5	0.92
镍	9000	58.2	0.46
铬	11 400	34.9	0.13
（2）塑料			
酚醛	1250～1300	0.13～0.26	1.3～1.7
尿醛	1400～1500	0.30	1.3～1.7
聚氯乙烯	1380～1400	0.16	1.8

续表

名　称	密度 kg/m³	导热系数 W/(m·℃)	比热容 kJ/(kg·℃)
聚苯乙烯	1050～1070	0.08	1.3
低压聚乙烯	940	0.29	2.6
高压聚乙烯	920	0.26	2.2
有机玻璃	1180～1190	0.14～0.20	—
(3)建筑、绝缘、耐酸材料及其他			
干沙	1500～1700	0.45～0.48	0.8
黏土	1600～1800	0.47～0.53	0.75(-20～20℃)
锅炉炉渣	700～1100	0.19～0.30	—
黏土砖	1600～1900	0.47～0.67	0.92
耐火砖	1840	1.05(800～1100℃)	0.88～1.0
绝缘砖(多孔)	600～1400	0.16～0.37	—
混凝土	2000～2400	1.3～1.55	0.84
松木	500～600	0.07～0.10	2.7(0～100℃)
软木	100～300	0.041～0.064	0.96
石棉板	770	0.11	0.816
石棉水泥板	1600～1900	0.35	—
玻璃	2500	0.74	0.67
耐酸陶瓷制品	2200～2300	0.90～1.0	0.75～0.80
耐酸砖和板	2100～2400	—	—
耐酸搪瓷	2300～2700	0.99～1.04	0.84～1.26
橡胶	1200	0.16	1.38
冰	900	2.3	2.11

五、空气的重要物理性质

温度 t ℃	密度 ρ kg/m³	比热容 c_p kJ/(kg·℃)	导热系数 $\lambda \times 10^2$ W/(m·℃)	黏度 $\mu \times 10^5$ Pa·s	普兰特准数 Pr
-50	1.584	1.013	2.035	1.46	0.728
-40	1.15	1.013	2.117	1.52	0.728
-30	1.453	1.013	2.198	1.57	0.723
-20	1.395	1.009	2.279	1.62	0.716
-10	1.342	1.009	2.360	1.67	0.712
0	1.293	1.005	2.442	1.72	0.707
10	1.247	1.005	2.512	1.77	0.705
20	1.205	1.005	2.593	1.81	0.703
30	1.165	1.005	2.675	1.86	0.701
40	1.128	1.005	2.756	1.91	0.699
50	1.093	1.005	2.826	1.96	0.698
60	1.060	1.005	2.896	2.01	0.696
70	1.029	1.009	2.966	2.06	0.694

续表

温度 t ℃	密度 ρ kg/m^3	比热容 c_p kJ/(kg·℃)	导热系数 $\lambda\times10^2$ W/(m·℃)	黏度 $\mu\times10^5$ Pa·s	普兰特准数 Pr
80	1.000	1.009	3.047	2.11	0.692
90	0.972	1.009	3.128	2.15	0.690
100	0.946	1.009	3.210	2.19	0.688
120	0.898	1.009	3.338	2.29	0.686
140	0.854	1.013	3.489	2.37	0.684
160	0.815	1.017	3.640	2.45	0.682
180	0.779	1.022	3.780	2.53	0.681
200	0.746	1.026	3.931	2.60	0.680
250	0.674	1.038	4.288	2.74	0.677
300	0.615	1.048	4.605	2.97	0.674
350	0.566	1.059	4.908	3.14	0.676
400	0.524	1.068	5.210	3.31	0.678
500	0.456	1.093	5.745	3.62	0.687
600	0.404	1.114	6.222	3.91	0.699
700	0.362	1.135	6.711	4.18	0.706
800	0.329	1.156	7.176	4.43	0.713
900	0.301	1.172	7.630	4.67	0.717
1000	0.277	1.185	8.041	4.90	0.719
1100	0.257	1.197	8.502	5.12	0.722
1200	0.239	1.206	9.153	5.35	0.724

六、水的重要物理性质

温度 t/℃	密度 ρ/ (kg/m^3)	压强 $P\times10^{-5}$/Pa	黏度 $\mu\times10^5$/Pa·s	导热系数 $\lambda\times10^2$/ [W/(m·K)]	比热容 $c_p\times10^{-3}$/ [J/(kg·K)]	膨胀系数 $\beta\times10^4$/ (1/k)	表面张力 $\sigma\times10^3$/ (N/m^2)	普兰特准数 Pr
0	999.9	1.013	178.78	55.08	4.212	−0.63	75.61	13.66
10	999.7	1.013	130.53	57.41	4.191	+0.70	74.14	9.52
20	998.2	1.013	100.42	59.85	4.183	1.82	72.67	7.01
30	995.7	1.013	80.12	61.71	4.174	3.21	71.20	5.42
40	992.2	1.013	65.32	63.33	4.174	3.87	69.63	4.30
50	988.1	1.013	54.92	64.33	4.174	4.49	67.67	3.54
60	983.2	1.013	46.98	65.89	4.178	5.11	66.20	2.98
70	977.8	1.013	40.60	66.70	4.187	5.70	64.33	2.53
80	91.8	1.013	35.50	67.40	4.195	6.32	62.57	2.21
90	965.3	1.013	31.48	67.98	4.208	6.59	60.71	1.95
100	958.4	1.013	28.24	68.12	4.220	7.52	58.84	1.75
110	951.0	1.433	25.89	68.44	4.233	8.08	56.88	1.60
120	943.1	1.986	23.73	68.56	4.250	8.64	54.82	1.47

续表

温度 t/℃	密度 ρ/(kg/m³)	压强 P×10⁻⁵/Pa	黏度 μ×10⁵/Pa·s	导热系数 λ×10²/[W/(m·K)]	比热容 c_p×10⁻³/[J/(kg·K)]	膨胀系数 β×10⁴/(1/k)	表面张力 σ×10³/(N/m²)	普兰特准数 Pr
130	934.8	2.702	21.77	68.56	4.266	9.17	52.86	1.35
140	926.1	3.62	20.10	68.44	4.287	9.72	50.70	1.26
150	917.0	4.761	18.63	68.33	4.312	10.3	48.64	1.18
160	907.4	6.18	17.36	68.21	4.346	10.7	46.58	1.11
170	897.3	7.92	16.28	67.86	4.379	11.3	44.33	1.05
180	886.9	10.03	15.30	67.40	4.417	11.9	42.27	1.00
190	876.0	12.55	14.42	66.93	4.460	12.6	40.01	0.96
200	863.0	15.55	13.63	66.24	4.505	13.3	37.66	0.93
250	799.0	39.78	10.98	62.71	4.844	18.1	26.19	0.86
300	712.5	85.92	9.12	53.92	5.736	29.2	14.42	0.97
350	574.4	165.38	7.26	43.000	9.504	66.8	3.82	1.60
370	450.5	210.54	5.69	33.70	40.319	264	0.47	6.80

七、饱和水蒸气表(以温度为准)

温度 ℃	绝对压强		蒸汽的密度 kg/m²	焓				汽化热	
				液体		蒸汽			
	[千克(力)/厘米²]	kPa		[千卡/千克]	kJ/kg	[千卡/千克]	kJ/kg	[千卡/千克]	kJ/kg
0	0.0062	0.6082	0.00484	0	0	595	2491.1	595	2491.1
5	0.0089	0.8730	0.00680	5.0	20.94	597.3	2500.8	592.3	2479.89
10	0.0125	1.2262	0.00940	10.0	41.87	599.6	2510.4	589.6	2468.5
15	0.0174	1.7068	0.01283	15.0	62.80	602.0	2520.5	587.0	2547.7
20	0.0238	2.3346	0.01719	20.0	83.74	604.3	2530.1	584.3	2446.3
25	0.0323	3.1684	0.02304	25.0	104.67	606.6	2539.7	581.6	2435.0
30	0.0433	4.2474	0.03036	30.0	125.60	608.9	2549.3	578.9	2423.7
35	0.0573	5.6207	0.03960	35.0	146.54	611.2	2559.0	576.2	2412.4
40	0.0752	7.3766	0.05114	40.0	167.47	613.5	2568.6	573.5	2401.1
45	0.0977	9.5837	0.06543	45.0	188.41	61507	2577.8	570.7	2389.4
50	0.1258	12.340	0.0830	50.0	209.34	618.0	2587.4	568.0	2378.1
55	0.1605	15.743	0.1043	55.0	230.27	620.2	2596.7	565.2	2366.4
60	0.2031	19.923	0.1301	60.0	251.21	622.5	2606.3	562.0	2355.1
65	0.2550	25.014	0.1611	65.0	272.14	624.7	2615.5	559.7	2343.4
70	0.3177	31.164	0.1979	70.0	293.08	626.8	2624.3	556.8	2331.2
75	0.393	38.551	0.2416	75.0	314.01	629.0	26 633.5	554.0	2319.5
80	0.483	47.379	0.2929	80.0	334.94	631.1	2642.3	551.2	2307.8
85	0.590	57.875	0.3531	85.0	355.88	633.2	2651.1	548.2	2295.2
90	0.715	70.136	0.4229	90.0	376.81	635.3	2659.9	545.3	2283.1
95	0.862	84.556	0.5039	95.0	397.75	637.4	2668.7	542.4	2270.9
100	1.033	101.33	0.5970	100.0	418.68	639.4	2677.0	539.4	2258.4
105	1.232	120.85	0.7036	105.1	440.03	641.3	2685.0	536.3	2245.4
110	1.461	143.31	0.8254	110.1	460.97	643.3	2693.4	533.1	2232.0

续表

温度℃	绝对压强		蒸汽的密度 kg/m³	焓				汽化热	
	[千克(力)/厘米²]	kPa		液体		蒸汽		[千卡/千克]	kJ/kg
				[千卡/千克]	kJ/kg	[千卡/千克]	kJ/kg		
115	1.724	169.11	0.9635	115.2	482.32	645.2	2701.3	530.0	2219.0
120	2.025	198.64	1.1199	120.3	503.67	647.0	2708.9	526.7	2205.2
125	2.367	132.19	1.296	125.4	525.02	648.8	2716.4	523.5	2191.8
130	2.755	270.25	1.494	130.5	546.38	650.6	2723.9	520.1	2177.6
135	3.192	313.11	1.715	135.6	567.73	652.3	2731.0	516.7	2163.3
140	3.685	361.47	1.962	140.7	589.08	653.9	2737.7	513.2	2148.7
145	4.238	415.72	2.238	145.9	610.85	655.5	2744.4	509.7	2134.0
150	4.855	476.24	2.543	151.0	632.21	657.0	2750.7	506.0	2118.5
160	6.303	618.28	3.252	161.4	675.75	659.9	2762.9	498.5	2087.1
170	8.080	792.59	4.113	171.8	719.29	662.4	2773.3	490.6	2054.0
180	10.23	1003.5	5.145	182.3	763.25	664.6	2782.5	482.3	2019.3
190	12.80	1255.6	6.378	192.9	807.64	666.4	2790.1	473.5	1982.4
200	15.85	1554.77	7.840	203.5	852.01	667.7	2795.5	464.2	1943.5
210	19.55	1917.72	9.567	214.3	897.23	668.6	2799.3	454.4	1902.5
220	23.66	2320.88	11.60	225.1	942.45	669.0	2801.0	443.9	1858.5
230	28.53	2798.59	13.98	236.1	988.50	668.8	2800.1	432.7	1811.6
240	34.13	3347.91	16.76	247.1	1034.56	668.0	2796.8	420.8	1761.8
250	40.55	3977.67	20.01	258.3	1081.45	664.0	2790.1	408.1	1708.6
260	47.85	4693.75	23.82	269.6	1128.76	664.2	2780.9	394.5	1651.7
270	56.11	5503.99	28.27	281.1	1176.91	661.2	2768.3	380.1	1591.4
280	65.42	6417.24	33.47	292.7	1225.48	657.3	2752.0	364.6	1526.5
290	75.88	7443.29	39.60	304.4	1274.46	652.6	2732.3	348.1	1457.4
300	87.6	8592.94	46.93	316.6	1325.54	646.8	2708.0	330.2	1382.5
310	100.7	9877.96	55.59	329.3	1378.71	640.1	2680.0	310.8	1301.3
320	115.2	11 300.3	65.95	343.0	1436.07	632.5	2648.2	289.5	1212.1
330	131.3	12 879.6	78.53	357.5	1446.78	623.5	2610.5	266.6	1116.2
340	149.0	14 615.8	93.98	373.3	1562.93	613.5	2568.6	240.2	1005.7
350	168.6	16 538.5	113.2	390.8	1632.20	601.1	2516.7	210.3	880.5
360	190.3	18 667.1	139.6	413.0	1729.15	583.4	2442.6	170.3	713.0
370	214.5	21 040.9	171.0	451.0	1888.25	549.8	2301.9	98.2	411.1
374	225	22 070.9	322.6	501.1	2098.0	501.1	2098.0	0	0

八、饱和水蒸气表(以 kPa 为单位的压强为准)

绝对压强 kPa	温度℃	蒸汽的密度 kg/m³	焓 kJ/kg		汽化热 kJ/kg
			液体	蒸汽	
1.0	6.3	0.00773	26.48	2503.1	2476.8
1.5	12.5	0.01133	52.26	2515.3	2463.0
2.0	17.0	0.01488	71.21	2524.2	2452.9
2.5	20.9	0.01836	87.45	2531.8	2444.3
3.0	23.5	0.02179	98.38	2536.8	2438.4

续表

绝对压强 kPa	温度℃	蒸汽的密度 kg/m³	焓 kJ/kg		汽化热 kJ/kg
			液体	蒸汽	
3. 5	26. 1	0. 02523	109. 30	2541. 8	2432. 5
4. 0	28. 7	0. 02867	120. 23	2546. 8	2426. 6
4. 5	30. 8	0. 03205	129. 00	2550. 9	2421. 9
5. 0	32. 4	0. 03537	135. 69	2554. 0	2418. 3
6. 0	35. 6	0. 04200	149. 06	2560. 1	2411. 0
7. 0	38. 8	0. 04864	162. 44	2566. 3	2403. 8
8. 0	41. 3	0. 05514	172. 73	2571. 0	2398. 2
9. 0	43. 3	0. 06156	181. 16	2574. 8	2393. 6
10	45. 3	0. 06798	189. 59	2578. 5	2388. 9
15	53. 5	0. 09956	224. 03	2594. 0	2370. 0
20	60. 1	0. 13068	251. 51	2606. 4	2854. 9
30	66. 5	0. 19093	288. 77	2622. 4	2333. 7
40	75. 0	0. 24975	315. 93	2634. 1	2312. 2
50	81. 2	0. 30799	339. 80	2644. 3	2304. 5
60	85. 6	0. 36514	358. 21	2652. 1	2393. 9
70	89. 9	0. 42229	376. 61	2659. 8	2283. 2
80	93. 2	0. 47807	390. 08	2665. 3	2275. 3
90	96. 4	0. 53384	403. 49	2670. 8	2267. 4
100	99. 6	0. 58961	416. 90	2676. 3	2259. 5
120	104. 5	0. 69868	437. 51	2684. 3	2246. 8
140	109. 2	0. 80758	457. 67	2692. 1	2234. 4
160	113. 0	0. 82981	473. 88	2698. 1	2224. 2
180	116. 6	1. 0209	489. 32	2703. 7	2214. 3
200	120. 2	1. 1273	493. 71	2709. 2	2204. 6
250	127. 2	1. 3904	534. 39	2719. 7	2185. 4
300	133. 3	1. 6501	560. 38	2728. 5	2168. 1
350	138. 8	1. 9074	583. 76	2736. 1	2152. 3
400	143. 4	2. 1618	603. 61	2742. 1	2138. 5
450	147. 7	2. 4152	622. 42	2747. 8	2125. 4
500	151. 7	2. 6673	639. 59	2752. 8	2113. 2
600	158. 7	3. 1686	670. 22	2761. 4	2091. 1
700	164. 7	3. 6657	696. 27	2767. 8	2071. 5
800	170. 4	4. 1614	720. 96	2773. 7	2052. 7
900	175. 1	4. 6525	741. 82	2778. 1	2036. 2
1×10^3	179. 9	5. 1432	762. 68	2782. 5	2019. 7
1.1×10^3	180. 2	5. 6339	780. 34	2785. 5	2005. 1
1.2×10^3	187. 8	6. 1241	797. 92	2788. 5	1990. 6
1.3×10^3	191. 5	6. 6141	814. 25	2790. 9	1976. 7
1.4×10^3	194. 8	7. 1038	829. 06	2792. 4	1963. 7
1.5×10^3	198. 2	7. 5935	843. 86	2794. 5	1950. 7
1.6×10^3	201. 3	8. 0814	857. 77	2796. 0	1938. 2
1.7×10^3	204. 1	8. 5674	870. 58	2797. 1	1926. 5
1.8×10^3	206. 9	9. 0533	883. 39	2798. 1	1914. 8
1.9×10^3	209. 8	9. 5392	896. 21	2799. 2	1903. 0
2×10^3	212. 2	10. 0338	907. 32	2799. 7	1892. 4
3×10^3	233. 7	15. 0075	1005. 4	2798. 9	1793. 5
4×10^3	250. 3	20. 0969	1082. 9	2789. 8	1706. 8
5×10^3	263. 8	25. 3663	1146. 9	2776. 2	1629. 2

续表

绝对压强 kPa	温度℃	蒸汽的密度 kg/m^3	焓 kJ/kg		汽化热 kJ/kg
			液体	蒸汽	
6×10^3	275.4	30.8494	1203.2	2759.5	1556.3
7×10^3	285.7	36.5744	1253.2	2740.8	1487.6
8×10^3	294.8	42.5768	1299.2	2720.5	1403.7
9×10^3	303.2	48.8945	1343.5	2699.1	1356.6
10×10^3	310.9	55.5407	1384.0	2677.1	1293.1
12×10^3	324.5	70.3075	1463.4	2631.2	1167.7
14×10^3	336.5	87.3020	1567.9	2583.2	1043.4
16×10^3	347.2	107.8010	1615.8	2531.1	915.4
18×10^3	356.9	134.4813	1699.8	2466.0	766.1
20×10^3	365.6	176.5961	1817.8	2364.2	544.9

九、气体黏度共线图

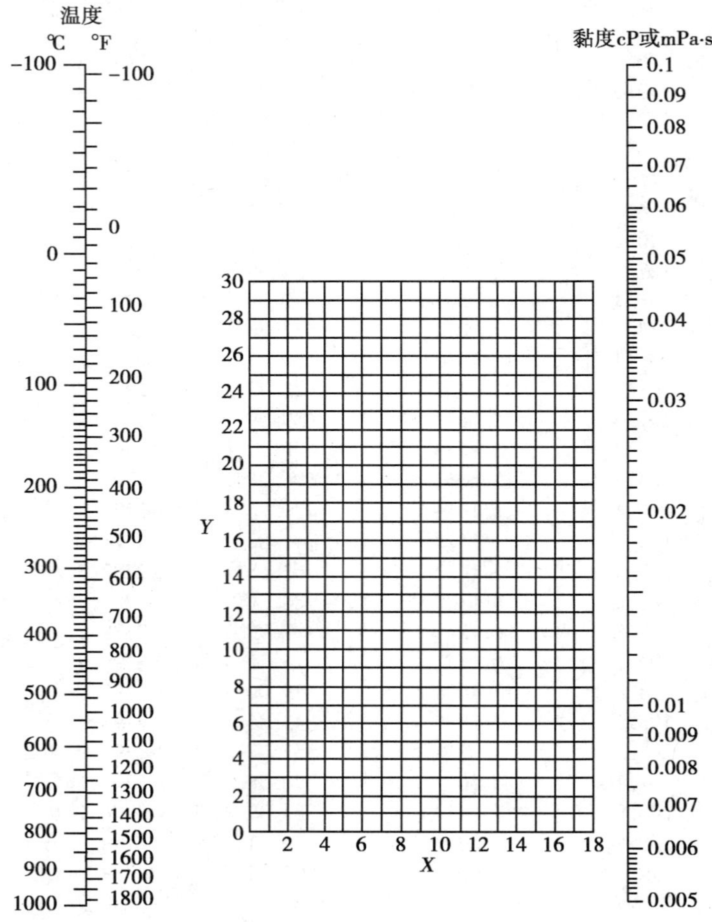

附录图 1 气体黏度共线图

气体黏度共线图坐标值

序号	名称	X	Y	序号	名称	X	Y	序号	名称	X	Y
1	空气	11.0	20.0	15	氟	7.3	23.8	29	甲苯	8.6	12.4
2	氧	11.0	21.3	16	氯	9.0	18.4	30	甲醇	8.5	15.6
3	氢	11.2	12.4	17	氯化氢	8.8	18.7	31	乙醇	9.2	14.2
4	$3H_2+1N_2$	11.2	17.2	18	甲烷	9.9	15.5	32	丙醇	8.4	13.4
5	水蒸气	8.0	16.0	19	乙烷	9.1	14.5	33	醋酸	7.7	14.3
6	二硫化碳	8.0	16.0	20	乙烯	9.5	15.1	34	丙酮	8.9	13.0
7	一氧化碳	11.0	20.0	21	乙炔	9.8	14.9	35	乙醚	8.9	13.0
8	氨	8.4	16.0	22	丙烷	9.7	12.9	36	醋酸乙酯	8.5	13.2
9	硫化氢	8.6	18.0	23	丙烯	9.0	13.8	37	氟利昂-11	10.6	15.1
10	二氧化硫	9.6	17.0	24	丁烯	9.2	13.7	38	氟利昂-12	11.1	16.0
11	二氧化碳	9.5	18.7	25	戊烷	7.0	12.8	39	氟利昂-21	10.8	15.3
12	一氧化二氮	8.8	19.0	26	己烷	8.6	11.8	40	氟利昂-22	10.1	17.0
13	一氧化氮	10.9	20.5	27	三氯甲烷	8.9	15.7				
14	氦	10.9	20.5	28	苯	8.5	13.2				

十、液体黏度共线图

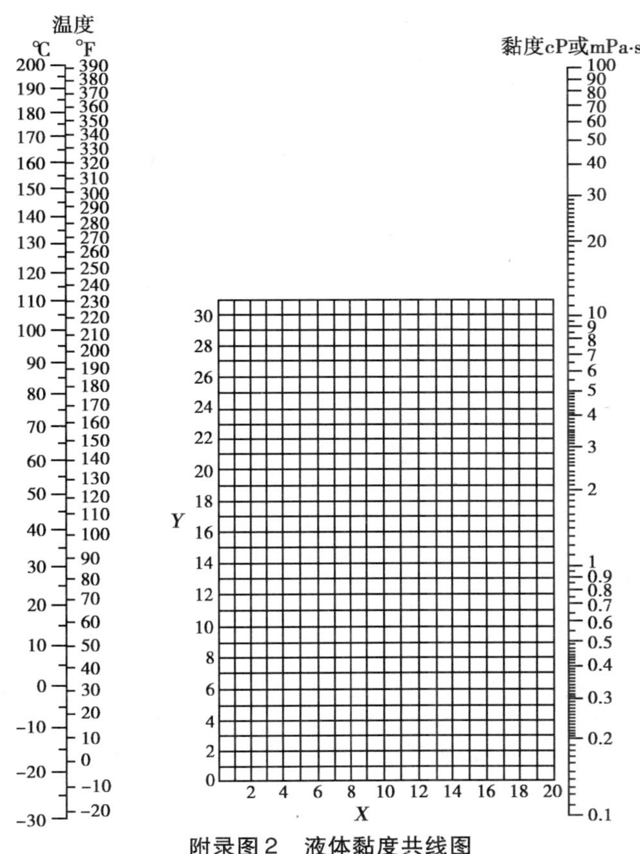

附录图2 液体黏度共线图

液体黏度共线图坐标值

序号	名称	X	Y	序号	名称	X	Y
1	水	10.2	13.0	31	乙苯	13.2	11.5
2	盐水(25% NaCl)	10.2	16.6	32	氯苯	12.3	12.4
3	盐水(25% $CaCl_2$)	6.6	15.9	33	硝基苯 60%	10.6	16.2
4	氨	12.6	2.0	34	苯胺	8.1	18.7
5	氨水(26%)	10.1	13.9	35	酚	6.9	20.8
6	二氧化碳	11.6	0.3	36	联苯	12.0	18.3
7	二氧化硫	15.2	7.1	37	萘	7.9	18.1
8	二硫化碳	16.1	7.5	38	甲醇(100%)	12.4	10.5
9	溴	14.2	13.2	39	甲醇(90%)	12.3	11.8
10	汞	18.4	16.4	40	甲醇(40%)	7.8	15.5
11	硫酸(110%)	7.2	27.4	41	乙醇(100%)	10.5	13.8
12	硫酸(100%)	8.0	25.1	42	乙醇(95%)	9.8	14.3
13	硫酸(98%)	7.0	24.8	43	乙醇(40%)	6.5	16.6
14	硫酸(60%)	10.2	21.3	44	乙二醇	6.0	23.6
15	硝酸(95%)	12.8	13.8	45	甘油(100%)	2.0	30.0
16	硝酸(60%)	10.8	17.0	46	甘油(50%)	6.9	19.6
17	盐酸(31.5%)	13.0	16.6	47	乙醚	14.5	5.3
18	氢氧化钠(50%)	3.2	25.8	48	乙醛	15.2	14.8
19	戊烷	14.9	5.2	49	丙酮	14.5	7.2
20	己烷	14.7	7.0	50	甲酸	10.7	15.8
21	庚烷	14.1	8.4	51	醋酸(100%)	12.1	14.2
22	辛烷	13.7	10.0	52	醋酸(70%)	9.5	17.0
23	三氧甲烷	14.4	10.2	53	醋酸酐	12.7	12.8
24	四氯化碳	12.7	13.1	54	醋酸乙酯	13.7	9.1
25	二氧乙烷	13.2	12.2	55	醋酸戊酯	11.8	12.5
26	苯	12.5	10.9	56	氟利昂-12	14.4	9.0
27	甲苯	13.7	10.4	57	氟利昂-12	16.8	5.6
28	氯甲苯(邻)	13.0	13.3	58	氟利昂-21	15.7	7.5
29	氯甲苯(间)	13.3	12.5	59	氟利昂-22	17.2	4.7
30	氯甲苯(对)	13.3	12.5	60	煤油	10.2	16.9

用法举例：求苯在50℃时的黏度，从本表序号26查得苯的X=12.5，Y=10.9，把这两个数据值标在前页共线图的X-Y坐标上的一点，把这点与图中左方温度标尺上50℃的点连成一直线，延长，与右方黏度标尺相交，由此交点定出50℃苯的黏度。

十一、气体比热容共线图

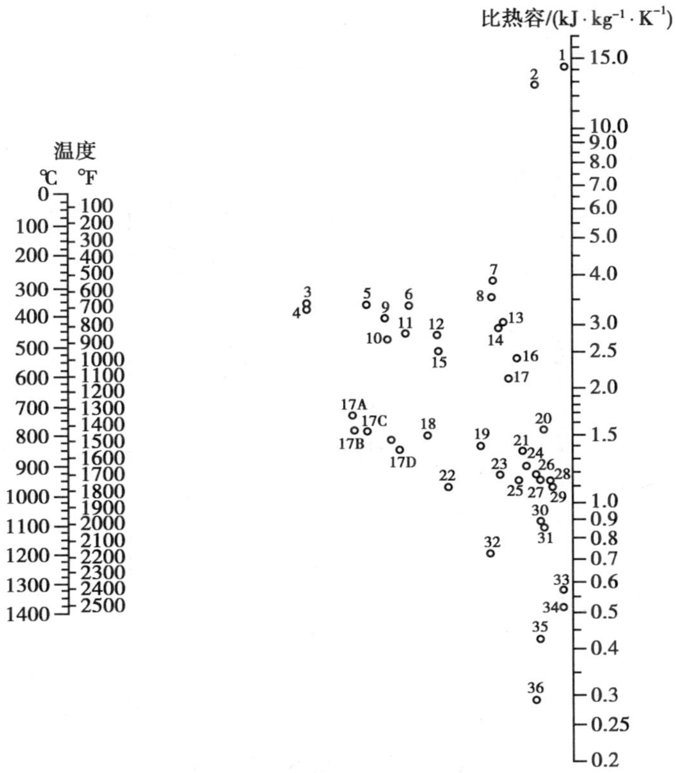

附录图3　气体比热容共线图

气体比热容共线图的编号

号数	气体	范围/K	号数	气体	范围/K
10	乙炔	273～473	1	氢	273～873
15	乙炔	473～673	2	氢	873～1673
16	乙炔	673～1673	35	溴化氢	273～1673
27	空气	273～1673	30	氯化氢	273～1673
12	氨	273～873	20	氟化氢	273～1673
14	氨	873～1673	36	碘化氢	273～1673
18	二氧化碳	273～673	19	硫化氢	273～973
24	二氧化碳	673～1673	21	硫化氢	973～1673
26	一氧化碳	273～1673	5	甲烷	273～573
32	氯	273～473	6	甲烷	573～973
34	氯	473～1673	7	甲烷	973～1673
3	乙烷	273～473	25	一氧化氮	273～973
9	乙烷	473～873	28	一氧化氮	973～1673
8	乙烷	873～1673	26	氮	273～1673
4	乙烯	273～473	23	氧	273～773
11	乙烯	473～873	29	氧	773～1673
13	乙烯	873～1673	33	硫	573～1673
17B	氟利昂－11(CCl_3F)	273～423	22	二氧化硫	273～673
17C	氟利昂－21($CHCl_2F$)	273～423	31	二氧化硫	673～1673
17A	氟利昂－22($CHClF_2$)	273～423	17	水	273～1673
17D	氟利昂－113($CCl_2F-CClF_2$)	273～423			

十二、液体比热容共线图

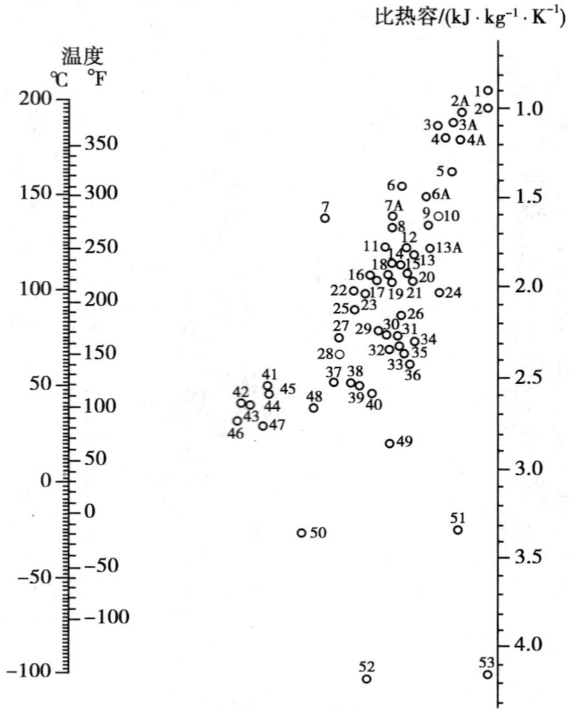

附录图4　液体比热容共线图

液体比热容共线图中的编号

编号	名称	温度范围/℃	编号	名称	温度范围/℃
53	水	10～200	10	苯甲基氯	-30～30
51	盐水(25% NaCl)	-40～20	25	乙苯	0～100
49	盐水(25% $CaCl_2$)	-40～20	15	联苯	80～120
52	氨	-70～50	16	联苯醚	0～200
11	二氧化硫	-20～100	16	联苯-联苯醚	0～200
2	二氧化碳	-100～25	14	萘	90～200
9	硫酸(98%)	10～45	40	甲醇	-40～20
48	盐酸(30%)	20～100	42	乙醇(100%)	30～80
35	己烷	-80～20	46	乙醇(95%)	20～80
28	庚烷	0～60	50	乙醇(50%)	20～80
33	辛烷	-50～25	45	丙醇	-20～100
34	壬烷	-50～25	47	异丙醇	20～50
21	癸烷	-80～25	44	丁醇	0～100
13A	氯甲烷	-80～20	43	异丁醇	0～100
5	二氯甲苯	-40～50	37	戊醇	-50～25
4	三氯甲烷	0～50	41	异醇	10～100

续表

编号	名称	温度范围/℃	编号	名称	温度范围/℃
22	二苯基甲烷	30～100	39	乙二醇	-40～200
3	四氯化碳	10～60	38	甘油	-40～20
13	氯乙烷	-30～40	27	苯甲基醇	-20～30
1	溴乙烷	5～25	36	乙醚	-100～25
7	碘乙烷	0～100	31	异丙醇	-80～200
6A	二氯乙烷	-30～60	32	丙酮	20～50
3	过氯乙烯	-30～40	29	醋酸	0～80
23	苯	10～80	24	醋酸乙酯	-50～25
23	甲苯	0～60	26	醋酸戊酯	0～100
17	对二甲苯	0～100	20	吡啶	-50～25
18	间二甲苯	0～100	2A	氟利昂-11	-20～70
19	邻二甲苯	0～100	6	氟利昂-12	-40～15
8	氯苯	0～100	4A	氟利昂-21	-20～70
12	硝基苯	0～100	7A	氟利昂-22	-20～60
30	苯胺	0～130	3A	氟利昂-113	-20～70

十三、液体气化潜热共线图

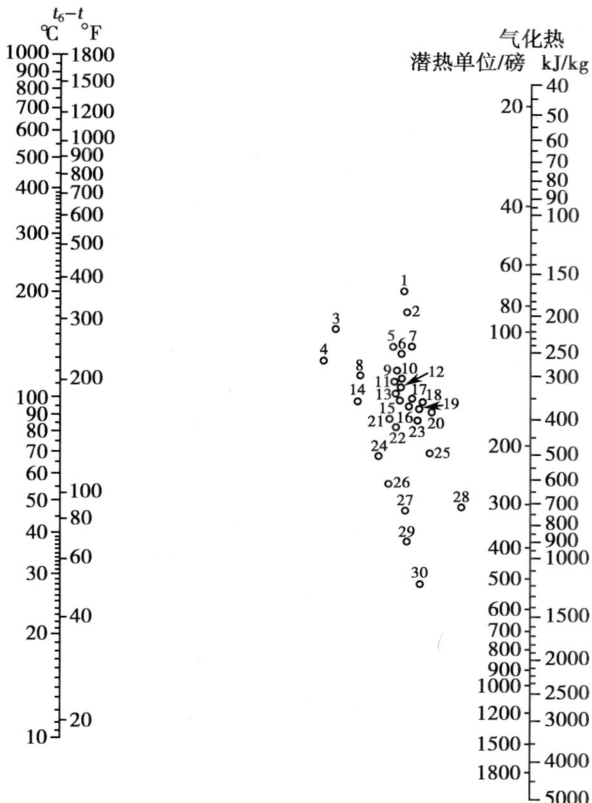

附录图5　液体气化潜热共线图

液体气化潜热共线图坐标值

号数	化合物	范围 (t_c-t)/℃	临界温度 t_c/℃	号数	化合物	范围 (t_c-t)/℃	临界温度 t_c/℃
18	醋酸	100~225	321	2	氟利昂-12(CCl_2F_2)	40~200	111
22	丙酮	120~210	235	5	氟利昂-21($CHCl_2F$)	70~250	178
29	氨	50~200	133	6	氟利昂-22($CHClF_2$)	50~170	96
13	苯	10~400	289	1	氟利昂-113($CCl_2F-CClF_2$)	90~250	214
16	丁烷	90~200	153	10	庚烷	20~300	267
21	二氧化碳	10~100	31	11	己烷	50~225	235
4	二硫化碳	140~275	273	15	异丁烷	80~200	134
2	四氯化碳	30~250	283	27	甲醇	40~250	240
7	三氯甲烷	140~275	263	20	氯甲烷	0~250	143
8	二氯甲烷	150~250	516	19	一氧化二氮	25~150	36
3	联苯	175~400	5	9	辛烷	30~300	296
25	乙烷	25~150	32	12	戊烷	20~200	197
26	乙醇	20~140	243	23	丙烷	40~200	96
28	乙醇	140~300	243	24	丙醇	20~200	264
17	氯乙烷	100~250	187	14	二氧化硫	90~160	157
13	乙醚	10~400	194	30	水	150~500	374
2	氟利昂-11(CCl_3F)	70~250	198				

十四、某些气体和蒸气的导热系数

下表中所列出的极限温度数值是实验范围的数值，若外推到其他温度时，建议将所列出的数据按 lgλ 对 lgT（λ 为导热系数，$W\cdot m^{-1}\cdot K^{-1}$；T 为热力学温度，K）作图，或者假定 Pr 准数与温度（或压强，在适当范围内）无关。

物质	温度 K	导热系数 $W\cdot m^{-1}\cdot K^{-1}$	物质	温度 K	导热系数 $W\cdot m^{-1}\cdot K^{-1}$	物质	温度 K	导热系数 $W\cdot m^{-1}\cdot K^{-1}$
丙酮	273	0.0098	四氯化碳	319	0.0071	乙烯	202	0.0111
	319	0.0128		373	0.0090		273	0.0175
	373	0.0171		457	0.01112		323	0.0267
	457	0.0254	氯	273	0.0074		373	0.0279
空气	273	0.0242	三氯甲烷	273	0.0066	正庚烷	473	0.0194
	373	0.0371		319	0.0080		373	0.0178
	473	0.0391		373	0.0100	正己烷	273	0.0125
	573	0.0459		457	0.0133		293	0.138
氨	213	0.0154	硫化氢	273	0.0132	氢	173	0.0113
	273	0.0222	水银	473	0.0341		223	0.0144
	323	0.0272	甲烷	173	0.0173		273	0.0173

续表

物质	温度 K	导热系数 $W \cdot m^{-1} \cdot K^{-1}$	物质	温度 K	导热系数 $W \cdot m^{-1} \cdot K^{-1}$	物质	温度 K	导热系数 $W \cdot m^{-1} \cdot K^{-1}$
	373	0.0320		223	0.0251		323	0.0199
苯	273	0.0090		273	0.0302		373	0.0223
	319	0.0126		323	0.0373		573	0.0308
	373	0.0178	氯甲烷	273	0.0144	氮	173	0.0164
	457	0.0263		373	0.0222		273	0.0242
	485	0.0305		273	0.0067		323	0.0277
正丁烷	273	0.0135		319	0.0085		373	0.0312
	373	0.0234	乙烷	373	0.0109	氧	173	0.0164
异丁烷	273	0.0138		485	0.0164		223	0.0206
	373	0.0241		203	0.0114		273	0.0246
二氧化碳	223	0.0118		239	0.0149		323	0.0284
	273	0.0147	乙醇	273	0.0183		373	0.0321
	373	0.0230		373	0.0303	丙烷	273	0.0151
	473	0.0313	乙醚	293	0.0154		373	0.0261
	573	0.0396		373	0.0215	二氧化碳	273	0.0087
二硫化物	273	0.0069		273	0.0133		373	0.0119
	280	0.0073		319	0.0171	水蒸气	319	0.0208
一氧化碳	84	0.0071		373	0.0227		373	0.0237
	94	0.0080		457	0.0327		473	0.0324
	213	0.0234		485	0.0362		573	0.0429
							673	0.0545
							773	0.0763

十五、某些液体的导热系数($\lambda/W \cdot m^{-1} \cdot K^{-1}$)

液体名称	温度/℃						
	0	25	50	75	100	125	150
丁醇	0.156	0.152	0.1483	0.144			
异丙醇	0.154	0.150	0.1460	0.142			
甲醇	0.214	0.2107	0.2070	0.205			
乙醇	0.189	0.1832	0.1774	0.1715			
醋酸	0.177	0.1715	0.1663	0.162			
蚁酸	0.2065	0.256	0.2518	0.2471			
丙酮	0.1745	0.169	0.163	0.1576	0.151		
硝基苯	0.1541	0.150	0.147	0.143	0.140	0.136	
二甲苯	0.1367	0.131	0.127	0.1215	0.117	0.111	
甲苯	0.1413	0.136	0.129	0.123	0.119	0.112	
苯	0.151	0.1448	0.138	0.132	0.126	0.1204	
苯胺	0.186	0.181	0.177	0.172	0.1681	0.1634	0.159
甘油	0.277	0.2797	0.2832	0.286	0.289	0.292	0.295
凡士林	0.125	0.1204	0.122	0.121	0.119	0.117	0.1157
蓖麻油	0.184	0.1808	0.1774	0.174	0.171	0.1680	0.165

十六、常见固体的导热系数

(1)常见金属的导热系数(λ/W·m^{-1}·K^{-1})

材料	温度/℃				
	0	100	200	300	400
铝	227.95	227.95	227.95	227.95	227.95
铜	383.79	379.14	372.16	367.51	362.86
铁	73.27	67.45	61.64	54.66	48.85
铅	35.12	33.38	31.40	29.77	—
镁	172.12	167.47	162.82	158.17	—
镍	93.04	82.57	73.27	63.97	59.31
银	414.03	409.38	373.32	361.69	359.37
锌	112.81	109.90	105.83	101.18	93.04
碳钢	52.34	48.85	44.19	41.87	34.89
不锈钢	16.24	17.45	17.45	18.49	—

(2)非金属材料的导热系数

材料	温度/℃	导热系数[W/(m·K)]	材料	温度/℃	导热系数[W/(m·K)]
软木	30	0.0430	矿渣棉	30	0.058
超细玻璃棉	36	0.030	玻璃棉毡	28	0.043
保温灰	—	0.07	泡沫塑料	—	0.0465
硅藻土	—	0.114	玻璃	30	1.093
膨胀蛭石	20	0.052~0.07	混凝土	—	1.28
石棉板	50	0.146	耐火砖	—	1.05
石棉绳	—	0.105~0.209	普通砖	—	0.8
水泥珍珠岩制品	—	0.07~0.113	绝热砖	—	0.116~0.21

十七、101.33kPa 压强下溶液沸点升高与浓度关系图

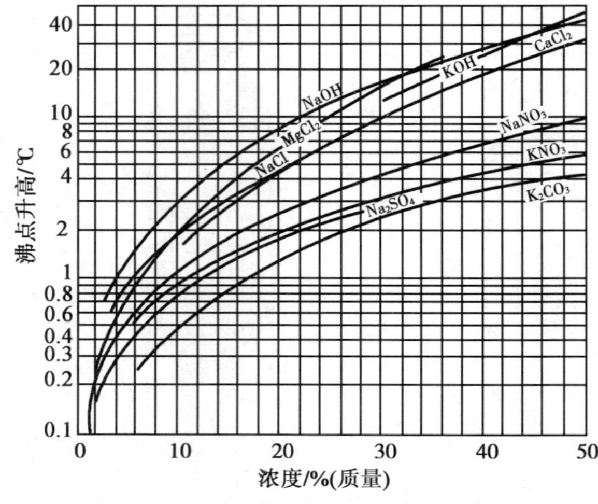

附录图 6　101.33kPa 压强下溶液的沸点升高与浓度的关系图

十八、管子规格

1. 水、煤气输送钢管（摘自 GB3091—82）

公称直径/mm(in)	外径/mm	壁厚/mm	
		普通管	加厚管
6(1/8)	10	2	2.5
8(1/4)	13.5	2.25	2.75
10(3/8)	17.0	2.25	2.75
15(1/2)	21.25	2.75	3.25
20(3/4)	26.75	2.75	3.5
25(1)	33	3.25	4.0
$32\left(1\frac{1}{4}\right)$	42.25	3.25	4.0
$40\left(1\frac{1}{2}\right)$	48.0	3.5	4.25
50(2)	60.0	3.5	4.5
$65\left(2\frac{1}{2}\right)$	75.5	3.75	4.5
80(3)	88.5	4.0	4.75
100(4)	114.0	4.0	5.0
125(5)	140.0	4.5	5.5
150(6)	165.0	4.5	5.5

2. 无缝钢管规格　热轧无缝钢管（摘自 GB8163—87）

外径/mm	壁厚/mm	外径/mm	壁厚/mm
32	2.5~8	73	3~19
38	2.5~8	76	3~19
42	2.5~10	83	3.5~19
45	2.5~10	89	3.5~24
50	2.5~10	95	3.5~24
54	3~11	102	3.5~24
57	3~13	108	4~28
60	3~14	114	4~28
68	3~16	121	4~28
70	3~16	127	4~30
133	4~32	168	5~45
140	4.5~36	180	5~45
146	4.5~36	194	5~45
152	4.5~36	203	6~50
159	4.5~36	219	6~50

注：壁厚系列有2.5,3,3.5,4,4.5,5,5.5,6,6.5,7,7.5,8,8.5,9,9.5,10,11,12,13,14,15,16,17,18,19,20,22,24,25,26,28,30,32,34,35,36,38,40,42,45,48,50。

冷拔(冷轧)无缝钢管(摘自 GB8163—88)

外径/mm	壁厚/mm	外径/mm	壁厚/mm
6	0.25～2.0	34	0.4～8.0
8	0.25～2.5	36	0.4～8.0
10	0.25～3.5	38	0.4～9.0
12	0.25～4.0	40	0.4～9.0
14	0.25～4.0	42	1.0～9.0
16	0.25～5.0	45	1.0～10
18	0.25～5.0	48	1.0～10
20	0.25～6.0	50	1.0～12
22	0.4～6.0	56	1.0～12
25	0.4～7.0	60	1.0～12
27	0.4～7.0	65	1.0～12
28	0.4～7.0	70	1.0～12
29	0.4～7.5	80	1.4～12
30	0.4～8.0	90	1.4～12
32	0.4～8.0	100	1.4～12

注:壁厚系列有 0.25,0.3,0.4,0.5,0.6,0.8,1.0,1.2,1.4,1.5,1.6,1.8,2.0,2.2,2.5,2.8,3.0,3.2,3.5,4.0,4.5,5,5.5,6,6.5,7,7.5,8.0,8.5,9.0,9.5,10,11,12。

3. 承插式铸铁直管

内径/mm	壁厚/mm	有效长度/m	外径/mm	壁厚/mm	有效长度/m
75	9	3	400	12.8	4
100	9	3	450	13.4	4
125	9	4	500	14.0	4
150	9	4	600	15.4	4
200	10	4	700	16.5	4
250	10.8	4	800	18.0	4
300	11.4	4	900	19.5	4
350	12.0	4	1000	22.0	4

十九、泵规格(摘录)

1. IS 型水泵性能(摘录)

型号	流量		扬程 m	效率%	功率/kW		转速 r/min	气蚀余量 m
	m^3/h	L/s			轴	电机		
IS50-32-200	12.5	3.47	50	48	3.54	5.5	2900	2
	6.3	1.74	12.5	42	0.51	0.75	1450	2
IS50-32-250	12.5	3.47	80	38	7.16	11.0	2900	2
	6.3	1.74	20	32	1.06	1.5	1450	2
IS65-40-200	25	6.94	50	60	5.67	7.5	2900	2
	12.5	3.47	12.5	55	0.77	1.1	1450	2
IS65-50-160	25	6.94	32	65	3.35	5.5	2900	2
	12.5	3.47	12.5	55	0.77	1.1	1450	2
IS65-40-315	25	6.94	125	40	21.3	30	2900	2.5
	12.5	3.47	32	37	2.94	4	1450	2.5
IS80-65-125	50	13.9	20	75	2.63	5.5	2900	3
	25	6.94	5	71	0.48	0.75	1450	2.5
IS80-65-160	50	13.9	32	73	5.97	7.5	2900	2.5
	25	6.94	8	69	0.79	1.5	1450	2.5
IS80-50-200	50	13.9	50	69	9.87	15	2900	2.5
	25	6.94	12.5	65	1.31	2.2	1450	2.5
IS80-50-250	50	13.9	80	63	17.3	22	2900	2.5
	25	6.94	20	60	2.27	3	1450	2.5
IS80-50-315	50	13.9	125	54	31.5	37	2900	2.5
	25	6.94	32	52	4.19	5.5	1450	2.5
IS100-80-125	100	27.8	20	78	7	11	2900	4.5
	50	13.9	5	75	0.91	1.5	1450	2.5
IS100-80-160	100	27.8	32	78	11.2	15	2900	4.5
	50	13.9	8	25	1.45	2.2	1450	2.5
IS100-65-200	100	27.8	50	76	17.9	22	2900	3.6
	50	13.9	12.5	73	2.33	4	1450	2
IS100-65-250	100	27.8	80	72	30.3	37	2900	3.8
	50	13.9	20	68	4	5.5	1450	2
IS100-65-315	100	27.8	125	66	51.6	25	2900	3.6
	50	13.9	32	63	6.92	11	1450	2
IS125-100-200	200	55.6	50	81	33.6	45	2900	4.5
	100	27.8	12.5	76	4.48	7.5	1450	2.5
IS125-100-315	200	55.6	125	75	90.8	110	2900	4.5
	100	27.8	32	73	11.2	15	1450	2.5
IS125-100-400	100	27.8	50	65	21	30	1450	2.5
IS150-125-400	200	55.6	50	75	36.3	45	1450	2.8
IS200-150-400	400	111.1	50	81	67.2	90	1450	3.8

2. Y 型离心轴泵性能表

型号	流量 m^3/h	扬程 m	转数 r/min	功率,kW		效率 %	气蚀余量 m	泵壳许用应力 Pa	结构形式	备注
				轴	电机					
50Y－60	12.5	60	2950	5.95	11	35	2.3	1570/2550	单级悬臂	泵壳许用应力内的分子表示第Ⅰ类材料相应的许用应力数；分母表示Ⅱ、Ⅲ类材料相应的许用应力数
50Y－60A	11.2	49	2950	4.27	8			1570/2550	单级悬臂	
50Y－60B	9.9	38	2950	2.93	5.5	35		1570/2550	单级悬臂	
50Y－60×*2	12.5	120	2950	11.7	15	35	2.3	2158/3138	两级悬臂	
50Y－60×2A	11.7	105	2950	9.55	15			2158/3138	两级悬臂	
50Y－60×2B	10.8	90	2950	7.65	11	55	2.6	2158/3138	两级悬臂	
65Y－60×2C	9.9	75	2950	5.9	8			2158/3138	两级悬臂	
65Y－60	25	60	2950	7.5	11			1570/2550	单级悬臂	
65Y－60A	22.5	49	2950	5.5	8			1570/2550	单级悬臂	
65Y－60B	19.8	38	2950	3.75	5.5			1570/2550	单级悬臂	
65Y－100	25	100	2950	17.0	32	40	2.6	1570/2550	单级悬臂	
65Y－100A	23	85	2950	13.3	20			1570/2550	单级悬臂	
65Y－100B	21	70	2950	10.0	15			1570/2550	单级悬臂	
65Y－100×2	25	200	2950	34	55	40	2.6	2942/3923	两级悬臂	
65Y－100×2A	23.3	175	2950	27.8	40			2942/3923	两级悬臂	
65Y－100×2B	21.6	150	2950	22.0	32			2942/3923	两级悬臂	
65Y－100×2C	19.8	125	2950	16.8	20			2942/3923	两级悬臂	
80Y－60	50	60	2950	12.8	15	64	3.0	1570/2550	单级悬臂	
80Y－60A	45	49	2950	9.4	11			1570/2550	单级悬臂	
80Y－60B	39.5	38	2950	6.5	8			1570/2550	单级悬臂	
80Y－100	50	100	2950	22.7	32	60	3.0	1961/2942	单级悬臂	
80Y－100A	45	85	2950	18.0	25			1961/2942	单级悬臂	
80Y－100B	39.5	70	2950	12.6	20			1961/2942	单级悬臂	
80Y－100×2	50	200	2950	45.4	75	60	3.0	2942/3923	单级悬臂	
80Y－100×2A	46.6	175	2950	37.0	55	60	3.0	2942/3923	单级悬臂	
80Y－100×2B	43.2	150	2950	29.5	40			2942/3923	单级悬臂	
80Y－100×2C	39.6	125	2950	22.7	32			2942/3923	单级悬臂	

注：与介质接触的且受温度影响的零件，根据介质的性质需要采用不同的材料，所以分为三种材料，但泵的结构相同。第Ⅰ类材料不耐硫腐蚀，操作温度在－20～200℃之间；第Ⅱ类材料不耐硫腐蚀，温度在－45～400℃之间；第Ⅲ类材料耐腐蚀，温度在－45～200℃之间。

3. F 型耐腐蚀泵性能表

泵型号	流量		扬程 m	转数 r/min	功率,kW		效率 %	允许吸上真空度 m	叶轮外径 mm
	m^3/h	L/s			轴	电机			
25F－16	3.6	1.0	16.0	2960	0.38	0.8	41	6	130
25F－16A	3.27	0.91	12.5	2960	0.27	0.8	41	6	118
40F－26	7.20	2.0	25.5	2960	1.14	2.2	44	6	148
40F－26A	6.55	1.82	20.5	2960	0.83	1.1	44	6	135
50F－40	14.4	4.0	4.0	2960	3.41	5.5	46	6	190
50F－40A	13.10	3.64	32.5	2960	2.54	4.0	46	6	178

续表

泵型号	流量		扬程	转数	功率,kW		效率	允许吸上	叶轮
	m^3/h	L/s	m	r/min	轴	电机	%	真空度 m	外径 mm
50F－16	14.4	4.0	15.7	2960	0.96	1.5	64	6	123
50F－16A	13.1	3.64	12.0	2960	0.70	1.1	62	6	112
65F－16	28.8	8.0	15.7	2960	1.74	4.0	71	6	122
65F－16A	26.2	7.28	12.0	2960	1.24	2.2	69	6	112
100F－92	100.8	28.0	92.0	2960	37.1	55.0	68	4	274
100F－92A	94.3	26.2	80.0	2960	31.0	40.0	68	4	256
100F－92B	88.6	24.6	70.5	2960	25.4	40.0	67	4	241
150F－56	190.8	53.0	55.5	1480	40.1	55.0	72	4	425
150F－56A	178.2	49.5	48.0	1480	33.0	40.0	72	4	397
150F－56B	167.8	46.5	42.5	1480	27.3	40.0	71	4	374
150F－22	190.8	53.0	22.0	1480	14.3	30.0	80	4	284
150F－22A	173.5	48.2	17.5	1480	10.6	17.0	78	4	257

二十、管板式热交换器系列标准（摘录）

（一）固定管板式（代号 G）

公称直径,mm		159			273					400				600		800			
公称压强	千克(力)/厘米²	25			25					16,25				10,16,25		6,10,16,25			
	kPa*	2.45×10^3			2.45×10^3					1.57×10^3 2.45×10^3				0.981×10^3 1.57×10^3 2.45×10^3		0.558×10^3 0.981×10^3 1.57×10^3 2.45×10^3			
公称面积,m^2		1	2	3	3	4		5	7	10		20	40	60	120	100		200	230
管长,m		1.5	2	3	1.5	1.5	2	2	3	1.5		3	6	3	6	3		6	6
管子总数		13	13	13	32	38	32	38	32	102	86	86	86	269	254	456	444	444	501
管程数		1	1	1	2	1	2	1	2	2	4	4	4	1	2	6	6	6	1
壳程数		1	1	1	1	1	1	1	1	1	1	1	1	1	1	1	1	1	1
管子尺寸 mm	碳钢	φ25×2.5			φ25×2.5					φ25×2.5				φ25×2.5		φ25×2.5			
	不锈钢	φ25×2			φ25×2					φ25×2				φ25×2		φ25×2			
管子排列方法		△**			△					△				△		△			

* 以 kPa 表示的公称压强为作者按原系列标准中的[千克(力)/厘米²]换算的。

** △表示管子为正三角形排列。

（二）浮头式（代号 F）

1. Fa 系列　Fa 系列具有以下特点：

(1)列管尺寸一律为 ϕ19 mm×2 mm。

(2)管子按正三角形排列,管中心距为25mm。

(3)壳程为1程。

<table>
<tr><td colspan="2">公称直径,mm</td><td>325</td><td>400</td><td colspan="2">500</td><td colspan="2">600</td><td colspan="2">700</td><td colspan="2">800</td></tr>
<tr><td rowspan="2">公称压强</td><td>[千克(力)/厘米^2]</td><td>40</td><td>40</td><td colspan="2">16,25,40</td><td colspan="2">16,25,40</td><td colspan="2">16,25,40</td><td colspan="2">25</td></tr>
<tr><td>kPa*</td><td>3.92×10^3</td><td>3.92×10^3</td><td colspan="2">1.57×10^3
2.45×10^3
3.92×10^3</td><td colspan="2">1.57×10^3
2.45×10^3
3.92×10^3</td><td colspan="2">1.57×10^3
2.45×10^3
3.92×10^3</td><td colspan="2">2.45×10^3</td></tr>
<tr><td colspan="2">公称面积,m^2</td><td>10</td><td>25</td><td colspan="2">80</td><td colspan="2">130</td><td colspan="2">185</td><td colspan="2">245</td></tr>
<tr><td colspan="2">管长,m</td><td>3</td><td>3</td><td colspan="2">6</td><td colspan="2">6</td><td colspan="2">6</td><td colspan="2">6</td></tr>
<tr><td colspan="2">管子总数</td><td>76</td><td>138</td><td>228</td><td>224</td><td>372</td><td>368</td><td colspan="2">528</td><td>700</td><td>696</td></tr>
<tr><td colspan="2">管程数</td><td>2</td><td>2</td><td>2</td><td>4</td><td>2</td><td>4</td><td>2</td><td>4</td><td>2</td><td>4</td></tr>
</table>

* 以 kPa 表示公称压强为作者按系列标准中[千克(力)/厘米^2]换算。

2. F_B 系列　F_B 系列具有以下特点:

(1)列管尺寸一律为 ϕ25 mm×2.5 mm。

(2)管子按正方形斜转45°排列,管子中心距为37mm。

(3)壳程为1程。

<table>
<tr><td colspan="2">公称直径,mm</td><td colspan="2">325</td><td colspan="2">400</td><td colspan="3">500</td><td colspan="4">600</td><td colspan="2">700</td><td colspan="2">800</td></tr>
<tr><td rowspan="2">公称压强</td><td>[千克](力)/厘米^2</td><td colspan="2">40</td><td colspan="2">40</td><td colspan="3">16,25,40</td><td colspan="4">16,25,40</td><td colspan="2">16,25,40</td><td colspan="2">16,25,40</td></tr>
<tr><td>kPa*</td><td colspan="2">3.92×10^3</td><td colspan="2">3.92×10^3</td><td colspan="3">1.57×10^3
2.45×10^3
3.92×10^3</td><td colspan="4">1.57×10^3
2.45×10^3
3.92×10^3</td><td colspan="2">1.57×10^3
2.45×10^3
3.92×10^3</td><td colspan="2">1.57×10^3
2.45×10^3
3.92×10^3</td></tr>
<tr><td colspan="2">公称面积,m^2</td><td>10</td><td>20</td><td>15</td><td>32</td><td>32</td><td colspan="2">65</td><td colspan="2">50</td><td colspan="2">95</td><td colspan="2">135</td><td colspan="2">180</td></tr>
<tr><td colspan="2">管长,m</td><td>3</td><td>6</td><td>3</td><td>6</td><td>3</td><td colspan="2">6</td><td colspan="2">3</td><td colspan="2">6</td><td colspan="2">6</td><td colspan="2">6</td></tr>
<tr><td colspan="2">管子总数</td><td>36</td><td>44</td><td colspan="2">72</td><td>140</td><td>124</td><td>120</td><td colspan="2">208</td><td>208</td><td>192</td><td colspan="2">292</td><td>388</td><td>384</td></tr>
<tr><td colspan="2">管程数</td><td colspan="2">2</td><td>2</td><td>4</td><td>2</td><td>2</td><td>4</td><td>2</td><td>4</td><td>2</td><td>4</td><td>2</td><td>4</td><td>2</td><td>4</td></tr>
</table>

* 以 kPa 表示得公称压强为作者按系列标准中[千克(力)/厘米^2]换算的。

二十一、某些双组分混合物在101.33kPa压力下的气液平衡数据

1. 甲醇－水

温度 t/℃	甲醇的摩尔分数		温度 t/℃	甲醇的摩尔分数	
	液相,x	气相,y		液相,x	气相,y
100.0	0.0	0.0	75.3	0.40	0.729
96.4	0.02	0.134	73.1	0.50	0.779

续表

温度 t/℃	甲醇的摩尔分数		温度 t/℃	甲醇的摩尔分数	
	液相,x	气相,y		液相,x	气相,y
93.5	0.04	0.234	71.2	0.60	0.825
91.2	0.06	0.304	69.3	0.70	0.870
89.3	0.08	0.365	67.6	0.80	0.915
87.7	0.10	0.418	66.0	0.90	0.958
84.4	0.15	0.517	65.0	0.95	0.979
81.7	0.20	0.579	64.5	1.00	1.00
78.0	0.30	0.665			

2. 苯－甲苯

温度 t/℃	苯的摩尔分数		温度 t/℃	苯的摩尔分数	
	液相,x	气相,y		液相,x	气相,y
110.4	0.0	0.0	92.0	0.508	0.720
108.0	0.058	0.128	88.0	0.659	0.830
104.0	0.155	0.304	84.0	0.83	0.932
100.0	0.256	0.453	80.02	1.00	1.00
96.0	0.376	0.596			

3. 正己烷－正庚烷

温度 T/K	正己烷摩尔分数		温度 T/K	正己烷摩尔分数	
	液相,x	气相,y		液相,x	气相,y
303	1.00	1.00	323	0.214	0.449
309	0.715	0.856	329	0.091	0.228
313	0.524	0.770	331	0.0	0.0
319	0.347	0.625			

4. 乙醇－水

温度 t/℃	乙醇的摩尔分数		温度 t/℃	乙醇的摩尔分数	
	液相,x	气相,y		液相,x	气相,y
100.0	0	0	81.5	0.3273	0.5826
95.5	0.0190	0.1700	80.7	0.3965	0.6122
89.0	0.0721	0.3891	79.8	0.5079	0.6564
86.7	0.0966	0.4375	79.7	0.5198	0.6599
85.3	0.1238	0.4704	79.3	0.5732	0.6841
84.1	0.1661	0.5089	78.74	0.6763	0.7385
82.7	0.2337	0.5445	78.41	0.7472	0.7815
82.3	0.2608	0.5580	78.15	0.8943	0.8943

二十二、几种常用填料的特性数据（摘录）

填料名称	尺寸/mm	比表面积 $a/m^2 \cdot m^{-3}$	空隙率 $\varepsilon/m^3 \cdot m^{-3}$	堆积密度 $\rho_p/kg \cdot m^{-3}$	每立方米填料个数	填料因子 Φ/m^{-1}
陶瓷拉西环（乱堆）	10×10×1.5	440	0.7	700	720×10^3	1500
	25×25×2.5	190	0.7	505	48×10^3	450
	50×50×4.5	93	0.81	4578	6×10^3	205
	80×80×9.5	76	0.68	714	19.1×10^3	280
陶瓷拉西环（整砌）	50×50×4.5	124	0.72	673	8.38×10^3	
	80×80×9.5	102	0.57	962	2.58×10^3	
	100×100×13	65	0.72	930	1.06×10^3	
	125×125×14	51	0.68	825	0.53×10^3	
金属拉西环（乱堆）	10×10×0.5	500	0.88	960	800×10^3	1000
	25×25×0.8	200	0.92	640	55×10^3	260
	50×50×1	110	0.95	430	7×10^3	175
	76×76×1.5	68	0.95	400	1.87×10^3	105
金属鲍尔环（乱堆）	16×16×0.4	364	0.94	467	235×10^3	230
	25×25×0.6	209	0.94	480	51×10^3	160
	38×38×0.8	130	0.95	379	13.4×10^3	92
	50×50×0.9	103	0.95	355	6.2×10^3	66
塑料鲍尔环（乱堆）	（直径）16	364	0.88	72.6	235×10^3	320
	25	20.9	0.90	72.6	51.1×10^3	170
	38	130	0.91	67.7	13.4×10^3	105
	50	103	0.91	67.7	6.38×10^3	82
塑料阶梯环（乱堆）	25×12.5×1.4	223	0.9	97.8	81.5×10^3	172
	33.5×19×1.0	132.5	0.91	57.5	27.2×10^3	115
金属弧鞍填料	25	280	0.83	1400	88.5×10^3	
	50	106	0.72	645	8.87×10^3	148
陶瓷弧鞍填料	25	252	0.69	725	78.1×10^3	360
陶瓷距鞍填料	8	630	0.78	548	735×10^3	870
	19×2	338	0.77	563	231×10^3	480
	253×3	258	0.775	548	84×10^3	320
	38×5	197	0.81	483	25.2×10^3	170
	50×7	120	0.79	532	9.4×10^3	130
网环	8×8	1030	0.936	490	2.12×10^6	
鞍形网	10	1100	0.91	340	4.56×10^6	
压延孔环（镀锌铁丝网）	6×6	1300	0.96	355	10.2×10^6	

参 考 文 献

1. 王振中．化工原理．北京:化学工业出版社,1986
2. 陆美娟．化工原理．北京:化学工业出版社,2001
3. 王志祥．制药化工原理．北京:化学工业出版社,2003
4. 张宏丽,周长丽,闫志谦,等．化工原理．北京:化学工业出版社,2007
5. 冷士良,陆清,宋志轩．化工单元操作及设备．北京:化学工业出版社,2007
6. 薛叙明．传热应用技术．北京:化学工业出版社,2008
7. 张洪流．流体流动与传热．北京:化学工业出版社,2002
8. 周荣琪,雷良恒．化工原理学习指引．北京:化学工业出版社,1996
9. 吴俊生,邵惠鹤．精馏设计、操作和控制．北京:中国石化出版社,1997
10. 陈性永．北京:化学工业出版社,1997
11. 崔继哲,陈留拴．化工机械检修技术问答．北京:化学工业出版社,2001
12. 王奇．化工生产基础．北京:化学工业出版社,2001

目标检测参考答案

第一章 流体流动

一、选择题

(一)单项选择题

1. B,C;2. A,C;3. B,C;4. B;5. A;6. B;7. B;8. A;9. B;10. B,C;11. B;12. B;13. B;14. B;15. A;16. A;17. A;18. D;19. B;20. A;21. A

(二)多项选择题

1. ACD;2. BC

二、简答题

(略)

三、实例分析

1. 3. 36atm;2. 971W;3. 80. 8kJ/kg

第二章 流体输送设备

一、选择题

(一)单项选择题

1. C;2. B;3. B;4. A;5. B;6. B;7. B;8. C;9. A;10. D;11. A

(二)多项选择题

1. BAD;2. CBE;3. AE

二、简答题

(略)

三、实例分析

1. 扬程为 18. 4m 水柱;有效功率为 1. 3kw;效率为 53%

2. (1)实际安装高度 5m,小于最大安装高度 6. 01m,故可用。

（2）实际安装高度 -5m，小于最大安装高度 -1.18m，故仍可用。

3. 不能

4.（1）输送35℃水时，泵的最大安装高度为5.68 m。

（2）输送80℃水时，泵的最大安装高度为 -0.47 m，说明此种情况下泵入口只能位于贮液槽的液面以下才能避免气蚀。

5.（1）$N_e = 1.38\text{kW}$；（2）$H_g = -0.25\text{m}$

第三章　非均相物系的分离

一、选择题

（一）单项选择题

1. A；2. A；3. B；4. B；5. C；6. B

（二）多项选择题

1. ABC；2. ABC

二、简答题

（略）

三、实例分析

1. $u_{t,水} = 4.4 \times 10^{-3}\text{m/s}$；$u_{t,空气} = 3.97 \times 10^{-1}\text{m/s}$

2.（1）$u_t = 2 \times 10^{-2}\text{m/s}$；（2）$u_t = 17\text{m/s}$

3. $d_s = 77.3\mu\text{m}$

第四章　传　　热

一、选择题

（一）单项选择题

1. B；2. A；3. B；4. B；5. C；6. B；7. D；8. B；9. C；10. A；11. D；12. A

（二）多项选择题

1. ABC；2. ABD；3. ACD；4. ABCD；5. BCD；6. ABDE；7. BC；8. ABE；9. ABCD

二、简答题

（略）

三、实例分析

1. ①$Q = 966\ \text{kW}$；②$\Delta t_{m逆} = 39.1℃$；③$A_0 = 82.4\ \text{m}^2$

2. $Q = 153.3$ kW；$T_2 = 82$℃；$A = 15.2$ m^2

3. $K = 1090$ W/(m^2·℃)

4. ①$W_c = 4.71$ kg/s；②$n = 43$

第五章 蒸 发

一、选择题

（一）单项选择题

1. D；2. C；3. B；4. A；5. C；6. B；7. C；8. D；9. D；10. A；11. B；12. B；13. A；14. D

（二）多项选择题

1. ABC；2. BCD；3. ACD；4. CE

二、简答题

（略）

三、实例分析

1. 1659kg/h

2. 34.8m^2

第六章 蒸 馏

一、选择题

（一）单项选择题

1. B；2. A；3. D；4. C；5. A；6. C；7. B；8. D；9. C；10. D；11. A；12. B；13. D

（二）多项选择题

1. BC；2. CE；3. BCD；4. CDE

二、简答题

（略）

三、实例分析

1. $P_A = 56$kPa；$P_B = 38.7$kPa；$P_{总} = 94.7$kPa；$y_A = 0.59$；$y_B = 0.41$

2. $D = 2191$kg/h；$W = 2809$kg/h

3. $R = 2.8$；$y_2 = 0.9$；$x_2 = 0.78$

4. $N_T = 6.2$（不包括再沸器）；$N = 10$

第七章 吸 收

一、选择题

(一)单项选择题

1. D;2. B;3. C;4. B;5. D;6. A;7. A;8. B;9. A;10. D;11. B;12. C;13. A

(二)多项选择题

1. ACDE;2. ACD;3. BC;4. BCDE

二、简答题

(略)

三、实例分析

1. $Z=7.5\text{m}$
2. ①$Z=6.74\text{m}>6\text{m}$ 该塔不适用;②$Z=5.36\text{m}<6\text{m}$ 该塔适用

制药过程原理及设备教学大纲

（供化学制药技术专业用）

一、课 程 任 务

制药过程原理及设备是高职高专药品类化学制药技术专业一门重要的专业课程。本课程主要内容包括：流体流动及输送、非均相物系的分离、传热、蒸发、蒸馏、吸收等单元操作的基本概念、基本理论和主要设备。而各种化学药品的生产就是由这些单元操作组成的生产过程。本课程的任务是使学生掌握从事化学药品生产所必需的各单元操作基本概念与知识、基本理论与应用、基本公式与计算、设备的主要结构、作用与基本操作方法，为《化学制药工艺学》等后续专业课程的学习和制药单元操作实训、制药过程原理及设备课程设计、生产实习、职业技能等实践性教学环节的训练，突出对学生能力的培养、增强适应职业变化能力和继续学习能力，为成为合格的化学制药生产领域高等技术操作型专门人才奠定坚实基础。

二、课 程 目 标

（一）知识目标

1. 能正确理解本课程的性质、任务并掌握各单元操作的基本概念、基本理论、基本知识，了解典型设备的主要构造、性能和作用。

2. 掌握本课程各单元操作的基本计算公式的物理意义、适用范围、基本计算方法。

（二）技能目标

1. 能运用基本知识对单元操作设备主要工艺尺寸及操作技术参数的确定，以达到掌握基本计算的方法。

2. 根据操作条件和要求学会选择适宜的设备类型、校核设备的基本方法，以达到基本理论知识的应用。

3. 熟悉设备的基本操作方法，将所学理论知识联系实际，学会选择适宜操作条件，提高设备的生产能力和控制产品质量的初步能力。

4. 根据所学理论知识对实际装置操作中出现的不正常现象或故障找出原因并能提出解决问题的方法，由此培养学生分析问题和解决问题的能力。

（三）职业素质和态度目标

1. 具有良好的职业道德，具有较强的药品安全生产意识，药品质量意识、药品生产的环保意识、法律法规意识、诚信意识、创新意识和团队合作精神的职业素质。

2. 具有良好的敬业精神，吃苦耐劳、踏实肯干、实事求是、操作规范的工作作风和严谨的工作态度。

三、教学时间分配

教学内容	学时数		
	理论	实践	合计
一、绪论	2	0	2
二、流体流动	12	2	14
三、流体输送设备	6	2	8
四、非均相物系的分离	6	0	6
五、传热	12	2	14
六、蒸发	6	0	6
七、蒸馏	14	2	16
八、吸收	10	2	12
机动	2	0	2
合计	70	10	80

四、教学内容与要求

单元	教学内容	教学要求	教学活动参考	参考学时	
				理论	实践
一、绪论	1. 本课程的性质、任务和学习方法 2. 本课程的几个基本概念	了解		2	
二、流体流动	(一)流体静力学 1. 流体的密度 2. 流体的压强 3. 流体静力学基本方程式 4. 流体静力学基本方程的应用	掌握	现场学习或多媒体演示	2	
	(二)流体动力学 1. 流量与流速 2. 稳定流动与不稳定流动 3. 连续性方程 4. 柏努利方程 5. 柏努利方程的应用	掌握		4	1
	(三)流体在管内流动时的阻力 1. 流体的黏度 2. 流体的流动形态及雷诺数 3. 直管阻力 4. 局部阻力 5. 管路系统的总阻力 6. 流体输送管路	掌握		4	1
	(四)流速和流量的测定 1. 测速管 2. 孔板流量计 3. 文丘里流量计 4. 转子流量计	掌握		2	

续表

单元	教学内容	教学要求	教学活动参考	参考学时	
				理论	实践
三、流体输送设备	(一)液体输送设备	掌握	现场学习或多媒体演示	4	2
	1. 离心泵				
	2. 其他类型泵				
	(二)气体输送设备	熟悉		2	
	1. 离心式通风机、鼓风机与压缩机				
	2. 往复式压缩机与真空泵				
四、非均相物系的分离	(一)沉降	熟悉		2	
	1. 重力沉降				
	2. 离心沉降				
	3. 沉降设备				
	(二)过滤	掌握		2	
	1. 过滤基本概念				
	2. 过滤设备				
	(三)离心分离			2	
	1. 离心分离的概念				
	2. 离心机				
五、传热	(一)概述	掌握		2	
	1. 工业生产中的换热方法				
	2. 稳定传热和不稳定传热				
	(二)传热的基本方式	掌握		4	
	1. 热传导				
	2. 对流传热				
	3. 辐射传热				
	(三)间壁两侧流体间的总传热过程			4	
	1. 总传热方程式				
	2. 总传热过程的分析				
	(四)传热设备	熟悉	现场学习或多媒体演示	2	2
	1. 间壁式换热器				
	2. 其他类型的换热器				
	3. 换热器的操作				
六、蒸发	(一)概述	了解		1	
	1. 蒸发的特点				
	2. 蒸发的分类				
	(二)蒸发过程	掌握		3	
	1. 单效蒸发				
	2. 多效蒸发				
	(三)蒸发设备	熟悉		2	
	1. 蒸发器				
	2. 蒸发器的操作				

续表

单元	教学内容	教学要求	教学活动参考	参考学时	
				理论	实践
七、蒸馏	(一)双组分溶液的气液平衡 1. 相组成的表示 2. 双组分理想溶液的气液相平衡 3. 双组分非理想溶液的气液相平衡	掌握		2	
	(二)蒸馏方式 1. 简单蒸馏 2. 精馏	掌握		2	
	(三)连续精馏塔的分析 1. 精馏塔的物料衡算 2. 进料热状况的分析 3. 塔板数的确定 4. 适宜回流比的确定 5. 精馏塔的热量衡算	掌握	多媒体演示	8	
	(四)板式塔 1. 板式塔的结构 2. 板式塔的流体力学特性 3. 板式精馏塔的操作	熟悉	现场学习或多媒体演示	2	2
八、吸收	(一)吸收的气液相平衡 1. 气体在液体中的溶解度 2. 相组成的表示 3. 气液相平衡	掌握		2	
	(二)传质机制与吸收速率 1. 传质机制 2. 吸收速率方程式	了解		1	
	(三)吸收塔的分析 1. 吸收塔的物料衡算与操作线方程 2. 吸收剂的用量及选择 3. 塔径的确定 4. 填料层高度的确定	掌握		5	
	(四)填料塔 1. 填料塔的结构 2. 填料塔的流体力学特性 3. 填料吸收塔的操作	熟悉	现场学习或多媒体演示	2	2

五、大纲说明

(一)本教学大纲是提供高职高专药品类化学制药技术专业教学使用,总学时为80

学时，其中理论教学70学时，实践教学10学时。

（二）教学要求

本课程重点突出以能力为本位的教学理念，对教学要求分为掌握、熟悉、了解3个层次。掌握：指学生对所学的知识和技能能熟练应用，能综合分析和解决制药生产中实际问题；熟悉：指学生对所学知识点能基本掌握和会应用所学的技能；了解：指对所学的知识点能记忆和理解。

（三）教学建议

1. 本大纲力求体现“以就业为导向、以能力为本位、以发展技能为核心”的职业教育理念，理论知识以“必需、够用、实用”为原则适当删减和引进新的内容。

2. 课堂教学应突出化学制药生产知识特点，减少知识的抽象性。在实践教学的“教学活动参考”一项中采用实物、模型、多媒体等直观教学或在实际装置的现场学习、参观等教学形式，增加学生的感性认识，提高教学效果。

3. 本课程的理论性和实践性较强，因此，在本课程的学习中要注重理论联系实际，切实掌握好学习方法，提高学习效率。

4. 学生的知识水平和能力水平，应通过作业、平时测验和考试等多种形式综合考评，使学生更好的掌握所学知识，适应职业岗位的需要。

29检